CÁLCULO NUMÉRICO E PROGRAMAÇÃO MATEMÁTICA: APLICAÇÕES

CÁLCULO NUMÉRICO E PROGRAMAÇÃO MATEMÁTICA: APLICAÇÕES

Décio Sperandio
Luiz Henry Monken e Silva

intersaberes

Rua Clara Vendramin, 58 – Mossunguê
CEP 81200-170 – Curitiba – PR – Brasil
Fone: (41) 2106-4170
www.intersaberes.com
editora@intersaberes.com

Conselho editorial
Dr. Alexandre Coutinho Pagliarini
Drª. Elena Godoy
Dr. Neri dos Santos
Dr. Ulf Gregor Baranow

Editora-chefe
Lindsay Azambuja

Gerente editorial
Ariadne Nunes Wenger

Assistente editorial
Daniela Viroli Pereira Pinto

Preparação de originais
Caroline Rabelo Gomes

Edição de texto
Caroline Rabelo Gomes

Capa
Débora Gipiela (*design*)
Woman from Baku/Shutterstock (imagem)

Projeto gráfico
Sílvio Gabriel Spannenberg

Adaptação do projeto gráfico
Kátia Priscila Irokawa

Diagramação
Muse Design

Equipe de *design*
Débora Gipiela
Charles L. da Silva

Iconografia
Maria Elisa Sonda
Regina Claudia Cruz Prestes

Dados Internacionais de Catalogação na Publicação (CIP)
(Câmara Brasileira do Livro, SP, Brasil)

Sperandio, Décio
  Cálculo numérico e programação matemática: aplicações/ Décio Sperandio, Luiz Henry Monken e Silva. Curitiba: InterSaberes, 2022.

  ISBN 978-65-5517-331-4

  1. Cálculo numérico 2. Cálculo numérico – Programas de computador I. Silva, Luiz Henry Monken e. II. Título.

21-87038   CDD-519.40285

Índices para catálogo sistemático:
1. Cálculo numérico: Programação de matemática   519.40285

Cibele Maria Dias – Bibliotecária – CRB-8/9427

1ª edição, 2022.
Foi feito o depósito legal.

Informamos que é de inteira responsabilidade dos autores a emissão de conceitos.

Nenhuma parte desta publicação poderá ser reproduzida por qualquer meio ou forma sem a prévia autorização da Editora InterSaberes.

A violação dos direitos autorais é crime estabelecido na Lei n. 9.610/1998 e punido pelo art. 184 do Código Penal.

Sumário

9	Apresentação
11	1 – Conceitos gerais sobre cálculo numérico
16	1.1 Aprender e usar cálculo numérico
19	2 – Solução de equações algébricas, polinomiais e transcendentais
23	2.1 Métodos numéricos para cálculo de raízes reais simples
26	2.2 Teoria geral dos métodos iterativos
44	2.3 Métodos numéricos para o cálculo de raízes reais múltiplas
46	2.4 Equações polinomiais
54	3 – Álgebra linear computacional: sistemas algébricos lineares e não lineares
54	3.1 Primeiros conceitos da álgebra linear
61	3.2 Sistemas de equações algébricas lineares
87	3.3 Sistemas de equações algébricas não lineares
103	4 – Interpolação e aproximação de função a uma variável
104	4.1 Interpolação polinomial
119	4.2 Interpolação polinomial com pontos-base distintos igualmente espaçados
124	4.3 Polinomial interpolante de diferenças finitas
137	4.4 Aproximação de função a uma variável
145	5 – Integração numérica
146	5.1 Integração numérica de função a uma variável
175	6 – Solução numérica de equações diferenciais ordinárias e derivação numérica
177	6.1 Solução numérica de EDO de primeira ordem: problema de valor inicial
208	6.2 Solução numérica de EDO de ordem n: problema de valor inicial
213	6.3 Derivação numérica: aproximação por diferenças finitas
217	6.4 EDO de valores no contorno: aproximação por diferenças finitas
223	6.5 Aplicações de EDO
245	*Considerações finais*
246	*Referências*
248	*Sobre os autores*

*A nossas carinhosas esposas,
Lúcia e Divair.
Ao amigo Professor João Teixeira
Mendes* (in memoriam).

Apresentação

Dois fatos influenciaram grandemente a escrita deste livro: (1) sentimos imensa saudade de nosso colega João Teixeira Mendes, professor, amigo, coautor em obras anteriores, detalhista e rigoroso exemplificador numérico; e (2) o desafio de redigir um texto autoexplicativo e, até certo ponto, autocontido para conteúdos permeados por assuntos matemáticos heterogêneos. A cada sentença, lembramo-nos e preocupamo-nos com o aprendizado dessa área tão singular.

A presente obra destina-se a quem, preferencialmente, tenha familiaridade com cálculo diferencial e integral, a uma variável real, pois trata de métodos clássicos do cálculo numérico.

Quando o calculo numérico aplicado à programação matemática é relegado a segundo plano, sendo um contexto computacional enfatizado em detrimento de um matemático, cria-se uma lacuna conceitual e induz-se à falsa ideia de que, havendo necessidade, o uso de um *software* resolve tudo.

Considerando esse contexto, esta obra traz conceitos relevantes para a solução de problemas numéricos, que cada vez mais aparecem como consequência da modelagem matemática de problemas tecnológicos reais e das possibilidades computacionais existentes, bem como de seus avanços em robustez, armazenamento e rapidez. A exposição direta dos assuntos aliada a exercícios resolvidos dá a noção completa das dificuldades que usuários de métodos numéricos eventualmente encontram ao resolver problemas reais.

Assim, o Capítulo 1 expõe, de modo direto, conceitos gerais e raciocínios da abordagem numérica de modelos matemáticos. Nele, realçamos como aprender e usar cálculo numérico, moldando um comportamento organizado, investigativo e inovador.

A essencialidade de temas que resolvem problemas complexos segue uma ordem padrão: a solução aproximada de equações algébricas (polinomiais e transcendentais) por meio de métodos numéricos eficientes. Desse modo, no Capítulo 2, tratamos da solução de equações algébricas, polinomiais e transcendentais e, no Capítulo 3, apresentamos fundamentos de álgebra linear, contemplando métodos numéricos para resolver sistemas algébricos lineares, relevantes a outros problemas. Os sistemas algébricos não lineares são estudados atendendo à moderna tecnologia que acopla fenômenos, de modo a resultar na modelagem matemática mais completa e complexa.

As ideias de interpolação, aproximação e simplificação de modelos, abordadas no Capítulo 4, precisam estar latentes, pois viabilizam ajustes de dados, uso de medições e de banco de dados. Além disso, abrem aplicações tecnológicas no contexto matemático e físico e no âmbito das previsões.

O Capítulo 5 completa os fundamentos do cálculo, expondo fórmulas de integração numérica. Os procedimentos são simples e, basicamente, ponderam valores funcionais, conduzindo a resultados precisos por compensação de erros.

Aproximação à solução de uma equação diferencial ordinária (EDO) de valor inicial ou de valor no contorno é estudada no Capítulo 6. Esse posicionamento se justifica porque formulações locais de problemas antes acadêmicos podem, nesse ponto, ganhar perfis práticos. Os procedimentos apresentados são os mais usados por profissionais que se deparam com problemas tecnológicos avançados.

Em todos os capítulos, os tópicos são seguidos de exercícios resolvidos, e, em cada uma dessas aplicações, insistimos em estabelecer o algoritmo indicial do método numérico. Desse modo, havendo *software* para a resolução numérica, é necessária a preocupação com precisão, correção e sentido físico dos resultados obtidos.

Os temas tratados têm lugar preferencial nas ciências e na tecnologia avançada, não aparecendo em problemas simples. O profissional que detém esses conhecimentos torna-se capaz de propor soluções para questões práticas e de relevância tecnológica, sendo muito apreciado.

Boa leitura!

COMO APROVEITAR AO MÁXIMO ESTE LIVRO

Empregamos nesta obra recursos que visam enriquecer seu aprendizado, facilitar a compreensão dos conteúdos e tornar a leitura mais dinâmica. Conheça a seguir cada uma dessas ferramentas e saiba como elas estão distribuídas no decorrer deste livro para bem aproveitá-las.

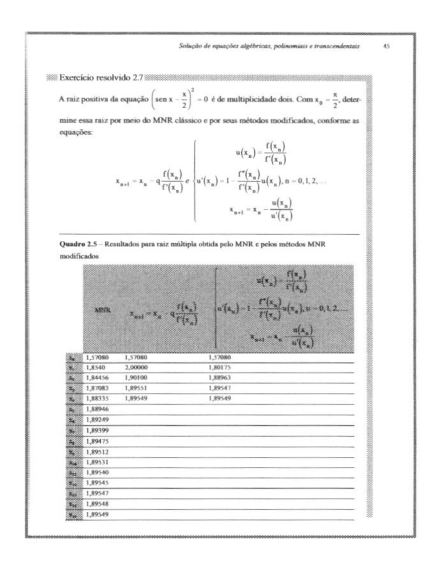

Exercícios resolvidos

Nesta seção, você acompanhará passo a passo a resolução de alguns problemas complexos que envolvem os assuntos trabalhados no capítulo.

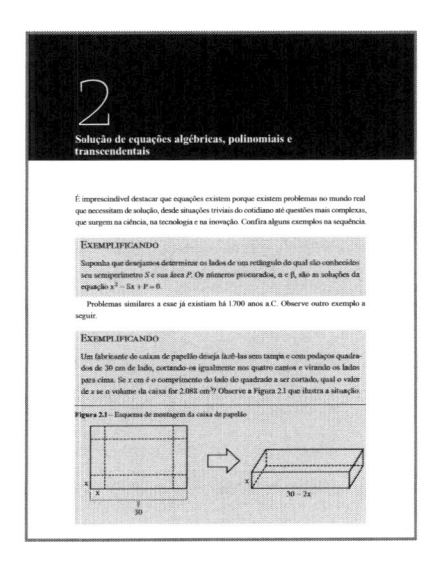

Exemplificando

Disponibilizamos, nesta seção, exemplos para ilustrar conceitos e operações descritos ao longo do capítulo a fim de demonstrar como as noções de análise podem ser aplicadas.

Fique atento!

Ao longo de nossa explanação, destacamos informações essenciais para a compreensão dos temas tratados nos capítulos.

Para saber mais

Sugerimos a leitura de diferentes conteúdos digitais e impressos para que você aprofunde sua aprendizagem e siga buscando conhecimento.

1
Conceitos gerais sobre cálculo numérico

O cálculo numérico serve para resolver problemas matemáticos que são ou possam ser transformados em problemas numéricos. Assim, tanto o conjunto de dados quanto o de resultados é **finito** e de **números** (Dhalquist; Björck, 1974). Quando um problema matemático não tem expressão numérica, é necessário primeiro transformá-lo em um problema numérico para, em seguida, resolvê-lo.

Exercício resolvido 1.1

Determine as raízes da equação a seguir:

$$x^6 - 20x^5 - 110x^4 + 50x^3 - 5x^2 + 70x - 100 = 0$$

Os dados desse problema são um conjunto de oito números: {1, –20, –110, 50, –5, 70, –100, 0}, e os resultados, de acordo com a teoria dos polinômios, são seis números nomeados *raízes*. Nesse sentido, trata-se de um problema numérico.

Agora, observe outro exemplo.

Exercício resolvido 1.2

Resolva a equação diferencial ordinária de valor no contorno:

Equação 1.1

$$\frac{dy^2}{dx^2} = x^2 + y^2, \text{ para } x \in (0,5)$$

$$y(0) = 0$$

$$y(5) = 1$$

Nesse caso, os dados são uma expressão que envolve derivada e funções, que não são conjuntos finitos de números. Portanto, esse não é um problema numérico. Todavia, não significa que não possa ser resolvido por cálculo numérico, ou seja, numericamente. Para isso, inicialmente, é necessário transformá-lo em um problema numérico utilizando algum método numérico. Um dos métodos mais usuais é o de **diferenças finitas**, o qual abordaremos mais adiante. Após a aplicação dos procedimentos de diferenças finitas, a Equação 1.1 torna-se a seguinte:

Equação 1.2

$$y_{i+1} - 2y_i + y_{i-1} = h^2\left(x_i^2 + y_i^2\right), i = 1, 2, \ldots, m = \frac{1}{h}$$

$$y_0 = 0, y_m = 1$$

sendo $y_i \approx y(x_i)$, isto é, y_i é o valor aproximado de *y* na abscissa x_i.

Agora a Equação 1.2 faz parte de um problema numérico. Note que os dados formam um conjunto finito de números, resolvê-lo, assim, implica calcular valores aproximados da variável dependente y(x) do problema da Equação 1.1 nas abscissas $x_1, x_2, \ldots, x_{m-1}$, igualmente espaçadas de *h*, formando um conjunto finito de números.

Esse procedimento é denominado *discretização*. No exemplo, a transformação proporcionou uma equação de diferença, resolvida por colocação em pontos do intervalo em que a equação diferencial ordinária (EDO) está definida, resultando em um sistema de equações algébricas lineares, um problema numérico clássico.

No Exercício resolvido 1.2, mencionamos *valores aproximados*, isto é, com erros. Nesse contexto, questionamos: Quais são as fontes desses erros?

Todas merecem atenção especial, pois, se não adotarmos precauções, podemos chegar a resultados distantes do esperado ou mesmo sem relação com o problema original[1]. As fontes de erros mais relevantes são:

- nos dados e nos resultados;
- nos modelos matemáticos;
- de arredondamento durante a computação;
- de truncamento;
- humano;
- de máquina.

Vale lembrar que, em computadores que usam aritmética de base binária, por exemplo, o usuário passa os dados para o dispositivo em base decimal, dados estes convertidos em base binária pelo computador. Os resultados, por sua vez, são obtidos em base binária e convertidos pelo computador em base decimal, para facilitar a interpretação pelo usuário. As conversões que ocorrem nem sempre são exatas, o que induz erros nos dados e nos resultados.

---

1 Ver Hildebrand (1956).

Nesta obra, nos depararemos, notadamente, com erros de arredondamento e de truncamento; os demais, apesar de importantes, não dizem respeito direto ao processo numérico, motivo pelo qual não terão nossa atenção.

Com efeito, **erros de arredondamento** aparecem em razão das diferenças entre a aritmética dos números reais, na qual um número ou uma operação podem ter infinitos dígitos, e a aritmética computacional, em que um número é sempre representado por dígitos finitos, apesar da magnitude da memória dos computadores modernos.

> ### FIQUE ATENTO!
> Na aritmética dos números reais, $\frac{1}{3} = 0{,}33333\ldots$. Na aritmética de ponto flutuante em máquina com precisão simples, $\frac{1}{3} = 0{,}3333333$. A diferença entre o valor exato, que tem infinitos dígitos, e o valor fornecido pelo computador, que tem número finito de dígitos, chama-se *erro de arredondamento*. Imagine o que pode acontecer se tal erro se propagar em um processo computacional complexo.

Outra fonte de erros surge quando trocamos um procedimento matemático que envolve infinitos termos ou partes por um que tem número finito, por exemplo, com séries infinitas. Quando trabalhamos apenas com os primeiros termos de uma série, o restante deles é desprezado na computação, e isso origina o **erro de truncamento**, que nada tem a ver com o erro de arredondamento. Tal erro ocorre quando calculamos o valor de uma função que não seja polinomial.

Exercício resolvido 1.3

Calcule o valor da função seno em um arco de 1,7 radianos, ou seja, 1,7.

Com uma calculadora científica, apertamos a tecla do seno, colocamos o arco e o resultado aparece no visor. Fácil! Claro que esse é um valor aproximado, inclusive pode variar dependendo da calculadora usada na computação.

O valor exato é calculado pela série infinita a seguir, substituindo-se x por 1,7 na expressão:

$$\operatorname{sen}(x) = x - \frac{x^3}{3!} + \frac{x^5}{5!} - \frac{x^7}{7!} + \ldots$$

Mas como calcular e somar infinitos termos? A calculadora, por exemplo, trunca a série após os primeiros termos e computa um valor aproximado, como no Quadro 1.1.

Quadro 1.1 – Valores de sen(1,7) de acordo com o número de termos

Número de termos	2	3	4	5
sen(1,7)	0,8811666	0,9994881	0,9913464	0,9914323

Observe que do terceiro termo em diante já temos duas casas decimais conhecidas. Claro que nos cálculos há erros de arredondamentos, mas o que prepondera nesse exemplo é o erro de truncamento. Aumentando o número de termos da série, obtemos mais e mais casas decimais corretas no resultado. Fazendo as computações em uma calculadora científica comum, temos $\text{sen}(1,7) = 0,9916648$.

No dia a dia de muitos profissionais, a aproximação é algo muito importante, e no cálculo numérico não é diferente. Nele, essa ideia é denominada *aproximação local*, e muitos métodos numéricos surgem com base nela. É frequente aproximarmos uma função qualquer, difícil de ser trabalhada, de uma linear ou de mais fácil trato. Com essa ideia, partindo de pontos e valores isolados, também podemos obter uma função definida ao longo de um intervalo, entre outras aplicações. Observe os Gráficos 1.1 e 1.2.

Gráfico 1.1 – Aproximação local por tangente

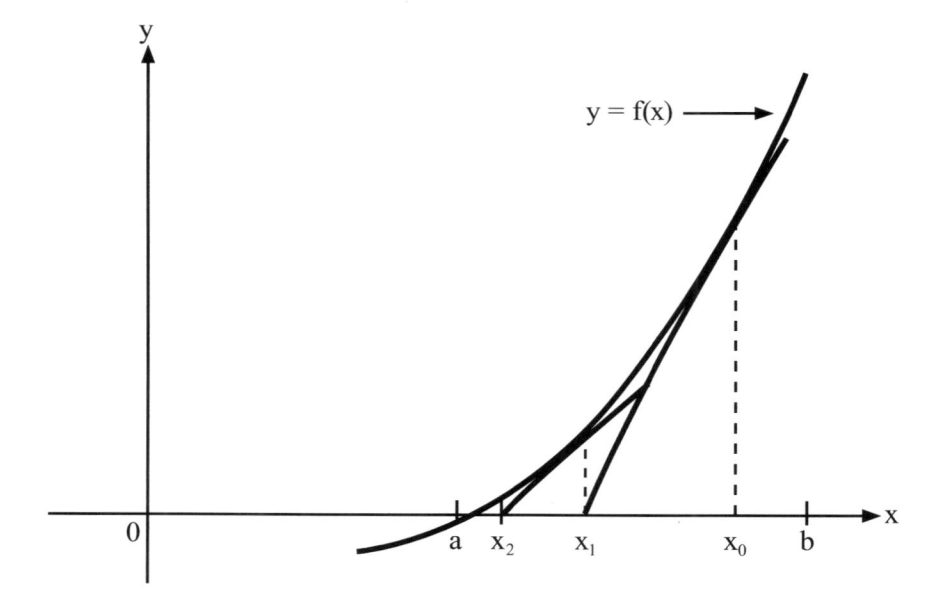

Gráfico 1.2 – Aproximação local por função polinomial

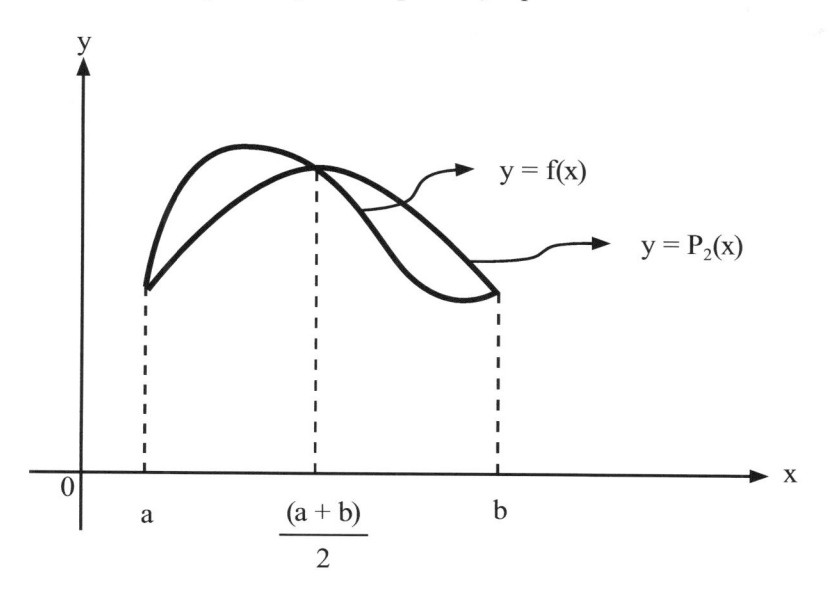

No Gráfico 1.1, a função $y = f(x)$, em cada abscissa $x_0, x_1, x_2, \ldots$, é aproximada por uma reta tangente, cujo ponto de interseção com o eixo *x*, fácil de ser encontrado, é uma aproximação para o valor da raiz α da função mostrada nessa figura. Tal aproximação origina um dos métodos mais usados para cálculo de raízes de equações transcendentais, o **Newton Raphson**.

No Gráfico 1,2, aproximamos a função $y = f(x)$, no intervalo [a, b], pela função $y = P_{2(x)}$. Tal aproximação origina um dos métodos numéricos mais utilizados para integração numérica de integrais definidas, a **regra de Simpson**, a qual abordaremos mais adiante.

Outra ideia central no cálculo é a de *repetição de um procedimento numérico*. Ela, aprimorada com alguns delimitadores constitutivos, forma uma poderosa ferramenta para a obtenção do resultado exato ou próximo, indicando quando não há possibilidade de exatidão. Esse procedimento repetitivo é denominado *iteração* ou *aproximação sucessiva*, e os delimitadores constitutivos mais comuns são três:

1. **Tentativa inicial** – primeira tentativa de solução desejada do problema numérico.
2. **Equação de recorrência** – equação recursiva por meio da qual, partindo da tentativa inicial, realiza-se iterações (repetições sistemáticas) e obtém-se aproximações sucessivas para a solução desejada.
3. **Teste de parada** – indica quando o processo repetitivo deve ser finalizado.

Nenhum dos três delimitadores é óbvio, de fácil escolha ou constituído. Uma **tentativa inicial**, em geral, deve ser próxima da solução, mas como obtê-la se não conhecemos a solução? Caso não seja próxima, pode haver dificuldade em obter a solução com o método. A **equação de recorrência** define o método em si, que pode ser de convergência rápida ou lenta. Nesse sentido, é necessário considerar qual é o esforço computacional que cada um envolve. O **teste de parada**, por sua vez, deve ser eficiente para parar o processo iterativo quando os resultados alcançados estiverem dentro de certa precisão e sejam condizentes com os esperados, fazendo sentido físico ou matemático para o problema. Por outro lado, não deve elevar em demasia o esforço computacional, demandar muito tempo para finalizar o processo, bem com deve indicar com clareza o motivo da parada, mesmo que aponte para eventual insucesso do método numérico.

Os testes de parada mais utilizados dizem respeito a erro absoluto ou relativo em um certo valor. Designando por a o valor exato e por $\underline{a}$ o valor aproximado de certo dado ou resultado, definimos:

- erro absoluto em $\underline{a}$: $|a - \underline{a}|$;
- erro relativo em $\underline{a}$: $\dfrac{|a - \underline{a}|}{a}$.

Com frequência, o erro relativo é expresso em porcentagem; portanto, dizer que em um certo valor ele é de 5%, significa que ele é de 0,05.

Quando desejamos obter determinado número de casas decimais corretas em um valor, consideramos que, se em $\underline{a}$ a magnitude do erro é menor ou igual a $0,5 \cdot 10^{-t}$, há t casas decimais corretas em $\underline{a}$.

Fique atento!

Dado o valor $0,9914323 \pm 0,0003$, escrevemos $0,9914323 \pm 0,3 \cdot 10^{-3}$ e constatamos que há três dígitos decimais corretos. Caso o valor fosse $0,9914323 \pm 0,0006$, ou seja, $0,9914323 \pm 0,6 \cdot 10^{-3}$, ele teria apenas duas casas decimais corretas.

Os conceitos e exemplos até aqui descritos precisam ser perfeitamente compreendidos, pois serão necessários para que possamos seguir o cálculo numérico com certa facilidade e dele usufruir na resolução de problemas relevantes para as ciências e a engenharia.

1.1 Aprender e usar cálculo numérico

Especialistas educacionais afirmam que aprender requer decisão, vontade, desejo pessoal em saber, conhecer, aplicar, generalizar, abstrair e avaliar certos conteúdos, procedimentos e técnicas nos diversos contextos da vida. Essa decisão precisa ser aliada à felicidade.

Aprender cálculo numérico requer, sim, dedicação. Nos cursos de graduação, em geral, essa disciplina é lecionada nos anos iniciais. O aluno ainda não conhece a abrangência do curso nem as habilidades profissionais, tão pouco os campos de atuação e de trabalho, motivo pelo qual é comum acreditar que o curso precisa ser mais prático do que teórico. Ora, nem uma coisa nem outra. Ensinar teoria motivando os alunos com discussões sobre problemas do dia a dia de um engenheiro ou cientista que trabalha, por exemplo, com grandes estruturas, edificações seguras, lançamento de satélites, vibrações em eixos de navios, vasos de reatores nucleares, refinarias de petróleo automatizadas, projetos de aeronaves, foguetes e submarinos, robôs em linhas de montagem de artefatos em geral e em cirurgias de precisão, transmissão de calor em projetos de caldeiras, microcirurgia ocular etc., é bem diferente de ter a prática antes ou junto com a teoria.

O cálculo numérico, ainda, faz parte do conjunto de disciplinas básicas, como cálculo diferencial e integral, física, álgebra linear e computação, sendo frequentemente identificado sob o nome de *programação matemática*. Nessas disciplinas, professores costumam ouvir de seus alunos: "Onde vou usar isso?", pergunta à qual muitos deles respondem reafirmando sua importância e deixando listas e mais listas de derivadas, integrais etc. para o aluno fazer. Tal conduta pouco contribui para despertar motivação de estudo. Nenhuma derivada, integral ou qualquer assunto distante do contexto prático vai aflorar naturalmente com enunciados como "calcule e simplifique a derivada" ou "calcule a integral definida"; é o profissional que precisa modelar e resolver os problemas que têm em mãos.

Um aluno que observa um aterro de estrada e não pensa em como se calcula o volume dele, vê um fluxo de fluido no leito de um rio e não pensa na velocidade ou na vazão ou, ainda, confere um braço robótico executando com precisão suas tarefas e não pensa na deformação que ele sofre ou como ele "aprendeu" a sequência de trabalho ainda está com a ciência e a tecnologia em estado embrionário ou dormente em sua mente. Nesse contexto, como afirmado no início desta seção, é preciso querer aprender.

Especificamente em cálculo numérico, acreditamos que um modo seguro de aprender é fazer contas com uma calculadora, resolvendo problemas simples de pequeno porte, obtendo resultados e validando-os.

Alguns podem questionar: "Mas o computador faz isso!"; contudo, se assim fosse, bastaria saber apertar uma tecla. A programação matemática veio para auxiliar na solução de procedimentos numéricos decorrentes da atuação profissional, pois mesmo os melhores *softwares* matemáticos, que resolvem problemas de grande porte, não existiriam sem intervenção profissional especializada em métodos computacionais. Uma prospecção de petróleo em águas profundas, por exemplo, leva a sistemas com milhares de equações e incógnitas, e nem vemos a matriz dos coeficientes, uma vez que é gerada automaticamente, tão pouco a totalidade dos resultados numéricos, frequentemente impressos em gráficos coloridos. Mas, para que essa automação ocorra, não basta apenas saber apertar uma tecla, é necessário que um usuário, seguindo os parâmetros do *software*, faça ajuste até o completo e eficiente funcionamento.

Para saber mais

CHAPMAN, S. J. **Programação em MATLAB para engenheiros**. Tradução de Flávio Soares Corrêa da Silva. 2. ed. São Paulo: Cengage Learning, 2010.

Existem diversos bons programas que resolvem problemas numéricos, entre outras finalidades. Um bastante difundido entre alunos, professores e profissionais de engenharia e ciências em geral é o MATLAB. A bibliografia sobre esse programa é vasta, a obra que indicamos contém as principais técnicas e procedimentos numéricos presentes na programação matemática.

2
Solução de equações algébricas, polinomiais e transcendentais

É imprescindível destacar que equações existem porque existem problemas no mundo real que necessitam de solução, desde situações triviais do cotidiano até questões mais complexas, que surgem na ciência, na tecnologia e na inovação. Confira alguns exemplos na sequência.

Exemplificando

Suponha que desejamos determinar os lados de um retângulo do qual são conhecidos seu semiperímetro S e sua área P. Os números procurados, α e β, são as soluções da equação $x^2 - Sx + P = 0$.

Problemas similares a esse já existiam há 1.700 anos a.C. Observe outro exemplo a seguir.

Exemplificando

Um fabricante de caixas de papelão deseja fazê-las sem tampa e com pedaços quadrados de 30 cm de lado, cortando-os igualmente nos quatro cantos e virando os lados para cima. Se x cm é o comprimento do lado do quadrado a ser cortado, qual o valor de x se o volume da caixa for 2.088 cm³? Observe a Figura 2.1 que ilustra a situação.

Figura 2.1 – Esquema de montagem da caixa de papelão

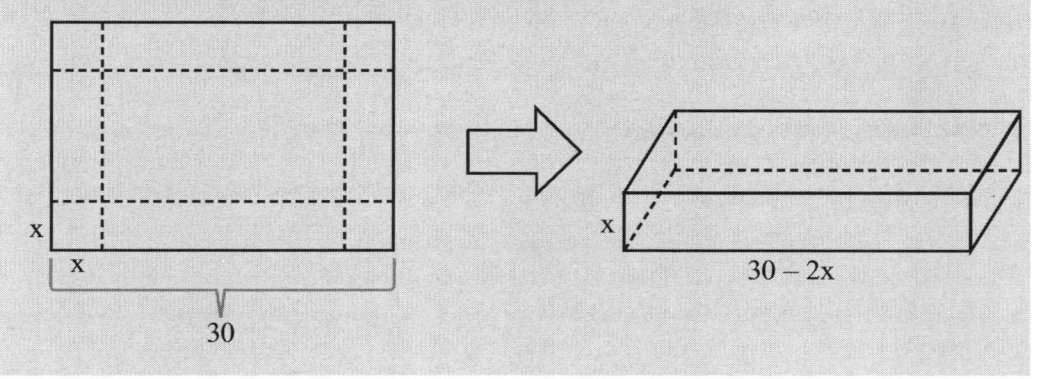

> Nesse caso, x será uma solução da seguinte equação:
> $4x^3 - 120x^2 + 900x - 2088 = 0$

Equações transcendentais envolvendo funções trigonométricas modelam fenômenos climáticos periódicos e da área de saúde. A equação que modela a quantidade de infectados pela Covid-19, por exemplo, é uma equação transcendental que envolve uma função exponencial.

Um exemplo simples envolvendo função exponencial pode ser conferido na sequência.

EXEMPLIFICANDO

Suponha que R$ 1.000,00 sejam depositados em uma caderneta de poupança que rende x% de juros ao ano, compostos semestralmente. Considerando que não foram realizados depósitos adicionais nem retiradas, qual o valor da taxa de juros para que, ao final de 3 anos, a quantia seja de R$ 1.600,00? Para calcular essa taxa é necessário resolver a seguinte equação:

$$1000\left(1 + \frac{x}{2}\right)^6 - 1600 = 0$$

De maneira geral, uma equação polinomial, algébrica ou transcendental é representada da seguinte maneira:

$$f(x) = 0$$

sendo f uma função não linear a uma variável que pode ser uma função polinomial, algébrica ou transcendental, como senx, e^x, lnx, etc.

A equação $x^5 - 4x^3 + 10x - 100 = 0$ é um exemplo de equação polinomial; $x \operatorname{tg} x - 1 = 0$, um exemplo de equação transcendental; e $\frac{1}{\left(\sqrt{x^3 + 2}\right)} - 20x = 0$, um exemplo de equação algébrica.

As soluções da equação f(x) = 0 são denominadas *raízes da equação* ou *zeros da função f*, e suas raízes podem ser reais ou complexas e ter um número finito ou infinito. A equação polinomial exemplificada anteriormente ($x^5 - 4x^3 + 10x - 100 = 0$) tem cinco raízes, ao passo que a transcendental, também citada acima ($x \operatorname{tg} x - 1 = 0$), tem infinitas. De fato, as raízes reais dessa equação são as abscissas dos pontos de interseção dos gráficos das funções $g(x) = \operatorname{tg} x$ e $h(x) = \frac{1}{x}, x \neq 0$, como mostra a Figura 2.2.

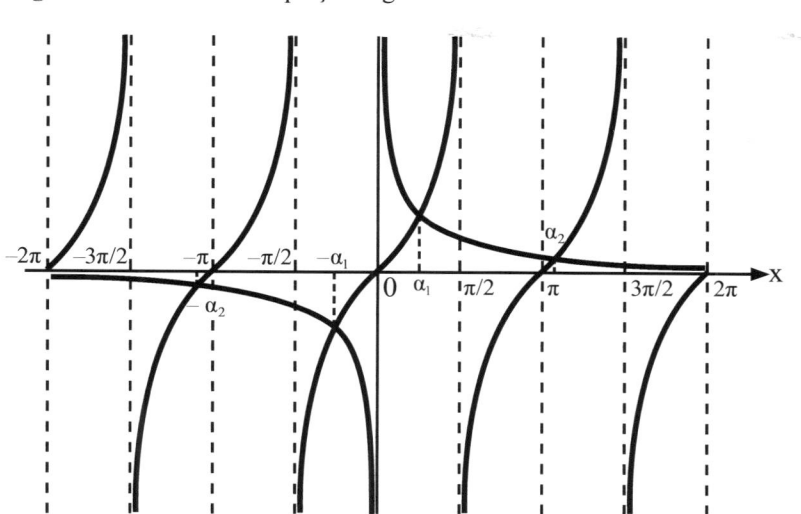

Figura 2.2 – Raízes da equação xtgx – 1 = 0

É possível constatar que a equação dada tem infinitas raízes reais. Caso a equação fosse $e^x + 2x = 0$, os gráficos das funções e^x e $2x$ mostrariam que há apenas um ponto de interseção entre essas duas curvas, indicando que a equação dada tem apenas uma raiz real.

As raízes reais e complexas podem, ainda, ser simples ou repetidas (múltiplas). Para entender a diferença entre elas, considere a equação polinomial $(x - 0,5)^3 (x - 0,7)^2 (x - 1,2) = 0$, que apresenta seis raízes reais:

1. $\alpha_1 = 0,5$
2. $\alpha_2 = 0,5$
3. $\alpha_3 = 0,5$
4. $\alpha_4 = 0,7$
5. $\alpha_5 = 0,7$
6. $\alpha_6 = 1,2$

Nesse contexto, 0,5 é uma raiz repetida com multiplicidade três; 0,7 é uma raiz repetida com multiplicidade dois; e 1,2 é uma raiz simples, isto é, 1,2 não se repete como raiz da equação. Observe que $f'(0,5) = f''(0,5) = 0, f'''(0,5) \neq 0, f'(0,7) = 0, f''(0,7) \neq 0$ e $f'(1,2) \neq 0$.

> **FIQUE ATENTO!**
>
> A *multiplicidade da raiz* é a quantidade de vezes que ela se repete como raiz da equação.

Neste capítulo, inicialmente, tratamos do problema de calcular uma raiz real e simples da equação $f(x) = 0$. Porém, o cálculo de raízes repetidas será abordado separadamente, mais adiante. Um fato que verificaremos é que, se α é uma raiz simples de $f(x) = 0$, então $f'(\alpha) \neq 0$, o que usaremos frequentemente no que segue.

Observe os tipos de raízes no Gráfico 2.1.

Gráfico 2.1 –Raiz real e simples (A), raiz real repetida de multiplicidade par (B), raiz real repetida de multiplicidade ímpar (C) e raiz complexa (D)

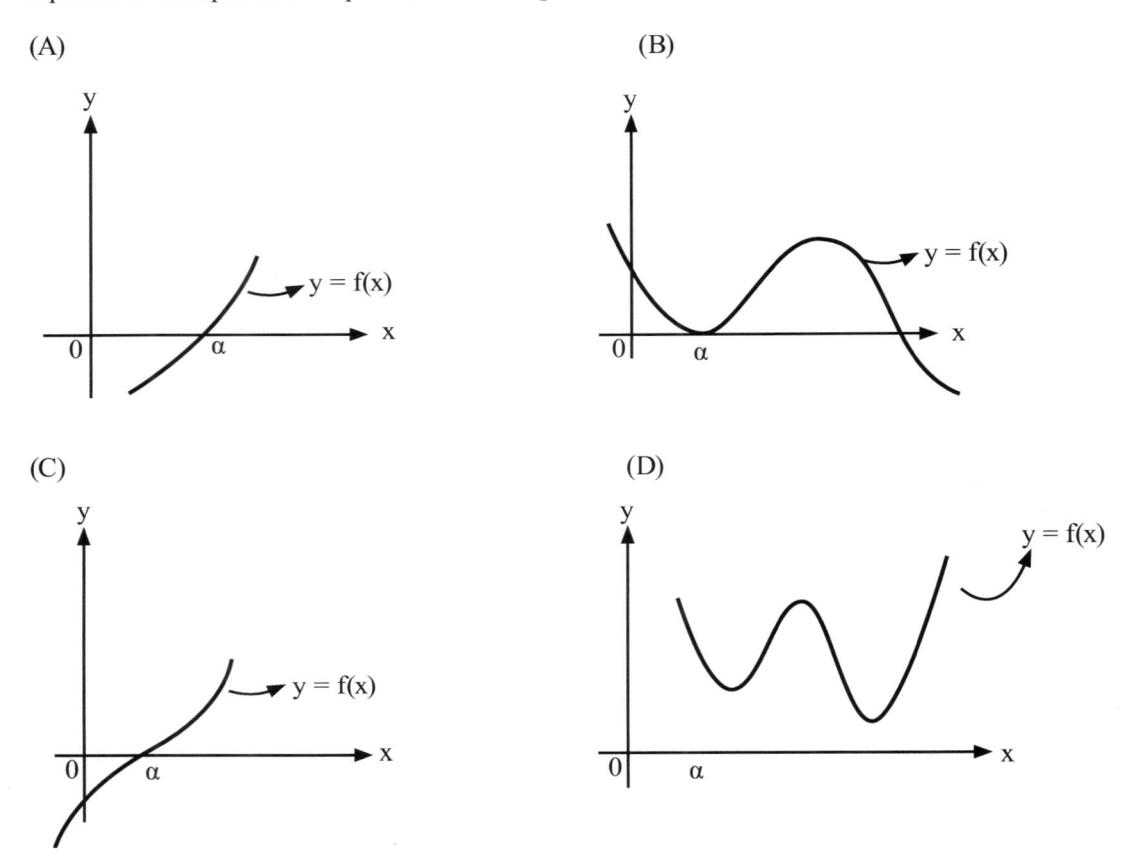

(A)

(B)

(C)

(D)

Considerando o Gráfico 2.1, a raiz α, em A, é um número real, e a função f intercepta o eixo x, o que caracteriza uma raiz simples. Já em B, a função f não intercepta o eixo x, mas toca-o, o que caracteriza o caso de raiz múltipla, isto é, α se repete como raiz da equação um número de vezes par. Em C, o gráfico intercepta o eixo x, mas, nesse caso, a raiz α é um ponto em que o gráfico da função f muda de comportamento (no cálculo diferencial, isso é denominado *ponto de inflexão*); sendo também o caso de raiz múltipla de multiplicidade ímpar. Por sua vez, em D, o gráfico de f muda de comportamento sem interceptar o eixo x, que, portanto, é o caso da equação f(x) = 0 só contar com raízes complexas. É importante destacar que uma equação pode ou não ter só um tipo de raiz ou mesmo não apresentar raízes.

2.1 Métodos numéricos para cálculo de raízes reais simples

Considere a equação f(x) = 0, sendo α uma raiz real simples dela. Para determinar α, é necessário primeiro localizá-la, o que pode ser feito de duas maneiras: (1) esboçando o gráfico da função, como ilustrado em A no Gráfico 2.1; ou (2) esboçando as funções g e h, formadas a partir de f = g – h, e achando os pontos de interseção entre as curvas y = g(x) e y = h(x), como feito com a equação x tg x – 1 = 0. A segunda opção é a mais facilitada, porque nela as abscissas dos pontos de interseção no sistema de coordenadas cartesianas são as raízes da equação f(x) = 0.

Outra maneira de localizar uma raiz real e simples da equação f(x) = 0 é construir um quadro com um passo h com valores funcionais de f e verificar os intervalos em que f é igual a zero ou tem valores de sinais opostos nos extremos dos intervalos. Nos intervalos em que isso ocorre, existe ao menos uma raiz real.

Quando f não é zero em nenhuma abscissa do quadro ou quando não ocorrem valores funcionais com sinais opostos, não significa que inexistem raízes reais no intervalo pesquisado, por isso é necessário continuar a pesquisa diminuindo o passo h. Para ter sentido, esse procedimento necessita que a função f seja pelo menos contínua no intervalo a ser pesquisado.

No Quadro 2.1, encontram-se os valores funcionais da função $f(x) = x^4 - x - 10$ no intervalo $[-2, 2]$, com passo h = 0,25.

Quadro 2.1 – Valores funcionais de $f(x) = x^4 - x - 10$

x	f(x)
–2	> 0
–1,75	> 0
–1,5	< 0
–1,25	< 0
–1	< 0
–0,75	< 0
–0,5	< 0
–0,25	< 0
0	< 0
0,25	< 0
0,5	< 0
0,75	< 0
1	< 0
1,25	< 0
1,5	< 0
1,75	< 0
2	> 0

Logo, uma raiz real da equação $x^4 - x - 10$ pertence ao intervalo $(-1,75, -1,5)$ e uma outra ao intervalo $(1,75, 2)$.

O procedimento anterior de localização de raízes reais serve para indicar a existência de uma raiz no intervalo caso a função *f* mude de sinal em seus extremos. No entanto, não serve para informar que, no intervalo, não existe raiz caso a função *f* não mude de sinal, pois pode ocorrer a situação mostrada no Gráfico 2.2, a seguir, em que o passo adotado não serviu para localizar as raízes. Para localizar raízes próximas, é necessário reduzir h, tomando como passo $\frac{h}{2}$, por exemplo.

Gráfico 2.2 – f(a) > 0 e f(b) > 0, mas entre *a* e *b* existem duas raízes α_1 e α_2

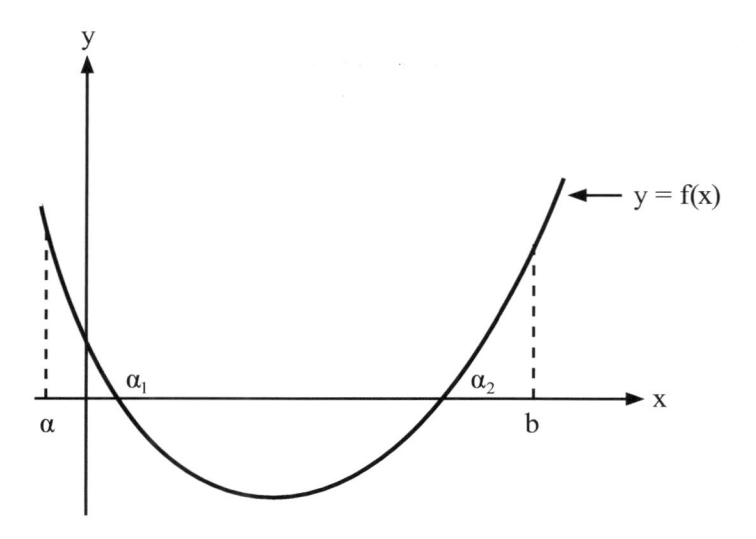

2.1.1 Método do meio intervalo

O método do meio intervalo (MMI), embora muitas vezes considerado interativo, aqui é utilizado como um método de localização de raízes. Ele consiste em, inicialmente, obter um intervalo que contém a raiz α da equação f(x) = 0, com *f* contínua nesse intervalo, e, depois, ir dividindo-o ao meio sucessivamente, mantendo a raiz enquadrada. Com efeito, se (a_0, b_0) for o intervalo que contém α, então o método determina uma sequência de intervalos $(a_1, b_1) \supset (a_2, b_2) \supset (a_3, b_3) \supset \ldots$, que contêm a raiz α. Os intervalos $I_k = (a_k, b_k)$, k = 1, 2, 3, ..., n (número de passos definidos *a priori*) são obtidos por meio do seguinte algoritmo:

- Determinamos o ponto médio m_k do intervalo I_{k-1}, $m_k = \frac{(a_{k-1} + b_{k-1})}{2}$ e calculamos f(m_k). Se f(m_k) = 0, então m_k é a raiz. Caso contrário, toma-se:

$$(a_k, b_k) = \begin{cases} (a_{k-1}, m_k), \text{ se } f(m_k)f(a_{k-1}) < 0 \\ (m_k, b_{k-1}), \text{ se } f(m_k)f(a_{k-1}) > 0 \end{cases}$$

Geometricamente, as duas situações estão ilustradas no Gráfico 2.3.

Gráfico 2.3 – Situação geométrica para o MMI

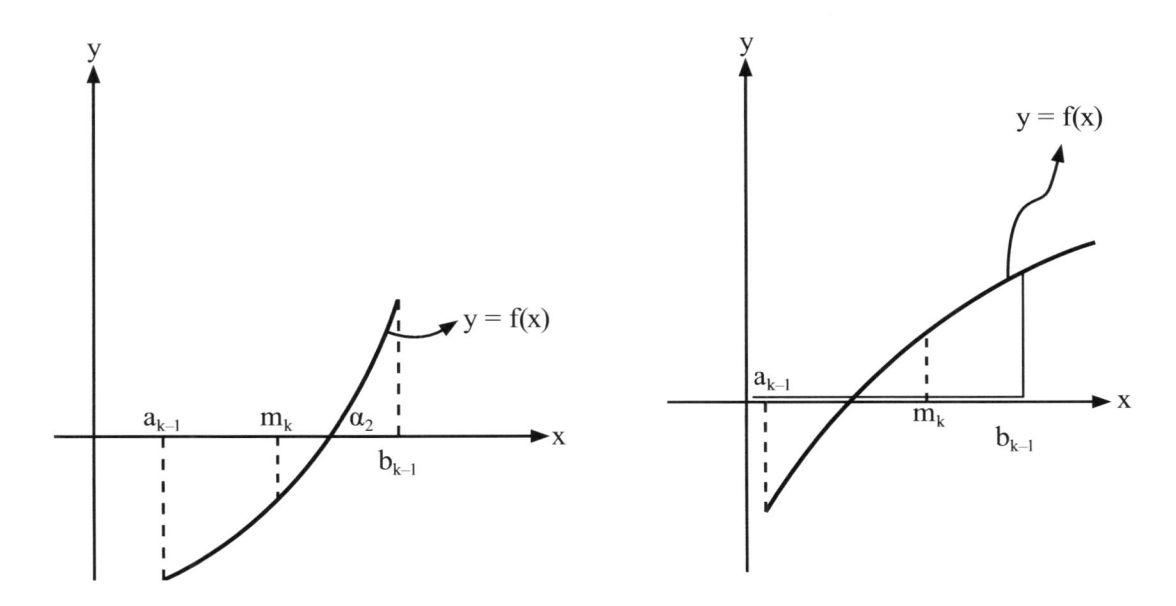

- Adotamos como estimativa para a raiz a abscissa m_{n+1}, que é o ponto médio do intervalo (n_a, b_n).

Após *n* passos, a raiz estará contida no intervalo (a_n, b_n) de amplitude:

$$b_n - a_n = 2^{-1}(b_{n-1} - a_{n-1}) = 2^{-2}(b_{n-2} - a_{n-2}) = \ldots = 2^{-n}(b_0 - a_0)$$

Desse modo, $|\alpha - m_{n+1}| < d_m$, em que $d_m = \dfrac{(b_0 - a_0)}{2^{n+1}}$ é uma cota superior para o erro absoluto dessa aproximação para a raiz α. Para obtermos a raiz α com uma dada precisão $\varepsilon > 0$, isto é, $|\alpha - m_{n+1}| < \varepsilon$, escolhemos ε, de modo que $\varepsilon \geq \dfrac{(b_0 - a_0)}{2^{n+1}}$, resultando:

$$n \geq \dfrac{\ln\left(\dfrac{b_0 - a_0}{\varepsilon}\right)}{\ln 2} - 1$$

Note que, se $b_0 - a_0 = 1$ e $\varepsilon = 0,5 \times 10^{-1}$, $n \geq 3,3$. Portanto, após 3,3 (aproximadamente quatro passos), a raiz é determinada com uma casa decimal correta.

Exercício resolvido 2.1

Calcule corretamente, pelo MMI, até a terceira casa decimal, $\varepsilon = 0{,}5 \times 10^{-3}$, a raiz da seguinte equação:

$$\left(\frac{x}{2}\right)^2 - \text{sen}\, x = 0$$

localizada no intervalo $(a_0 = 1{,}5, b_0 = 2)$.

A função f é $\left(\frac{x}{2}\right)^2 - \text{sen}\, x = 0$. Vimos que $f(1{,}5) < 0$ e $f(2) > 0$, então $m_1 = \dfrac{(1{,}5 + 2)}{2} = 1{,}75$

e $f(1{,}75) < 0$. Assim, a raiz pertence ao intervalo $(1{,}75, 2)$, $m_2 = \dfrac{(1{,}75 + 2)}{2} = 1{,}875$, sendo

$f(m_2) = f(1{,}875) < 0$. Desse modo, a raiz pertence ao intervalo $(1{,}875, 2)$, $m_3 = 1{,}9375$ e

$f(1{,}9375) = f(m_3) > 0$.

No Quadro 2.2, entre parênteses, há o sinal do valor da função no ponto considerado.

Quadro 2.2 – Exemplo de MMI

k	a_{k-1}	a_{k-1}	m_k	$f(m_k) \cdot f(a_{k-1})$
1	1,5 (< 0)	2 (> 0)	1,75 (< 0)	> 0
2	1,75 (< 0)	2 (> 0)	1,875 (< 0)	> 0
3	1,875 (< 0)	2 (> 0)	1,9375 (> 0)	< 0
4	1,875 (< 0)	1,9375 (> 0)	1,906259 (< 0)	> 0
5	1,906259 (< 0)	1,9375 (> 0)	1,921875 (< 0)	> 0
6	1,921875 (< 0)	1,9375 (> 0)	1,9296875 (< 0)	> 0
7	1,9296875 (< 0)	1,9375 (> 0)	1,93359375 (< 0)	> 0
8	1,93359375 (< 0)	1,9375 (> 0)	1,935546875 (> 0)	< 0
9	1,93359375 (< 0)	1,935546875 (> 0)	1,934570312 (> 0)	< 0
10	1,93359375 (< 0)	1,934570312 (> 0)	1,934082031 (> 0)	< 0
11	1,93359375 (< 0)	1,934082031 (> 0)	1,933837890	

Como a cada 3,33 passos a raiz é calculada com uma casa decimal correta, a raiz com pelo menos três casas decimais corretas é 1,933.

2.2 Teoria geral dos métodos iterativos

Como vimos no Capítulo 1, uma das ideias fundamentais em cálculo numérico é a de *iteração* ou *aproximação sucessiva*, que se trata da repetição de um procedimento. Muitos métodos numéricos são iterativos e desempenham papel fundamental na solução de problemas complexos da ciência e da engenharia, os quais, por métodos convencionais, ocasionariam maior dificuldade. Nesta seção, desejamos transmitir essa ideia de *iteração*, bem como as características gerais de um método iterativo estacionário de passo um.

Nessa classe de métodos, sempre estão presentes os seguintes elementos:

- Uma tentativa inicial para a solução do problema desejado, que, no caso do cálculo de uma raiz da equação f(x) = 0, deve ser uma aproximação para a raiz. Essa aproximação pode ser obtida por meio de um dos métodos de localização de raízes reais simples visto anteriormente ou, ainda, podem ser utilizadas considerações físicas do problema se, por exemplo, equacionado ele permite uma previsão do resultado que se deseja.
- Uma equação de iteração do tipo x = ϕ(x), em que ϕ é uma função a uma variável, denominada *função de iteração*, que varia de método para método.
- Um teste de parada por meio do qual se decide quando o processo iterativo deve terminar.

Para operar com essa classe de métodos, partimos de uma tentativa inicial x_0 para a raiz α, usando a equação de iteração e construindo uma sequência, conforme segue:

$$x = \phi(x_0), x_2 = \phi(x_1), x_3 = \phi(x_2), ..., x_{n+1} = \phi(x_n), ...$$

esperando que:

$$\lim_{x \to \infty} x_{n+1} = \alpha = \lim_{x \to \infty} \phi(x_n) = \phi(\alpha)$$

Uma interpretação geométrica quando a sequência $\{x_n\}_{n=0}^{\infty}$ converge para α é dada no Gráfico 2.4.

Gráfico 2.4 – Interpretação geométrica do método iterativo estacionário de passo um

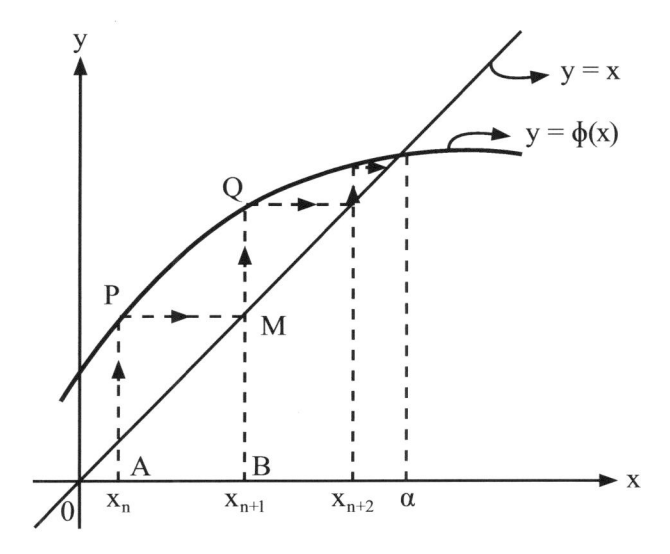

Geometricamente, a raiz é a abscissa do ponto de interseção do gráfico da reta y = x com o gráfico de y = ϕ(x). Partindo de x_n e ϕ(x_n), a aproximação x_{n+1} para a raiz é obtida conduzindo-se uma reta vertical por x_n até encontrar o gráfico de y = ϕ(x) em P. Em seguida, é traçada uma reta paralela ao eixo *x* por P até M, sobre a reta y = x. Como o ângulo em O é 45°, o triângulo BOM é isósceles, sendo:

$$OB = BM = AP = x_{n+1}$$

De maneira geral, existem métodos iterativos estacionários e não estacionários de passo S. Nos estacionários, a função de recorrência se mantém a mesma ao longo do processo iterativo:

$$x_{n+1} = \phi\left(x_{n-S+1}, x_{n-S+2}, \ldots, x_n\right)$$

Nos métodos iterativos não estacionários, a função de iteração varia durante o processo iterativo, ou seja:

$$x_{n+1} = \phi_{n+1}\left(x_{n-S+1}, x_{n-S+2}, \ldots, x_n\right)$$

A maneira de operar com um método iterativo de passo S consiste em substituir os valores iniciais $x_0, x_1, x_2, \ldots, x_{s-1}$ na equação de recorrência e, por meio dela, calcular x_S. Em seguida, substitui-se um dos valores dados inicialmente por x_S e calcula-se x_{S+1} por meio da equação de recorrência, usando os S pontos restantes, e assim sucessivamente. A função ϕ_{n+1}, comumente, envolve os pontos $x_{n-S+1}, x_{n-S+2}, \ldots, x_n$ e valores de *f* e de suas derivadas em um ou mais desses pontos.

Três questões importantes devem ser consideradas em um método iterativo, a saber:

1. Quando o método converge, isto é, se a sequência gerada por ele é convergente.
2. Se converge, qual é a rapidez de convergência, isto é, como converge.
3. O erro incorrido na obtenção da solução.

Além dessas questões, outro aspecto importante é o custo operacional (tempo de processamento, memória utilizada) envolvido em cada iteração, bem como a facilidade de implementar computacionalmente o método.

Uma condição suficiente para a convergência dos métodos iterativos estacionários de passo um é dada pelo teorema descrito a seguir.

Teorema

Suponha que a equação de iteração $x = \phi(x)$ tenha uma raiz α e que no intervalo $J_\rho = \{x; |x - \alpha| \leq \rho\}, \rho > 0, \phi'$ exista e satisfaça a desigualdade $|\phi'(x)| \leq m < 1$. Então, para qualquer $x_0 \in J_\rho$, tem-se que:

- $x_n \in J_\rho, n = 0, 1, 2 \ldots$
- $\lim_{x \to \infty} x_n = \alpha$
- α é a única raiz de $x = \phi(x)$ em J_ρ

Se $|\phi'(x)| > 1$, geralmente o método é divergente. O teorema fornece uma condição suficiente para a convergência, mas não necessária. De fato, reescrevendo a equação $x^2 - 5x + 4 = 0$ na forma $x = \phi(x)$, com $\phi(x) = x_2 - 4x + 4$, temos $x_0 = 0$, $x_1 = \phi(x_0) = 4$, $x^2 = \phi(x_1) = 4$, que é a solução da equação, mas $\phi'(4) = > 1$. Obviamente, não esperamos tais coincidências sempre. Então, $|\phi'(x)| < 1$ para x pertencente à vizinhança J_ρ da raiz α é uma condição suficiente e normalmente necessária.

A interpretação geométrica do teorema é dada nos Gráficos 2.5 a 2.10, nos quais $x_n \in J_\rho$.

Gráfico 2.5 – $0 \leq \phi'(x) < 1$

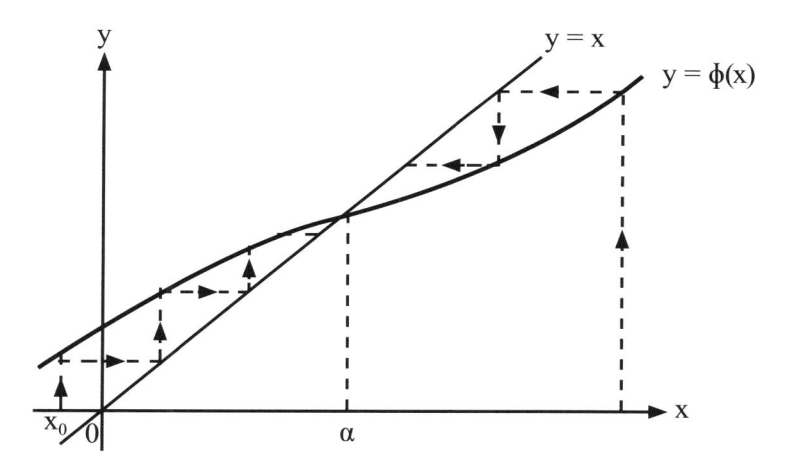

Gráfico 2.6 — $-1 < \phi'(x) \leq 0$

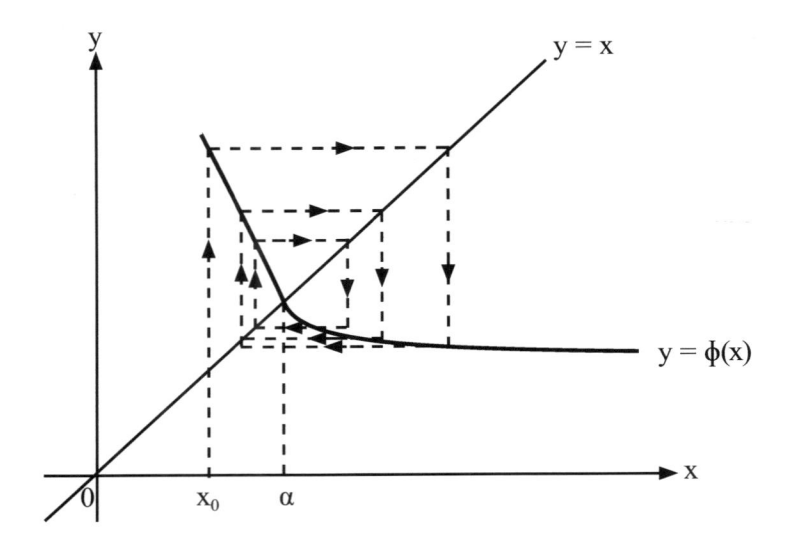

Gráfico 2.7 — $\phi'(x) > 1$

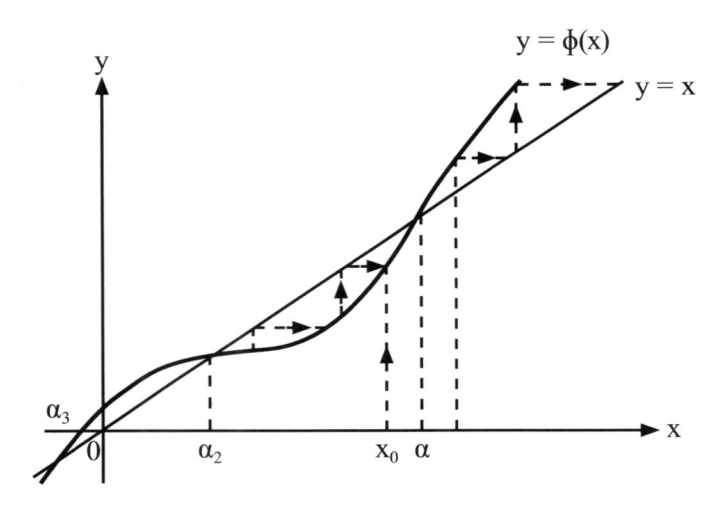

Gráfico 2.8 $-\phi'(x) < -1$

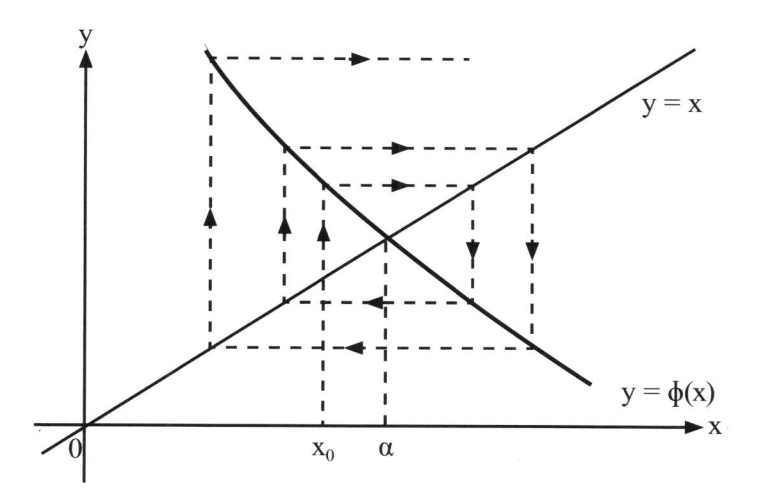

Gráfico 2.9 – 'Loop'

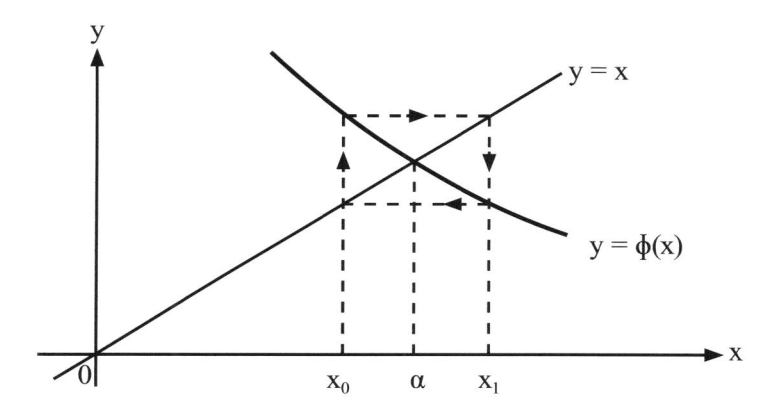

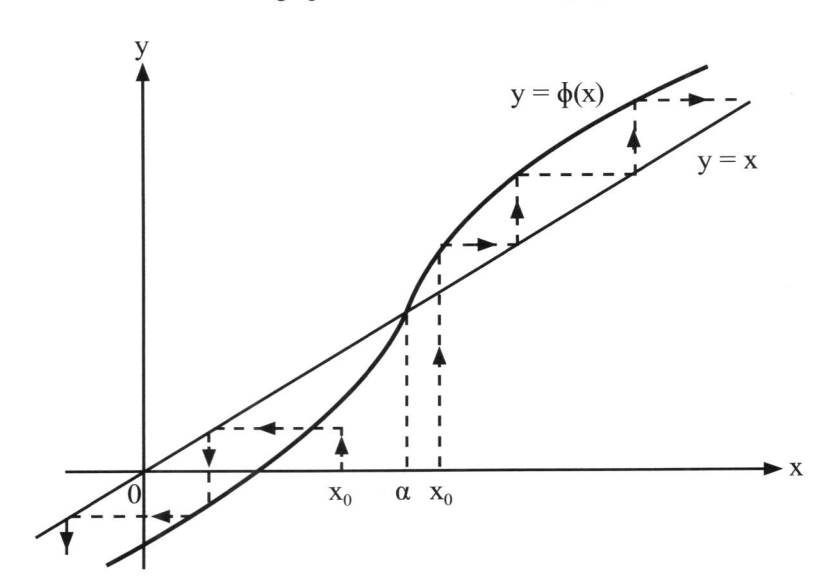

Gráfico 2.10 – Converge para uma raiz e diverge para outra

Nos Gráficos 2.6 a 2.10, α indica a raiz da equação f(x) = 0. Com relação à rapidez com que um método iterativo converge, ou seja, como ele converge, isso é feito em termos do conceito de ordem de convergência de sequências numéricas, conforme descrito a seguir.

Definição 2.1

Seja $\{x_n\}_{n=0}^{\infty}$ uma sequência que converge para α e $E_n = x_n - \alpha$, se houver um número $p \geq 1$ e uma constante $C \neq 0$, tal que $\lim_{n \to \infty} \frac{|E_{n+1}|}{|E_n|^p} = C$, p é nomeado *ordem de convergência da sequência*, e C, *constante assintótica do erro*. Para p = 1, 2, 3, ..., a convergência é linear, quadrática e cúbica, respectivamente.

A sequência $\{x_n\}_{n=0}^{\infty}$, com $x_n = a^n$ para $0 < a < 1$, por exemplo, converge para 0 com ordem de convergência igual a 1, pois:

$$\lim_{x \to \infty} \frac{a^{n+1}}{a^n} = a$$

A sequência $\{x_n\}_{n=0}^{\infty}$, com $x_n = a^{(2n)}$ para $0 < a < 1$, por exemplo, converge para 0 com ordem de convergência igual a 2, porque:

$$\lim_{n \to \infty} \frac{a^{2^{(n+1)}}}{(a^{2^n})^2} = \lim_{n \to \infty} \frac{a^{2 \cdot 2n}}{a^{2 \cdot 2n}} = 1$$

> A exigência C ≠ 0 na definição assegura a unicidade de *p*. Caso C = 0, a sequência obtida por meio das iterações convergirá mais rapidamente que o usual e, nesse caso, teremos o que se denomina *convergência superlinear*.

DEFINIÇÃO 2.2

Um método iterativo será de ordem *p* para a raiz α se ele gerar uma sequência que converge para α com ordem *p*.

É necessário definir um critério de terminalidade ou um teste de parada para o processo iterativo, conforme veremos a seguir.

Se o método converge, então $x_n \to \alpha$ quando $n \to \infty$. Na prática, *n* será um número finito e, portanto, $x_n \approx \alpha$. A situação ideal seria dispor de um critério em que o processo iterativo parasse quando x_n atingisse *t* casas decimais corretas do valor exato de α. Entretanto, isso nem sempre ocorre.

Embora seja passível de falhas (veremos isso adiante) no que se refere a cálculo de uma raiz com *t* casas decimais corretas, frequentemente usamos os seguintes testes de parada:

1. $|f(x_{n+1})| < \varepsilon$
2. $|x_{n+1} - x_n| < \varepsilon$
3. $\dfrac{|x_{n+1} - x_n|}{|x_{n+1}|} < \varepsilon$

em que ε é uma tolerância. No caso da desigualdade satisfizer o critério usado, toma-se como aproximação para a raiz α o valor x_{n+1}.

O critério proveniente da definição de erro absoluto (1) é, normalmente, usado quando a raiz desejada é da ordem da unidade. No caso de a raiz ser muito grande ou muito pequena comparada com a unidade, é melhor usar o critério oriundo da definição de erro relativo (3). Pode ocorrer que um critério seja satisfeito sem que o outro o seja.

2.2.1 Método das aproximações sucessivas

O método das aproximações sucessivas (MAS), apesar de não ser o mais eficiente, é de aplicação simples. A equação de iteração é obtida da equação f(x) = 0 e consiste em reescrevê-la na forma x = ϕ(x), o que evidentemente é sempre possível por meio de artifício algébrico.

Observe, inicialmente, que dada a equação f(x) = 0 existem várias maneiras de se obter uma equação de iteração do tipo x = ϕ(x). Por exemplo, a equação $x^3 - x - 5 = 0$ pode ser rescrita da seguinte maneira:

$$x = x^3 - 5$$
$$x = \sqrt[3]{x + 5}$$
$$x = \frac{5}{(x^2 - 1)}$$

Devemos escolher uma função ϕ, tal que |ϕ'(x)| < 1 para *x* em uma vizinhança da raiz α, pois isso assegura a convergência do método.

Exercício resolvido 2.2

Determine as raízes reais das equações dadas, por meio do MAS, com cinco dígitos decimais corretos, ou seja, $\varepsilon = 0{,}5 \times 10^{-5}$:

a) $\ln x - x + 2 = 0 \alpha_1$

b) $\cos(x) - 3x = 0$

Pelo esboço mostrado no Gráfico 2.11, a seguir, a equação $\ln x - x + 2 = 0$ tem duas raízes reais. Uma raiz α_1, pertencente ao intervalo $(0, 1)$, e outra α_2, pertencente ao intervalo $(3, 4)$.

Gráfico 2.11 – Interseções das funções y = x − 2 e y = ln x

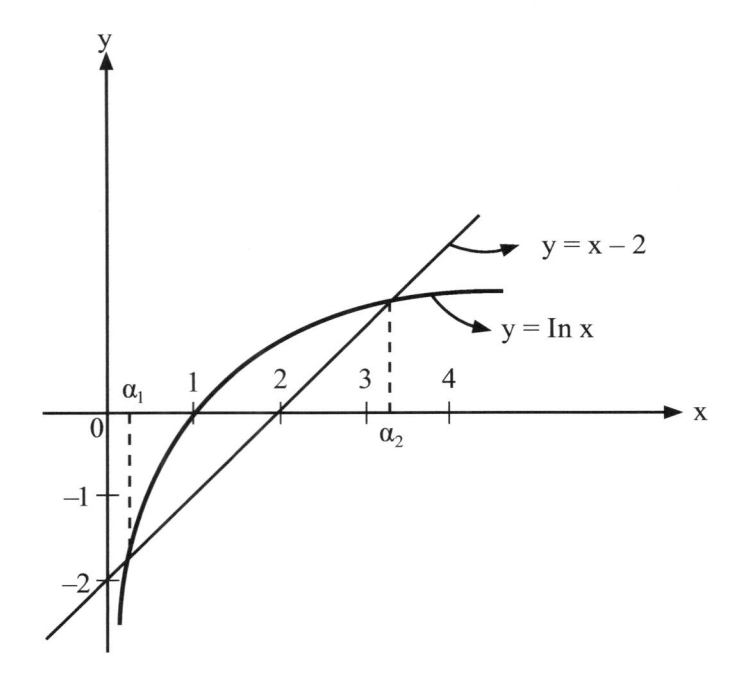

Calculamos, inicialmente, a raiz pertencente ao intervalo (0, 1), com $x_0 = 0,4$ como tentativa inicial. Como função de iteração escolhemos $\phi(x) = \ln x + 2$, então $\phi'(x) = \dfrac{1}{x}$. Portanto, $|\phi'(x)| > 1$ para $x \in (0, 1)$. Logo, essa equação de iteração não assegura convergência para a raiz pertencente ao intervalo (0, 1).

Reescrevendo a equação $\ln x - x + 2 = 0$ na forma $x = e^{x-2}$, temos $\phi(x) = e^{x-2}$ e, nesse caso, $|\phi'(x)| < 1$ para $x \in (0, 1)$. Com essa equação de iteração, o método convergirá. Lembrando que $\varepsilon = 0,5 \times 10^{-5}$, calculamos:

$$x_1 = \phi(x_0) = e^{x_0 - 2} = 0,201897$$
$$x_2 = \phi(x_1) = e^{x_1 - 2} = 0,165613$$
$$x_3 = \phi(x_2) = e^{x_2 - 2} = 0,159711$$
$$x_4 = \phi(x_3) = e^{x_3 - 2} = 0,158772$$
$$x_5 = \phi(x_4) = e^{x_4 - 2} = 0,158622$$
$$x_6 = \phi(x_5) = e^{x_5 - 2} = 0,158599$$
$$x_7 = \phi(x_6) = e^{x_6 - 2} = 0,158595$$
$$x_8 = \phi(x_7) = e^{x_7 - 2} = 0,158594$$

A raiz com cinco casas decimais corretas é 0,15859.

Para o cálculo da raiz pertencente ao intervalo (3, 4), seja $x_0 = 3,3$ e a equação de iteração $x = \ln x + 2$.

Nesse caso, $|\phi'(x)| < 1$ para $x \in (3, 4)$. Logo, fica assegurada a convergência do método. De fato:

$$x_1 = \phi(x_0) = \ln x_0 + 2 = 3,193922$$
$$x_2 = \phi(x_1) = \ln x_1 + 2 = 3,161250$$
$$x_3 = \phi(x_2) = \ln x_2 + 2 = 3,150967$$
$$x_4 = \phi(x_3) = \ln x_3 + 2 = 3,147710$$
$$x_5 = \phi(x_4) = \ln x_4 + 2 = 3,146675$$
$$x_6 = \phi(x_5) = \ln x_5 + 2 = 3,146346$$
$$x_7 = \phi(x_6) = \ln x_6 + 2 = 3,146242$$
$$x_8 = \phi(x_7) = \ln x_7 + 2 = 3,146209$$
$$x_9 = \phi(x_8) = \ln x_8 + 2 = 3,146199$$
$$x_{10} = \phi(x_9) = \ln x_9 + 2 = 3,146195$$
$$x_{11} = \phi(x_{10}) = \ln x_{10} + 2 = 3,146194$$

A raiz procurada com cinco casas decimais corretas é 3,14619.

A equação $\cos x - 3x = 0$ tem somente uma raiz, como constatamos no Gráfico 2.12.

Gráfico 2.12 – Raízes da equação $\cos x - 3x = 0$

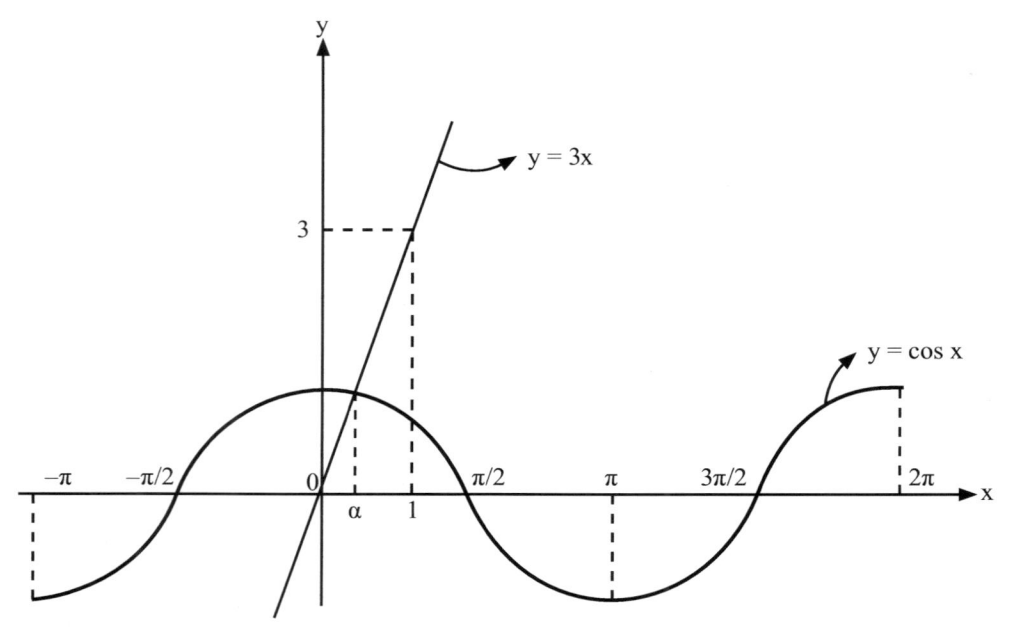

Sejam $x_0 = 0{,}35$ e a equação de iteração $x = \left(\dfrac{1}{3}\right)\cos x$. Com essa equação de iteração, o método será convergente, pois $\phi(x) = \left(\dfrac{1}{3}\right)\cos x$ e $\phi'(x) = -\left(\dfrac{1}{3}\right)\operatorname{sen} x$, portanto $|\phi'(x)| < 1$ para qualquer $x \in \mathbb{R}$, em particular para x em uma vizinhança J_ρ da raiz.

$$x_1 = \phi(x_0) = \frac{1}{3}\cos x_0 = 0{,}313124$$

$$x_2 = \phi(x_1) = \frac{1}{3}\cos x_1 = 0{,}317125$$

$$x_3 = \phi(x_2) = \frac{1}{3}\cos x_2 = 0{,}316712$$

$$x_4 = \phi(x_3) = \frac{1}{3}\cos x_3 = 0{,}316755$$

$$x_5 = \phi(x_4) = \frac{1}{3}\cos x_4 = 0{,}316750$$

$$x_6 = \phi(x_5) = \frac{1}{3}\cos x_5 = 0{,}316750$$

A raiz com cinco casas decimais corretas é 0,31675.

2.2.2 Método de Newton-Raphson

No método de Newton-Raphson (MNR), as aproximações para a raiz α são obtidas pela seguinte equação de recorrência:

$$x_{n+1} = x_n - \frac{f(x_n)}{f'(x_n)}, n = 0, 1, 2, \ldots$$

A interpretação geométrica do MNR é a ilustrada no Gráfico 2.13, a seguir. Nele, o triângulo ABC permite depreender que:

$$\text{tg } \theta = \frac{f(x_n)}{x_n - x_{n+1}}$$

Gráfico 2.13 – Interpretação geométrica do MNR

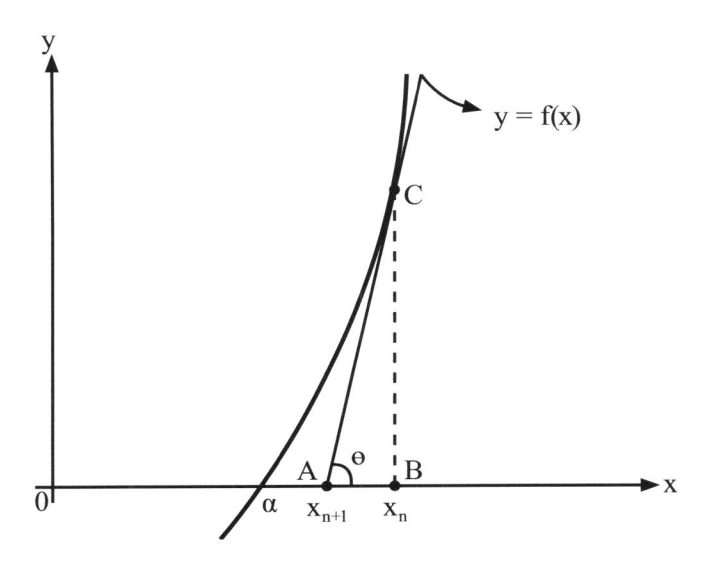

Contudo, $\text{tg } \theta = f'(x_n)$, então $f(x_n) = f'(x_n)(x_n - x_{n+1})$, resultando na equação de recorrência do MNR mostrada anteriormente.

Exercício resolvido 2.3

Calcule a raiz da equação $x - e^{x-2} = 0$, localizada no intervalo (0, 1), com cinco dígitos decimais corretos, $\varepsilon = 0{,}5 \times 10^{-5}$, usando o MNR.

Nesse caso, $f(x) = x - e^{x-2} = f'(x) = 1 - e^{x-2}$. Confira o resumo dos cálculos no Quadro 2.3.

Quadro 2.3 – Exemplo de aplicação do MNR

n	x_n	$f(x_n)$	$f'(x_n)$	$f(x_n)/f'(x_n)$
0	0,4	0,198103	0,798103	0,248217
1	0,151783	–0,005735	0,842482	–0,006807
2	0,158590	–0,000004	0,841406	–0,000005
3	0,158595	0,000001	0,841406	0,000001
4	0,158595			

A raiz com cinco casas decimais corretas é 0,15859.

O MNR converge de modo quadrático no caso de raízes reais e simples da equação $f(X) = 0$, ou seja, a sequência $\{x_n\}_{n=0}^{\infty}$ gerada pelo método tem ordem de convergência igual a 2. Portanto, geralmente converge mais rápido que o MAS.

Se $f'(x_n) = 0$ ou $f'(x_n) \approx 0$, para algum n, o MNR não convergirá, conforme é possível observar em A no Gráfico 2.14. Outra fonte de divergência do método pode ser verificada em B no Gráfico 2.14. Quando isso ocorrer em um *looping*, mudamos a tentativa inicial e procedemos às iterações, na perspectiva de ter saído da situação.

Gráfico 2.14 – Fontes de divergência do MNR

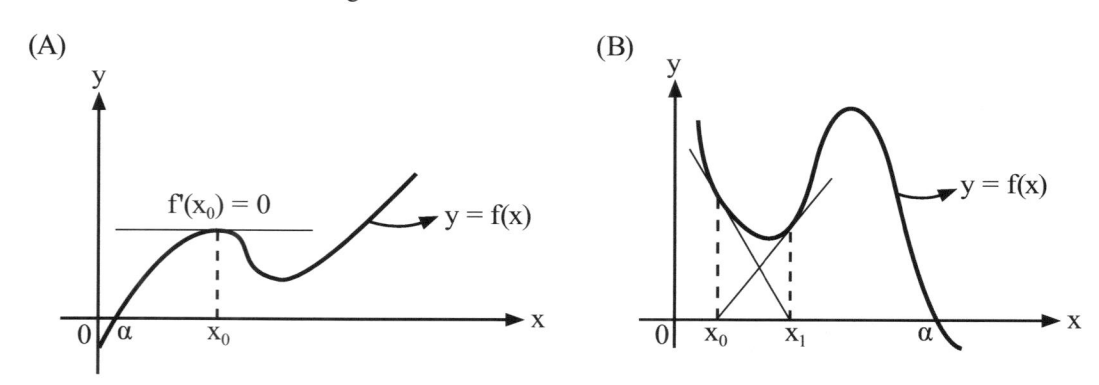

2.2.3 Método de Halley

O método de Halley (MAH) converge para a raiz de modo diferente do MNR. Ele utiliza a derivada segunda da função *f* e tem ordem de convergência igual a 3, ou seja, o erro na iteração seguinte é proporcional ao cubo do erro da iteração anterior. As aproximações são calculadas por:

$$x_{n+1} = x_n - \frac{2f(x_n)f'(x_n)}{2f'(x_n)^2 - f(x_n)f''(x_n)}, n \geq 0$$

Exercício resolvido 2.4

Determine a raiz positiva da equação $x^4 - x - 10 = 0$, pertencente ao intervalo (1,75, 2).
Nesse caso, temos $f(x) = x^4 - x - 10$; $f'(x) = 4x^3 - 1$ e $f''(x) = 12x^2$. Tomando $x_0 = 1,8$:

$$x_1 = x_0 - \frac{2f(x_0)f'(x_0)}{2f'(x_0)^2 - f(x_0)f''(x_0)}$$

$$x_1 = 1,855511176$$

$$x_2 = 1,855584529$$

$$x_3 = 1,855584529$$

Assim, $x_3 = 1,855584529$ é a raiz da equação com nove casas decimais corretas.
Esse é um método de terceira ordem, observe sua velocidade de convergência.

2.2.4 Método de Schroder

O método de Schroder (MSH) também é de terceira ordem, com a seguinte equação de recorrência:

$$x_{n+1} = x_n - \frac{f(x_n)}{f'(x_n)} - \frac{1}{2}\left\{\frac{[f(x_n)]^2 f''(x_n)}{[f'(x_n)]^3}\right\}, n \geq 0$$

O número de casas decimais, quando houver convergência, triplica a cada iteração.

Exercício resolvido 2.5

Resolva a equação do Exercício resolvido 2.4 pelo método de Schroder.
Nesse caso, temos:

$$x_1 = x_0 - \frac{f(x_0)}{f'(x_0)} - \frac{1}{2}\left\{\frac{[f(x_0)]^2 f''(x_0)}{[f'(x_0)]^3}\right\}$$

$$x_1 = 1,855368003$$

$$x_2 = 1,855584529$$

$$x_3 = 1,855584529$$

Estimativa de erros: precisão atingível

As desigualdades 1, 2 e 3 da Definição 2.2 expressam critérios de parada usados para finalizar o processo interativo. Esses critérios são passíveis de falha, pois podem ocorrer situações como as ilustradas no Gráfico 2.15, isto é, um critério pode ser satisfeito sem que o outro o seja.

Gráfico 2.15 – Representações dos testes de parada

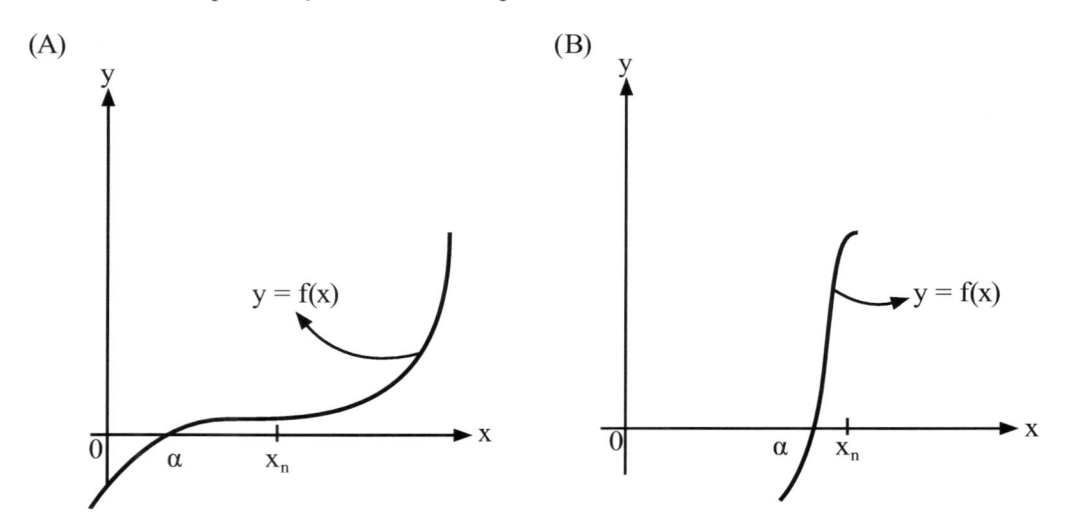

Em A, temos uma situação em que a enésima aproximação está longe da raiz, ou seja, não satisfaz o critério expresso em 2, mas é provável que satisfaça o critério indicado em 1. Já em B, temos que a enésima aproximação está próxima da raiz, isto é, satisfaz o critério definido em 2, mas o valor da função ainda é grande e não satisfaz o critério 1.

A questão mais importante quando esses critérios são usados é saber se eles representam uma cota superior para o erro ou não, isto é, se $|x_{n+1} - x_n| < \varepsilon$, então $|x_{n+1} - \alpha| < |x_{n+1} - x_n| < \varepsilon$. Oportunamente, é possível verificar que nem sempre $|x_{n+1} - x_n|$ é uma cota superior para o erro, ou seja, a condição $|x_n - x_{n-1}| < \varepsilon$ pode ser satisfeita sem que se tenha $|x_n - \alpha| < \varepsilon$.

A situação desejável é obter a aproximação x_{n+1} para a raiz α por meio do método iterativo $x_{n+1} = \phi(x_n)$ e, em seguida, coletar uma cota superior para o erro presente na aproximação x_{n+1}. Assim, é possível saber o quanto x_{n+1} está próximo de α.

No caso da sequência $\{x_{n+1}\}$ ser oscilante e convergente, $-1 < \phi'(x) < 0$, para x em uma vizinhança J_ρ de α, $|x_{n+1} - x_n|$, é uma cota superior para o erro. De fato, pelo teorema do valor médio do cálculo diferencial, temos:

$$\frac{\phi(x_{n-1}) - \phi(\alpha)}{x_{n-1} - \alpha} = \phi'(\xi), |\alpha - \xi| < |\alpha - x_{n-1}| < \rho$$

ou seja:

$$\frac{x_n - \alpha}{x_{n-1} - \alpha} = \phi'(\xi)$$

Como $\xi \in J_\rho$, então $\phi'(\xi) < 0$. Disso segue que $\left[\dfrac{(x_n - \alpha)}{(x_{n-1} - \alpha)}\right] < 0$, o que define a sequência oscilante. Nesse caso, temos a seguinte situação:

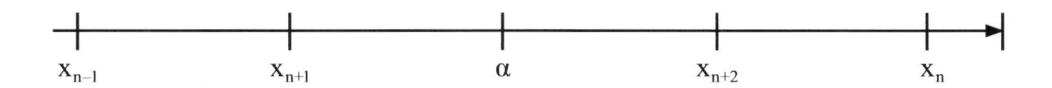

```
+-----------+-----------+-----------+-----------+----------->
x_{n-1}     x_{n+1}     α           x_{n+2}     x_n
```

portanto:

$$|x_n - \alpha| < |x_{n-1} - x_n|$$

Agora, abordaremos a determinação de uma cota superior para o erro para qualquer função de iteração convergente.

Sejam x_n, x_{n+1} duas aproximações para α obtidas por meio de um método iterativo. Admitindo que a função de iteração ϕ satisfaz as hipóteses do teorema do valor médio no intervalo (x_{n-1}, x_n), então:

$$\frac{\phi(x_n) - \phi(x_{n-1})}{x_n - x_{n-1}} = \phi'(\eta), |\eta - x_n| < |x_n - x_{n-1}| < \rho$$

Se $|\phi'(\eta)| \leq m < 1$, o método converge:

$$|x_{n+1} - x_n| \leq m|x_n - x_{n-1}|$$

Também vale:

$$|x_{n+2} - x_{n+1}| \leq m|x_{n+1} - x_n|$$

Dessas duas últimas desigualdades, temos:

$$|x_{n+2} - x_{n+1}| \leq m^2|x_n - x_{n-1}|$$

De maneira geral:

$$|x_{n+j} - x_{n+j-1}| \leq m^j|x_n - x_{n-1}|, j = 1, 2, \ldots$$

Considere, agora, a seguinte igualdade:

$$|x_{n+j} - x_n| = |(x_{n+j} - x_{n+j-1}) + (x_{n+j-1} - x_{n+j-2}) + \ldots + (x_{n+1} - x_n)|$$

Usando a desigualdade triangular nela, obtemos:

$$|x_{n+j} - x_n| \leq |(x_{n+j} - x_{n+j-1}) + (x_{n+j-1} - x_{n+j-2}) + \ldots + (x_{n+1} - x_n)|$$

Com base na desigualdade obtida anteriormente, $|x_{n+j} - x_{n+j-1}| \leq m^j |x_n - x_{n-1}|, j = 1, 2, \ldots$ temos:

$$|x_{n+j} - x_n| \leq m^j |x_{n+j} - x_{n+j-1}| + m^{j-1} |x_{n+j-1} - x_{n+j-2}| + \ldots + m |x_{n+1} - x_n|$$

$$|x_{n+j} - x_n| \leq (m + m^2 + \ldots + m^{j-1} + m^j) |x_n - x_{n-1}|$$

ou, ainda:

$$|x_{n+j} - x_n| \leq \frac{m(1 - m^j)}{1 - m} |x_n - x_{n-1}|$$

Como $m < 1$ e $\lim_{j \to \infty} x_{n+j} = \alpha$, resulta em:

$$|\alpha - x_n| \leq \frac{m}{1 - m} |x_n - x_{n-1}|$$

Note que:

- Como $m = \max |\phi'(x)|, x \in J_\rho$, o cálculo da cota superior para o erro só será simples caso $\phi'(x)$ seja simples, o que permite o cálculo de *m* sem dificuldades.
- Se $m \leq \frac{1}{2}$, então $|\alpha - x_n| \leq |x_n - x_{n-1}|$; e, nesse caso, o erro absoluto entre as iterações pode ser usado como cota superior para o erro absoluto presente na aproximação x_n.

2.2.5 Método da secante

No método da secante (MSC), a equação de recorrência é obtida, segundo Fröberg (1966), modificando-se a do MNR por meio da substituição de $f'(x_n)$ pelo quociente de diferença:

$$\frac{f(x_n) - f(x_{n-1})}{x_n - x_{n-1}}$$

em que x_{n-1} e x_n são duas aproximações quaisquer para α, resultando na seguinte equação de recorrência:

$$x_{n+1} = x_n - \frac{(x_n - x_{n-1}) f(x_n)}{f(x_n) - f(x_{n-1})}, n \geq 1$$

ou seja:

$$x_{n+1} = \frac{x_{n-1} f(x_n) - x_n f(x_{n-1})}{f(x_n) - f(x_{n-1})}$$

Esse método necessita de duas aproximações iniciais e, nesse caso, $x_{n+1} = \phi(x_{n-1}, x_n)$, sendo, portanto, um método iterativo estacionário de passo dois. Sua interpretação geométrica pode ser observada no Gráfico 2.16.

Gráfico 2.16 – Interpretação geométrica do MSC

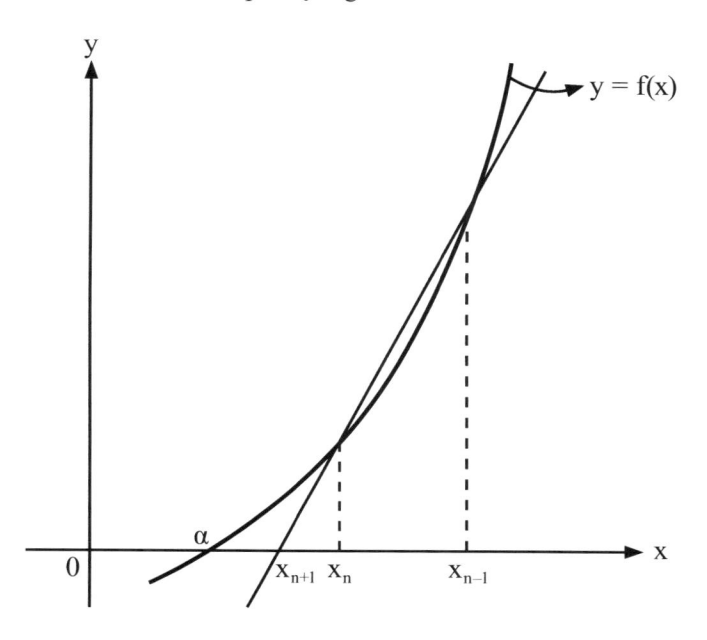

É possível demonstrar que o MSC é de ordem 1,618, aproximadamente. Desse modo, ele não converge quadráticamente, mas não necessita da derivada de f e, apesar de necessitar de duas aproximações iniciais, somente um valor da função é calculado a cada iteração.

Exercício resolvido 2.6

Calcule a raiz da equação $x^3 - 2x^2 + 2x - 5 = 0$, pertencente ao intervalo $(2, 2,5)$, por meio do MSC.

Quadro 2.4 – Exemplo de aplicação do MSC

n	x_{n-1}	x_n	$f(x_{n-1})$	$f(x_n)$	x_{n+1}
1	2,5	2	3,125	−1	2,121212
2	2	2,121212	−1	−0,212177	2,153857
3	2,121212	2,153857	−0,0212177	−0,021471	2,150859
4	2,153857	2,150859	0,021471	−0,000376	2,150913
5	2,150859	2,150913	−0,000376	−0,000014	2,150911

A raiz com cinco casas decimais corretas é 2,15091.

2.3 Métodos numéricos para o cálculo de raízes reais múltiplas

Até agora, nos métodos apresentados, supõem-se que a raiz é real e simples. Agora, verificaremos o que ocorre quando a raiz é múltipla, isto é, repete-se como raiz da equação.

Definição 2.3

Uma raiz α de $f(x) = 0$ é dita múltipla de multiplicidade q se
$$0 \neq |g(\alpha)| < \infty, g(x) = (x-\alpha)^{-q} f(x).$$

Pela Definição 2.3, é possível constatar que, se α é de multiplicidade q, então o resultado é:

$$f(\alpha) = f'(\alpha) = f''(\alpha) = \ldots = f^{(q-1)}(\alpha) = 0 \text{ e } f^{(q)}(\alpha) \neq 0$$

Se a raiz é simples, isto é, $q = 1$, então $f'(\alpha) \neq 0$, fato já usado anteriormente.

Os resultados sobre convergência dos métodos para o caso em que a raiz é simples agora não são mais válidos. Por exemplo, se a raiz é múltipla, o MNR não converge de modo quadrático, mas linearmente, com constante assintótica do erro igual a $1 - \dfrac{1}{q}$.

A modificação $x_{n+1} = x_n - q\dfrac{f(x_n)}{f'(x_n)}$ no MNR resgata a convergência quadrática para a raiz α de multiplicidade q. Outra maneira de resgatar a convergência no MNR, mesmo quando não conhecemos a multiplicidade q, é supor f q vezes continuamente diferenciáveis em uma vizinhança da raiz α de multiplicidade q. Então, é possível mostrar que o MNR converge de modo quadrático, modificando sua equação de recorrência clássica da seguinte maneira:

$$\begin{cases} u(x_n) = \dfrac{f(x_n)}{f'(x_n)} \\ u'(x_n) = 1 - \dfrac{f''(x_n)}{f'(x_n)} u(x_n), n = 0, 1, 2, \ldots \\ x_{n+1} = x_n - \dfrac{u(x_n)}{u'(x_n)} \end{cases}$$

Exercício resolvido 2.7

A raiz positiva da equação $\left(\operatorname{sen} x - \dfrac{x}{2}\right)^2 = 0$ é de multiplicidade dois. Com $x_0 = \dfrac{\pi}{2}$, determine essa raiz por meio do MNR clássico e por seus métodos modificados, conforme as equações:

$$x_{n+1} = x_n - q\frac{f(x_n)}{f'(x_n)} \quad \text{e} \quad \begin{cases} u(x_n) = \dfrac{f(x_n)}{f'(x_n)} \\ u'(x_n) = 1 - \dfrac{f''(x_n)}{f'(x_n)} u(x_n), \, n = 0, 1, 2, \ldots \\ x_{n+1} = x_n - \dfrac{u(x_n)}{u'(x_n)} \end{cases}$$

Quadro 2.5 – Resultados para raiz múltipla obtida pelo MNR e pelos métodos MNR modificados

	MNR	$x_{n+1} = x_n - q\dfrac{f(x_n)}{f'(x_n)}$	$\begin{cases} u(x_n) = \dfrac{f(x_n)}{f'(x_n)} \\ u'(x_n) = 1 - \dfrac{f''(x_n)}{f'(x_n)}u(x_n), n=0,1,2,\ldots \\ x_{n+1} = x_n - \dfrac{u(x_n)}{u'(x_n)} \end{cases}$
x_0	1,57080	1,57080	1,57080
x_1	1,8540	2,00000	1,80175
x_2	1,84456	1,90100	1,88963
x_3	1,87083	1,89551	1,89547
x_4	1,88335	1,89549	1,89549
x_5	1,88946		
x_6	1,89249		
x_7	1,89399		
x_8	1,89475		
x_9	1,89512		
x_{10}	1,89531		
x_{11}	1,89540		
x_{12}	1,89545		
x_{13}	1,89547		
x_{14}	1,89548		
x_{15}	1,89549		

Observe a ordem de convergência!

Do ponto de vista computacional, o algoritmo dado em

$$\begin{cases} u(x_n) = \dfrac{f(x_n)}{f'(x_n)} \\ u'(x_n) = 1 - \dfrac{f''(x_n)}{f'(x_n)} u(x_n), n = 0,1,2,\ldots \\ x_{n+1} = x_n - \dfrac{u(x_n)}{u'(x_n)} \end{cases}$$

envolve derivada de segunda ordem, além de aumentar o número de operações realizadas em cada iteração. Por sua vez, o inconveniente da fórmula $x_{n+1} = x_n - q\dfrac{f(x_n)}{f'(x_n)}$ está no fato de não conhecermos a multiplicidade.

2.4 Equações polinomiais

Uma equação polinomial de ordem *n* tem a seguinte forma:

$$P_n(x) = a_0 x^n + a_1 x^{n-1} + a_2 x^{n-2} + \ldots + a_{n-1} x + a_n = 0$$

em que *x* é uma variável real.

Vamos admitir que os coeficientes da polinomial são reais. É possível utilizar os métodos estudados neste capítulo, em geral, no cálculo das raízes reais da equação polinomial apresentada.

Existem vários métodos especialmente adaptados para determinar raízes de uma equação polinomial, e muitos deles aproveitam as propriedades dos polinômios para facilitar o cálculo de seu valor numérico e de suas derivadas.

2.4.1 Propriedades das equações polinomiais

As equações polinomiais apresentam três propriedades:

1. De acordo com o teorema fundamental da álgebra, a equação
   $P_n(x) = a_0 x^n + a_1 x^{n-1} + a_2 x^{n-2} + \ldots + a_{n-1} x + a_n = 0$ tem *n* raízes, $\alpha_1, \alpha_2, \ldots, \alpha_n$, e $P_n(x)$ pode ser escrito na forma $P_n(x) = a_0 (x - \alpha_1)(x - \alpha_2)\ldots(x - \alpha_n)$.

   As raízes complexas ocorrem aos pares conjugados. Então, se *n* é ímpar, o polinômio em $P_n(x) = a_0 x^n + a_1 x^{n-1} + a_2 x^{n-2} + \ldots + a_{n-1} x + a_n = 0$ tem pelo menos uma raiz real.

2. Considere, inicialmente, $P_n(x) = a_0 x^n + a_1 x^{n-1} + a_2 x^{n-2} + \ldots + a_{n-1} x + a_n = 0$ como função de uma variável real x. Por meio do algoritmo de Horner, podemos calcular de forma conveniente:

$$P_n(x_0), P_n'(x_0), \frac{P''(x_0)}{2!}, \frac{P'''(x_0)}{3!} \ldots$$

O resto da divisão de $P_n(x)$ pelo fator linear $x - x_0$ será $P_n(x_0)$; o resto da divisão do quociente da divisão anterior, $P_{n-1}(x)$ por $x - x_0$, será $P_n'(x_0)$; o resto da divisão do último quociente obtido, $P_{n-2}(x_0)$ por $x - x_0$, será $\frac{P''(x_0)}{2!}$, e assim por diante.

Da divisão de $P_n(x_0)$ por $(x - x_0)$, temos:

$$P_n(x) = P_{n-1}(x)(x - x_0) = R_n$$

em que:

$$P_{n-1}(x) = b_0 x^{n-1} + b_1 x^{n-2} + \ldots + b_{n-1}$$

e R_n é o resto divisão. Assim, fica evidente que $R_n = P_n(x_0)$.

Além de $P_n(x_0)$, o algoritmo de Horner calcula também os seguintes coeficientes:

$$\begin{cases} b_0 = a_0 \\ b_j = a_j + x_0 b_{j-1}, j = 1, 2, 3, \ldots, n-1 \\ b_n = a_n + x_0 b_{n-1} = R_n = P_n(x_0) \end{cases}$$

3. A divisão de $P_n(x)$ por um fator quadrático do tipo $x^2 - px - q$, $p, q \in \mathbb{R}$ resulta em:

$$P_x(x) = P_{n-2}(x)(x^2 - px - q) + R(x - p) + S$$

sendo:

$$P_{n-2}(x) = b_0 x^{n-2} + b_1 x^{n-3} + \ldots + b_{n-3} x + b_{n-2}$$

O algoritmo de Horner, então, torna-se:

$$\begin{cases} b_0 = a_0 \\ b_1 = a_1 = p b_0 \\ b_j = a_j + p b_{j-1} + q b_{j-2}, \quad j = 2, 3, \ldots, n-2, n-1, n \\ R = b_{n-1} \\ S = b_n \end{cases}$$

Deflação

No caso de equações polinomiais, a deflação consiste em reduzir o grau da polinomial após a determinação de uma raiz α, dividindo-se a polinomial pelo fator $(x - α)$.

Nesse tipo de problema, escrevemos $P_n(x) = (x - α)P_{n-1}(x)$. Então, a equação $P_{n-1}(x) = 0$ tem as mesmas raízes da equação $P_n(x) = 0$, exceto α. Após a deflação, determinamos as raízes da equação $P_{n-1}(x) = 0$. Repetimos o processo até que a polinomial reduzida seja de grau dois ou um.

Se os coeficientes em $P_n(x) = 0$ são reais, no caso da existência de raízes complexas, elas ocorrem aos pares conjugados. Nesse caso, deflacionamos a polinomial, efetuando a divisão pelo fator quadrático $x^2 - px - q$ (ver a propriedade 3).

É razoável pensar que a quantidade de mercadoria demandada no mercado depende de seu preço: quando o preço baixa, os consumidores, em geral, procuram mais mercadoria; quando o preço aumenta, a situação é oposta, os consumidores procuram menos a mercadoria. Seja x a quantidade de mercadoria demandada e p o preço de cada unidade da mercadoria, a **equação de demanda** pode ser escrita em uma das seguintes formas:

- $p = f(x)$
- $x = g(p)$

A equação de demanda geralmente é obtida por meio de métodos estatísticos aplicados aos dados econômicos. A função f é denominada *função preço*, e f(x) é o preço de uma unidade da mercadoria quando x unidades são demandadas. A função g é nomeada *função de demanda*, e g(p) é o número de unidades de mercadorias demandadas se p for o preço por unidade. Nesse caso, p e x serão números não negativos.

Gráfico 2.17 – Equação de demanda

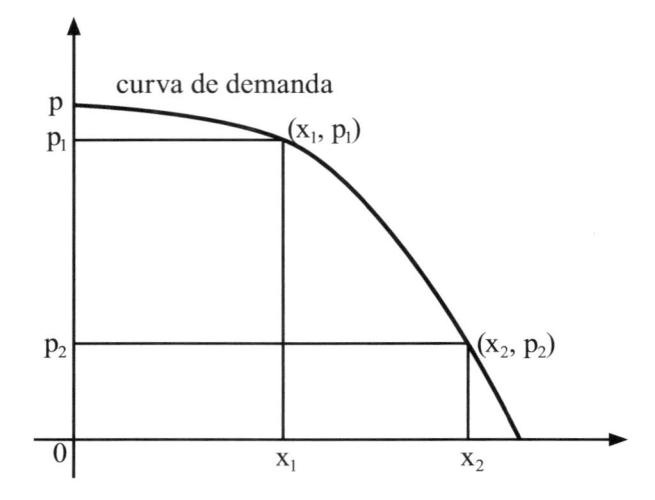

Exercício resolvido 2.8

Considere a seguinte equação de demanda: $p = (100 - x - x^4)^{0.5}$, em que p é dado em unidade monetária (u.m.) e x é a quantidade demandada do produto em 1.000. Observe o Gráfico 2.18.

Gráfico 2.18 – Curva de demanda

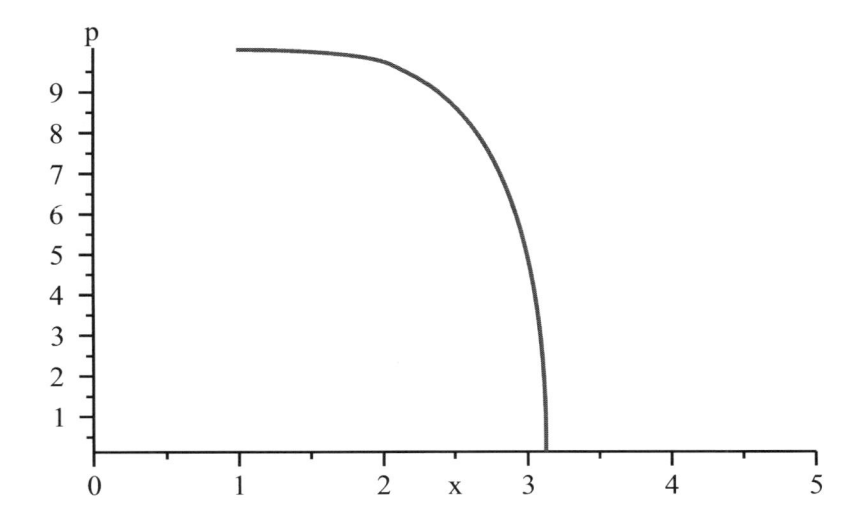

Usando o MNR, calcule a quantidade de mercadoria demandada quando o preço for 4,5 u.m.

Quando $p = 4,5$, temos:

$$h(x) = x^4 + x - 79{,}75 = 0$$

Então:

$$h'(x) = 4x^3 + 1$$

Assim, o MNR fica:

$$x_{n+1} = x_n - \frac{x_n^4 + x_n - 79{,}5}{4x_n^3 + 1} = \frac{3x_n^4 + 79{,}5}{4x_n^3 + 1}$$

Escolhendo como tentativa inicial $x_0 = 3$, obtemos:

$$x_1 = 2{,}961009174$$
$$x_2 = 2{,}960232910$$
$$x_3 = 2{,}960232606$$

A quantidade de mercadoria demandada é 2.960.

Exercício resolvido 2.9

Em uma cidade, uma epidemia espalha-se de tal forma que f(t) pessoas contraíram a doença t semanas após o início da epidemia, na qual:

$$f(t) = \frac{10000}{1 + 599e^{-0,8t}}$$

Após quantas semanas 5.000 pessoas, metade da população da cidade, contraíram a doença?

A equação a ser resolvida é:

$$\frac{10000}{1 + 599e^{-0t}} = 5000$$

ou

$$f(t) = \frac{10000}{1 + 599e^{-0,8t}} - 5000 = 0$$

Veja o Gráfico 2.19, que mostra a função $f(t)$. Observe que:

$$f(0) = 17,8571$$
$$f(6) = 1,7855776$$
$$f(12) = 9.635,2075$$

A derivada da função $f(t)$ é dada por:

$$f(t) = \frac{4472000e^{-0,8t}}{\left(1 + 599e^{-0,8t}\right)^2}$$

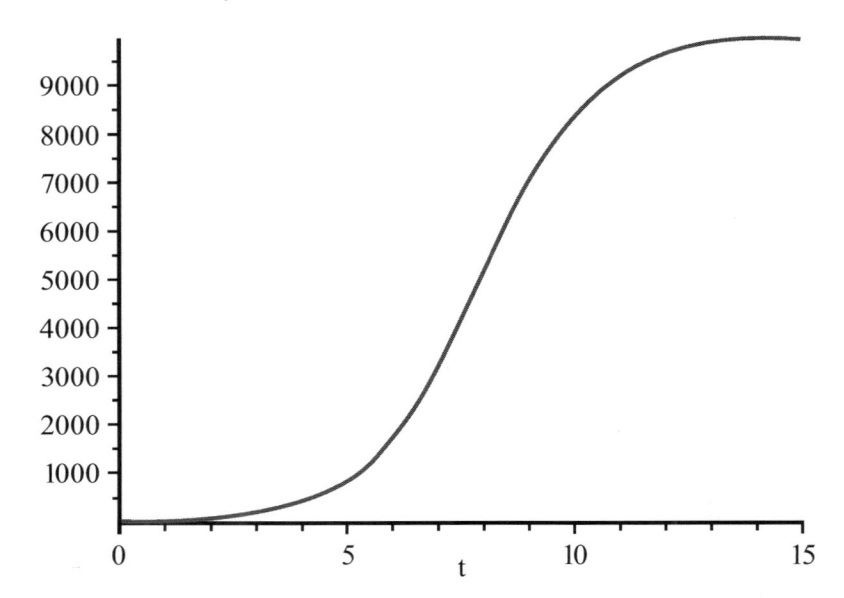

Gráfico 2.19 – Função f(t)

Escolhendo como tentativa inicial $x_0 = 7$, por meio do MNR verificamos rapidamente que a solução com quatro casas decimais corretas é 7,9076, ou seja, 7 semanas, 6 dias, 8 horas, 28 minutos e 2 segundos.

Exercício resolvido 2.10

Calcule a maior a raiz da equação a seguir com oito casas decimais corretas:

$$-\frac{1}{20}x^3 + 0,6x^2 + x + \frac{7}{20} = 0$$

Use o método de Schroder (equação de recorrência

$$x_{n+1} = x_n - \frac{f(x_n)}{f'(x_n)} - \frac{1}{2}\left\{\frac{[f(x_n)]^2 f''(x_n)}{[f'(x_n)]^3}\right\}, n \geq 0).$$ Em seguida, deflacione a polinomial

para obter as outras duas raízes:

$$f'(x) = -\frac{3}{20}x^2 + 1,2x + 1$$

$$f''(x) = -\frac{6}{20}x + 1,2$$

Com tentativa inicial $x_0 = 13$, obtemos:
$x_1 = 13,98336066$; $x_2 = 13,83260501$; $x_3 = 13,66514851$; $x_4 = 13,55099890$;
$x_5 = 13,51954873$; $x_6 = 13,51783903$; $x_7 = 13,51783442$; $x_8 = 13,51783442$,
que é a maior raiz da equação com oito casas decimais corretas.

Deflação da polinomial

A equação deflacionada é a seguinte:

	$-\frac{1}{20}$	0,6	1	$\frac{7}{20}$
		−0,675891721	−1,0258917183	−0,3499999612
13,51783442	0,075891721	−0,0258917183	0,0000000388	

$$-\frac{x^2}{20} - 0,758917210x - 0,258917183 = 0$$

Aplicando a fórmula de Bhaskara, obtemos as outras duas raízes da equação dada inicialmente: −1,000000112 e −0,5178343080. Observe o Gráfico 2.20.

Gráfico 2.20 – Função *f*

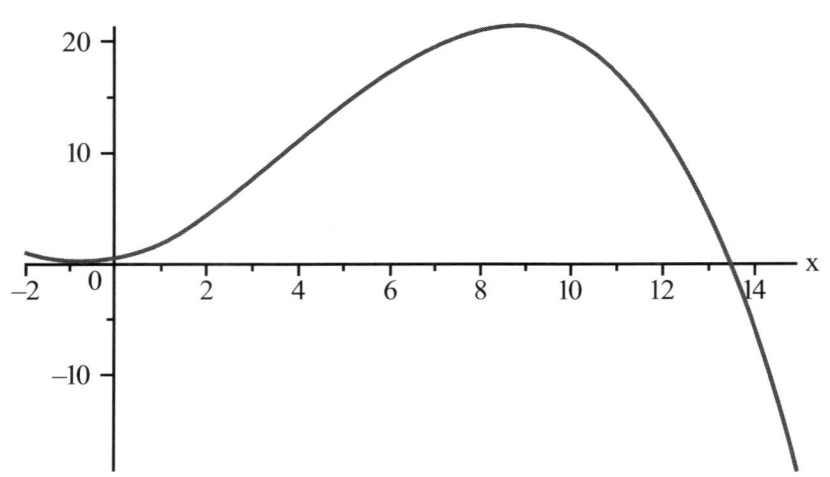

Exercício resolvido 2.11

A implantação da agricultura irrigada depende do projeto hidráulico, que deve buscar minimizar custos. Nesse caso, uma das variáveis a ser analisada é a perda de energia ou de carga do escoamento de um líquido no interior de uma tubulação. Considerando que o regime é turbulento, podemos calcular a perda de carga por meio da equação de Colebrook-White:

$$g(f) = -\frac{1}{\sqrt{f}} - 2 \cdot \log 10 \left(\frac{rug}{3{,}7 \cdot D} + \frac{2{,}51}{R_e \cdot \sqrt{f}} \right) = 0$$

em que *f* é a variável a ser calculada e indica a perda de carga; *rug* é o valor da rugosidade do tubo, que depende do material utilizado; D é o diâmetro do tubo; e R_e representa o número de Reynolds.

Os valores de *rug*, D e R_e são conhecidos. Vamos calcular *f* considerando rug = 0,0000457 m, D = 0,1023 m e R_e = 437972.

Uma dificuldade pode ser o cálculo da derivada da função *g*, então vamos usar o MSC, que não necessita do cálculo da derivada de *g*. Quem trabalha com isso, sabe de antemão que *f*, numericamente, assume valores pequenos, mas é importante na análise dos custos do projeto. Escolhendo como tentativa inicial $x_0 = 0{,}01$; $x_1 = 0{,}03$, o resumo dos cálculos é dado no Quadro 2.6.

Quadro 2.6 – Resumo dos cálculos

n	x_{n-1}	x_n	x_{n+1}
1	0,01	0,03	0,02148987225
2	0,03	0,02148987225	0,01542096757
3	0,02148987225	0,01542096757	0,01780119811
4	0,01542096757	0,01780119811	0,01748262737
5	0,01780119811	0,01748262737	0,01745150051

Portanto, f = 0,017452. Confira o Gráfico 2.21, que apresenta a função *g*.

Gráfico 2.21 – Função *g*

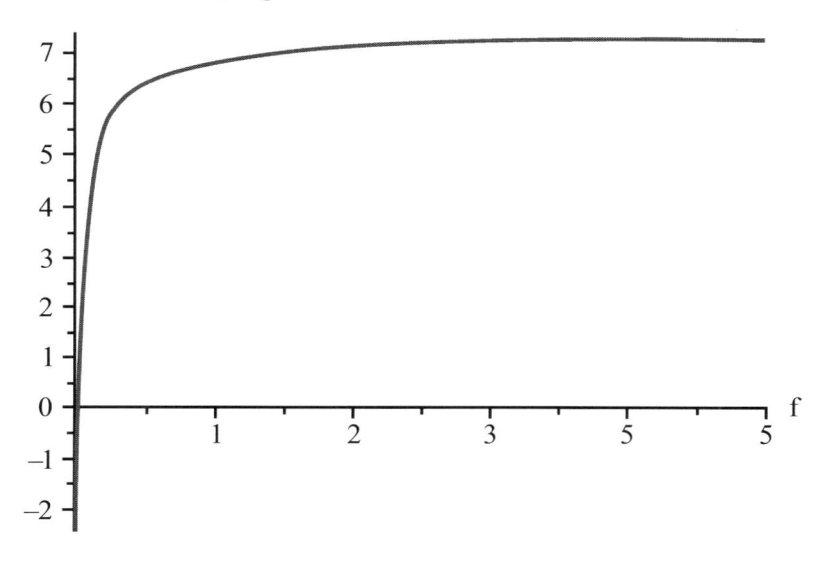

3
Álgebra linear computacional: sistemas algébricos lineares e não lineares

A álgebra linear entrou nos currículos de engenharia por volta de 1975, aumentando o escopo matemático dos engenheiros e embasando problemas científicos e tecnológicos em diversos campos, como aeronáutica e espaço, energia nuclear, transportes de pessoas e cargas, prospecção de petróleo, gás e água potável, monitoramento meteorológico e do clima, grandes obras estruturais, processamento de sinais, redes neurais, entre outros. Essas aplicações foram impulsionadas pelo uso facilitado de computadores com altíssima velocidade de processamento e grande capacidade de armazenamento de dados e resultados.

Segundo Dahlquist e Björck (1974), cerca de 75% desses problemas, em alguma etapa, requerem a solução de um sistema algébrico linear, bem como a determinação de autovalores e autovetores e otimização.

Neste capítulo, iniciaremos apresentando os primeiros conceitos de álgebra linear para, em seguida, evoluirmos a aplicações de métodos numéricos que resolvem sistemas algébricos lineares e não lineares. Outros conceitos, sempre que necessário, serão apresentados de maneira direta nas aplicações.

3.1 Primeiros conceitos da álgebra linear

Vamos definir vetores, matrizes e as principais operações e propriedades para trabalhar com os métodos numéricos que trataremos adiante[1].

3.1.1 Vetores e matrizes

> **DEFINIÇÃO 3.1**
>
> Um vetor V de ordem n é uma lista ordenada de n escalares v_i disposta na forma de coluna:

---

1 Ver Hoffman; Kunze (1970).

■ Equação 3.1

$$V = \begin{Bmatrix} v_1 \\ v_2 \\ \vdots \\ v_n \end{Bmatrix}$$

Os escalares $v_1, v_2, v_3, \ldots v_n$ são chamados de *coordenadas* ou *componentes* do vetor V, que também pode ser denotado por $V = \begin{bmatrix} v_1 & v_2 & \ldots & v_n \end{bmatrix}^T$, em que a letra T como superíndice do vetor significa transposto, isto é, trocamos coluna por linha ou vice-versa. Quando todas as componentes de um vetor são nulas, temos o **vetor nulo**, representado por O, ou seja, $O = \begin{bmatrix} 0 & 0 & 0 & \ldots & 0 \end{bmatrix}^T$.

EXEMPLIFICANDO

Vetor de ordem 4:

$$V = \begin{Bmatrix} 1 \\ -3 \\ 4 \\ -2 \end{Bmatrix} \text{ ou } V = \begin{bmatrix} 1 & -3 & 4 & -2 \end{bmatrix}^T$$

DEFINIÇÃO 3.2

1. Dizemos que dois vetores, U, V, são iguais quando apresentam a mesma ordem e as respectivas componentes são iguais.
2. A soma de dois vetores de mesma ordem,

$$U = \begin{Bmatrix} u_1 \\ u_2 \\ \vdots \\ u_n \end{Bmatrix}, V = \begin{Bmatrix} v_1 \\ v_2 \\ \vdots \\ v_n \end{Bmatrix},$$

é outro vetor, S = U + V, da ordem dos anteriores, definido usualmente por:

■ Equação 3.2

$$S = U + V = \begin{Bmatrix} u_1 + v_1 \\ u_2 + v_2 \\ \vdots \\ u_n + v_n \end{Bmatrix}$$

EXEMPLIFICANDO

Some os vetores: $U = \begin{Bmatrix} 0 \\ 0 \\ 0 \\ 1 \\ 1 \end{Bmatrix}$ e $V = \begin{Bmatrix} 1 \\ 1 \\ 0 \\ 0 \\ 0 \end{Bmatrix}$.

Pela definição na Equação 3.2, obtemos:

$$S = U + V = \begin{Bmatrix} 0 \\ 0 \\ 0 \\ 1 \\ 1 \end{Bmatrix} + \begin{Bmatrix} 1 \\ 1 \\ 0 \\ 0 \\ 0 \end{Bmatrix} = \begin{Bmatrix} 0+1 \\ 0+1 \\ 0+0 \\ 1+0 \\ 1+0 \end{Bmatrix} = \begin{Bmatrix} 1 \\ 1 \\ 0 \\ 1 \\ 1 \end{Bmatrix}$$

3. O produto de um escalar k por um vetor de ordem n, $V = \begin{bmatrix} v_1, & v_2, & \ldots, & v_n \end{bmatrix}^T$, é o vetor $Z = kV^T$, obtido da seguinte maneira:

■ Equação 3.3

$$Z = \begin{bmatrix} kv_1, & kv_2, & \ldots, & kv_n \end{bmatrix}^T$$

EXEMPLIFICANDO

Sejam $k = 2$ e $V = \begin{bmatrix} 1 & -3 & 10 & -2,5 \end{bmatrix}^T$, a multiplicação de k por V é:

$$Z = 2V = \begin{Bmatrix} 2 \cdot 1 \\ 2 \cdot (-3) \\ 2 \cdot 10 \\ 2 \cdot (-2,5) \end{Bmatrix} = \begin{Bmatrix} 2 \\ -6 \\ 20 \\ -5 \end{Bmatrix}$$

4. Sejam dois vetores de mesma ordem U e V, a multiplicação deles ou o produto interno ou, ainda, o produto escalar entre eles é um escalar definido usualmente da seguinte forma:

■ Equação 3.4

$$(U, V) = u_1 v_1 + u_2 v_2 + \ldots + u_n v_n$$

EXEMPLIFICANDO

Multiplique o vetor $V = [1 \ -1 \ 1 \ -1 \ 1]^T$ pelo vetor $U = [-1 \ 1 \ -1 \ 1 \ -1]^T$.
Pela definição do item 4, Equação 3.4, obtemos:

$$(U,V) = 1(-1) + (-1)1 + 1(-1) + (-1)1 + 1(-1) = -5$$

Calcule o produto interno de $U = [1,0,0]^T$ e $V = [0,1,0]^T$. Com efeito:

$$(U,V) = 1 \cdot 0 + 0 \cdot 1 + 0 \cdot 0 = 0$$

Quando o produto interno de dois vetores quaisquer de mesma ordem é zero, ou seja, (U, V) = 0, dizemos que eles são *ortogonais*.

DEFINIÇÃO 3.3

Ao arranjo retangular de m × n escalares reais ou complexos, nomeamos *matriz de ordem m × n*, em que *m* indica o número de linhas e *n* o número de colunas da matriz, representada por[2]:

$$A = \begin{bmatrix} a_{11} & a_{12} & a_{13} & \cdots & a_{1n} \\ a_{21} & a_{22} & a_{23} & \cdots & a_{2n} \\ a_{31} & a_{32} & a_{33} & \cdots & a_{3n} \\ \vdots & \vdots & \vdots & \cdots & \vdots \\ a_{m1} & a_{m2} & a_{m3} & \cdots & a_{mn} \end{bmatrix}$$

Representamos matriz por uma letra maiúscula, por exemplo, A e seus elementos pela mesma letra, porém minúscula, com dois subíndices. Por exemplo, dada uma matriz A, o elemento situado na i-ésima linha e na j-ésima coluna é representado por a_{ij}. O primeiro índice indica a linha, e o segundo, a coluna. Uma matriz, muitas vezes, é representada assim: $A = \left[a_{ij} \right]$, o que significa matriz A de elementos a_{ij}.

Entre as matrizes diferenciadas, encontradas em muitas partes, destacamos:

- **Matriz quadrada** – o número de linhas é igual ao número de colunas, isto é, m = n. A ela, denominamos *de ordem n*.
- **Matriz coluna** – tem apenas uma coluna.
- **Matriz linha** – apresenta só uma linha.
- **Matriz diagonal** – é uma matriz quadrada com elementos não nulos apenas na diagonal principal (de cima para baixo e da esquerda para a direita).

---

2 Ver Callioli; Domingues; Costa (1978).

- **Matriz identidade** – matriz quadrada cujos elementos da diagonal principal são todos iguais a 1 e todos os outros são nulos, sendo denotada por I.
- **Matriz nula** – matriz cujos elementos são todos nulos, denotada por O.

Exemplificando

Matriz A de ordem 4 × 3:

$$A = \begin{bmatrix} 1 & 0 & 0 \\ -1 & 2 & 5 \\ 4 & 0 & 3 \\ 7 & 2 & 8 \end{bmatrix}$$

Observe que $a_{32} = 0$; $a_{43} = 8$, e assim por diante.

Matriz coluna A de ordem 4:

$$A = \begin{bmatrix} 0 \\ 1 \\ 0 \\ 1 \end{bmatrix}$$

Matriz linha A de ordem 3:

$$A = \begin{bmatrix} 0 & -2 & 1 \end{bmatrix}$$

Matriz diagonal A de ordem 4, isto é, m = n = 4:

$$A = \begin{bmatrix} 2 & 0 & 0 & 0 \\ 0 & -3 & 0 & 0 \\ 0 & 0 & 0 & 0 \\ 0 & 0 & 0 & 6 \end{bmatrix}$$

Matriz identidade de ordem 4:

$$I = \begin{bmatrix} 1 & 0 & 0 & 0 \\ 0 & 1 & 0 & 0 \\ 0 & 0 & 1 & 0 \\ 0 & 0 & 0 & 1 \end{bmatrix}$$

Matriz nula de ordem 3 × 2:

$$O = \begin{bmatrix} 0 & 0 \\ 0 & 0 \\ 0 & 0 \end{bmatrix}$$

Definição 3.4

1. Duas matrizes, A e B, de mesma ordem são iguais, ou seja, A = B, se os elementos correspondentes forem iguais.
2. Dadas as matrizes A e B, de mesma ordem m × n, a soma de A com B é a matriz C = A + B, de ordem m × n, cujos elementos são obtidos somando-se os elementos correspondentes, o que significa dizer:

■ Equação 3.5

$$c_{ij} = a_{ij} + b_{ij}, 1 \leq i \leq m; 1 \leq j \leq n$$

3. Se A é uma matriz m × n e k é um escalar, a multiplicação de k por A é uma matriz C = kA, de ordem m × n, cujos elementos são assim calculados:

■ Equação 3.6

$$c_{ij} = ka_{ij}, 1 \leq i \leq m; 1 \leq j \leq n$$

4. Considere as matrizes A, de ordem m × n, e B, de ordem n × p, o produto da matriz A pela matriz B é a matriz C, de ordem m × p, cujos elementos são calculados do seguinte modo:

■ Equação 3.7

$$c_{rs} = \sum_{k=1}^{n} a_{rk} b_{ks}, 1 \leq r \leq m; 1 \leq s \leq p$$

5. A matriz transposta de uma matriz de ordem m × n é a matriz $C = A^T$, de ordem n × m, cujos elementos são assim obtidos:

■ Equação 3.8

$$c_{ij} = a_{ji}, 1 \leq i \leq n; 1 \leq j \leq m$$

6. A matriz inversa de uma matriz quadrada A, de ordem n, é a matriz denotada por A^{-1}, tal que:

■ Equação 3.9

$$AA^{-1} = A^{-1}A = I$$

sendo I a matriz identidade de ordem n.

Essas são as principais operações do cálculo matricial. Com base nelas, constatamos diversas propriedades[3]. As que aparecem com maior frequência, admitindo operações possíveis de serem realizadas, são as seguintes:

- $A + B = B + A$
- $A + O = A$
- $k(A + B) = kA + kB, k$ escalar
- $IA = A$
- $A + (B + C) = (A + B) + C$
- $(k_1 + k_2)A = k_1A + k_2A, k_1, k_2$ escalares
- $(A + B)C = AC + BC$
- $(AB)C = A(BC)$
- $A(B + C) = AB + AC$
- $(kA)B = k(AB), k$ escalar
- $IA = AI = A$
- $(A + B)^T = A^T + B^T$
- $(kA)^T = kA^T, k$ escalar real
- $(AB)^T = B^T A^T$
- $(A^{-1})^{-1} = A$
- $(AB)^{-1} = B^{-1}A^{-1}$
- $(A^{-1})^T = (A^T)^{-1} = A^{-T}$

Neste ponto, vale citar mais alguns tipos de matrizes que tornam as operações mais fáceis de se realizar:

- **Matriz simétrica** – matriz quadrada cuja transposta é a própria matriz, isto é, $a_{ij} = a_{ji}$; os elementos são simétricos em relação à diagonal principal.
- **Matriz triangular** – matriz quadrada em que os elementos de um dos lados da diagonal principal são nulos. Se os elementos nulos estiverem abaixo da diagonal, isto é, $a_{ij} = 0, i > j$, ela é chamada de *matriz triangular superior*. Caso os elementos nulos estiverem acima da diagonal principal, $a_{ij} = 0, i < j$, ela é denominada *matriz triangular inferior*.
- **Matriz esparsa** – matriz que conta com um número significativo de elementos nulos. Por exemplo:

---

3 Ver Carnahan; Luther; Wilkes (1969).

$$A = \begin{bmatrix} 5 & 0 & 0 & 1 & 0 & 0 \\ 0 & 0 & 7 & 0 & 0 & 0 \\ 1 & 0 & 0 & 0 & 0 & 3 \\ 0 & 0 & 0 & 4 & 0 & 2 \\ 1 & 0 & 0 & 0 & 0 & 0 \\ 0 & 4 & 0 & 0 & 0 & 3 \end{bmatrix}$$

Veja que, de 36 elementos, 26 (72%) são nulos, contudo sua distribuição não apresenta regularidade, dificultando o trabalho matricial.

- **Matriz de banda** – matriz cujos elementos são distribuídos dentro de certa regularidade, ou seja, $a_{ij} = 0$, se $j > i + p$ e $i > j + q$. Então, tal matriz tem elementos não nulos na diagonal principal e em *p* diagonais secundárias paralelas à principal acima, bem como em *q* diagonais secundárias abaixo da diagonal principal. Os elementos da diagonal principal e os das diagonais secundárias acima e abaixo que tenham ao menos um elemento não nulo formam o que denominamos *largura de banda*, denotada e calculada assim: $l_b = p + q + 1$. Por exemplo, seja a matriz:

$$A = \begin{bmatrix} 1 & 4 & 0 & 0 \\ 3 & 5 & 8 & 0 \\ 0 & 4 & 6 & 9 \\ 0 & 0 & 5 & 10 \end{bmatrix}$$

Essa matriz tem uma diagonal secundária acima e uma diagonal abaixo da principal. Portanto, a largura da banda dela é: $l_b = p + q + 1 = 1 + 1 + 1 = 3$. Ela é chamada de *matriz tridiagonal de ordem 4*.

- **Matriz ortogonal** – matriz de ordem *n*, em que $AA^T = A^TA = I$, ou seja, a matriz inversa é igual à transposta.

3.2 Sistemas de equações algébricas lineares

Em um problema de múltiplas variáveis, se a relação entre elas for linear, ou seja, somente somas ou subtrações do produto de um escalar por variável, é provável que a determinação do valor dessas variáveis envolva a solução de um sistema linear algébrico. Desse modo, esses sistemas apresentam-se sempre na forma seguinte:

Equação 3.10

$$\begin{cases} a_{11}x_1 + a_{12}x_2 + \ldots + a_{1n}x_n = b_1 \\ a_{21}x_1 + a_{22}x_2 + \ldots + a_{2n}x_n = b_2 \\ \quad \vdots \\ a_{m1}x_1 + a_{m2}x_2 + \ldots + a_{mn}x_n = b_m \end{cases}$$

Tal sistema é dito de ordem m × n ou, ainda, de *m* equações a *n* incógnitas.

Matricialmente, o sistema da Equação 3.10 pode ser assim escrito:

Equação 3.11

$$\begin{bmatrix} a_{11} & a_{12} & \ldots & a_{1n} \\ a_{21} & a_{22} & \ldots & a_{2n} \\ \vdots & \vdots & \ldots & \vdots \\ a_{m1} & a_{m2} & \ldots & a_{mn} \end{bmatrix} \begin{Bmatrix} x_1 \\ x_2 \\ \vdots \\ x_n \end{Bmatrix} = \begin{Bmatrix} b_1 \\ b_2 \\ \vdots \\ b_m \end{Bmatrix}$$

ou, implicitamente:

Equação 3.12

$$AX = B$$

em que temos:

Equação 3.13

$$A = \begin{bmatrix} a_{11} & a_{12} & \ldots & a_{1n} \\ a_{21} & a_{22} & \ldots & a_{2n} \\ \vdots & \vdots & \ldots & \vdots \\ a_{m1} & a_{m2} & \ldots & a_{mn} \end{bmatrix}, X = \begin{Bmatrix} x_1 \\ x_2 \\ \vdots \\ x_n \end{Bmatrix} \text{ e } B = \begin{Bmatrix} b_1 \\ b_2 \\ \vdots \\ b_m \end{Bmatrix}$$

Essas matrizes são denominadas *matriz dos coeficientes*, *vetor das incógnitas* e *vetor constante*, respectivamente.

Neste texto, vamos trabalhar somente com sistemas algébricos lineares e não lineares em que m = n, ou seja, o número de equações é igual ao número de incógnitas. Além disso, vamos supor que o sistema linear tenha solução X e que esta seja única para cada B. Nesse caso, o sistema chamado *homogêneo AX = 0* tem solução óbvia e é o vetor nulo de ordem *n*. O determinante da matriz dos coeficientes, denotado por det(A), é tal que det(A) ≠ 0. No caso em que det(A) = 0, o sistema linear é denominado *singular* e tem infinitas soluções ou é inconsistente. Se det(A) ≠ 0, o sistema é dito *regular* e tem solução única[4].

---

4   Ver Callioli; Domingues; Costa (1978).

Testar o determinante da matriz dos coeficientes, muitas vezes, não é recomendável em razão do trabalho computacional que representa. Existem testes menos trabalhosos para saber se o sistema linear tem solução única, como é possível conferir em Sperandio, Mendes e Silva (2014).

Convém ressaltar que, em problemas relevantes da ciência e da tecnologia, tanto sistemas lineares quanto não lineares podem ser de grande porte, com centenas de equações. Por exemplo, no cálculo estrutural, pode surgir a necessidade de resolver sistemas de equações lineares de até milhares de equações.

3.2.1 Métodos numéricos para solução de sistemas de equações algébricas lineares e inversão de matriz

Os métodos numéricos para solução de sistemas de equações algébricas lineares e inversão de matriz podem ser agrupados em três categorias[5]:

1. Diretos
2. Iterativos
3. Otimização

Trataremos apenas dos dois primeiros; os métodos de otimização não serão abordados.

3.2.1.1 Métodos diretos

São métodos que, na ausência de erros de arredondamento, determinam a solução exata do sistema por meio de um número finito de operações previamente conhecidas. Todavia, os arredondamentos são inevitáveis. Então, precisamos adotar estratégias (como veremos nos Exercícios resolvidos adiante) para controlar esses erros.

Regra de Cramer

Nesse método, calculamos a incógnita x_i do do seguinte modo:

Equação 3.14

$$x_i = \frac{\det(D_i)}{\det(A)}, 1 \leq i \leq n$$

em que D_i, $1 \leq i \leq n$ é uma matriz formada pela matriz dos coeficientes A, retirando a i-ésima coluna e colocando o vetor constante B, do sistema da Equação 3.11, no lugar dela. O inconveniente desse método pode ser o elevado esforço computacional para

---

5 Ver Dhalquist; Björck (1974).

calcular os *n* determinantes $1 \leq i \leq n$, bem como o determinante da matriz dos coeficientes A, conforme a Equação 3.11.

Para se ter ideia do esforço, o número de operações desse método é de n! Suponha, por exemplo, que n = 50. Nesse caso, o esforço seria da ordem de 10^{64}, o que, de modo geral, é inviável atualmente. Portanto, precisamos de maneiras mais eficientes para obter as soluções de sistemas lineares que, em geral, são de ordens elevadas.

Método de eliminação de Gauss

Os procedimentos numéricos dos métodos de eliminação se fundamentam em operações elementares em matrizes: soma ou subtração de linhas ou colunas, multiplicação de linha ou coluna por escalar. Tudo é realizado para transformar a matriz dos coeficientes do sistema original em uma matriz triangular superior. Essas operações são realizadas de modo sistemático.

Com a finalidade de apresentar um x_i algoritmo indicial, facilitando o entendimento computacional, fazemos o seguinte:

1. Justapomos e reindexamos a matriz dos coeficientes e o vetor constante, obtendo uma matriz aumentada:

$$a_{ij}^{(1)} = a_{ij}, \text{ e } a_{i(n+1)}^{(1)} = b_i, 1 \leq i \leq n; 1 \leq j \leq n$$

2. Sempre que aparecer um elemento ou variável com um superíndice entre parênteses, significa atualização de valor.

    Para cada $k, k = 1, 2, \ldots n - 1$, iniciamos a variação de $i, i = k + 1, k + 2, \ldots, n$; na sequência, executamos a variação de *j*, $j = k + 1, k + 2, \ldots, n + 1$ e calculamos os elementos:

Equação 3.15

$$\begin{cases} m_{ik} = \dfrac{a_{ik}^{(k)}}{a_{kk}^{(k)}}, a_{kk}^{(k)} \neq 0 \\ a_{ij}^{(k+1)} = a_{ij}^{(k)} - m_{ik} a_{kj}^{(k)} \end{cases}$$

3. Após a conclusão dessas etapas, a matriz aumentada fica na seguinte forma:

■ Equação 3.16

$$\begin{bmatrix} a_{11}^{(1)} & a_{12}^{(1)} & a_{13}^{(1)} & \cdots & a_{1n}^{(1)} & a_{1(n+1)}^{(1)} \\ 0 & a_{22}^{(2)} & a_{23}^{(2)} & \cdots & a_{2n}^{(2)} & a_{2(n+1)}^{(2)} \\ 0 & 0 & a_{33}^{(3)} & \cdots & a_{3n}^{(3)} & a_{3(n+1)}^{(3)} \\ 0 & 0 & 0 & \cdots & \vdots & \vdots \\ 0 & 0 & 0 & \cdots & a_{nn}^{(n)} & a_{n(n+1)}^{(n)} \end{bmatrix}$$

Observe que os elementos abaixo da diagonal principal são nulos, isto é, transformam a matriz dos coeficientes, aumentada e original, em uma matriz triangular superior. Em seguida, o sistema equivalente é resolvido por **substituição retroativa**, em que, da n-ésima equação, obtemos:

■ Equação 3.17

$$x_n = \frac{a_{n,n+1}^{(n)}}{a_{nn}^{(n)}}$$

Para $i = n - 1, n - 2, n - 3, \ldots, 1$, calculamos:

■ Equação 3.18

$$x_i = \frac{a_{i,n+1}^{(i)} - \sum_{k=i+1}^{(n)} a_{ik}^{(i)} x_k}{a_{ii}^{(i)}}$$

A Equação 3.18, então, é a solução do sistema original, os valores das incógnitas.

▓ Exercício resolvido 3.1

Resolva o sistema de equações lineares a seguir pelo método de eliminação de Gauss, efetuando os cálculos com três casas decimais.

$$\begin{cases} 10x_1 + 5x_2 - x_3 + x_4 = 2 \\ 2x_1 + 10x_2 - 2x_3 - x_4 = -26 \\ -x_1 - 2x_2 + 10x_3 + 2x_4 = 20 \\ x_1 + 3x_2 + 2x_3 + 10x_4 = -25 \end{cases}$$

Vamos seguir o algoritmo do método descrito antes, etapa por etapa, sendo n = 4. Com efeito:

- Matriz aumentada

$$\begin{bmatrix} a_{11}^{(1)} & a_{12}^{(1)} & a_{13}^{(1)} & a_{14}^{(1)} & a_{15}^{(1)} \\ a_{21}^{(1)} & a_{22}^{(1)} & a_{23}^{(1)} & a_{24}^{(1)} & a_{25}^{(1)} \\ a_{31}^{(1)} & a_{32}^{(1)} & a_{33}^{(1)} & a_{34}^{(1)} & a_{35}^{(1)} \\ a_{41}^{(1)} & a_{42}^{(1)} & a_{43}^{(1)} & a_{44}^{(1)} & a_{45}^{(1)} \end{bmatrix} = \begin{bmatrix} 10 & 5 & -1 & 1 & 2 \\ 2 & 10 & -2 & -1 & -26 \\ -1 & -2 & 10 & 2 & 20 \\ 1 & 3 & 2 & 10 & -25 \end{bmatrix}$$

- Primeira etapa

$k = 1$

$i = 2$

$$m_{21} = \frac{a_{21}^{(1)}}{a_{11}^{(1)}} = \frac{2}{10} = 0,2$$

$j = 2$

$$a_{22}^{(2)} = a_{22}^{(1)} - m_{21}a_{12}^{(1)} = 10 - 0,2 \cdot 5 = 9$$

$j = 3$

$$a_{23}^{(2)} = a_{23}^{(1)} - m_{21}a_{13}^{(1)} = -2 - (0,2)(-1) = -1,8$$

$j = 4$

$$a_{24}^{(2)} = a_{24}^{(1)} - m_{21}a_{14}^{(1)} = -1 - 0,2 \cdot 1 = -1,2$$

$j = 5$

$$a_{25}^{(2)} = a_{25}^{(1)} - m_{21}a_{15}^{(1)} = -26 - 0,2 \cdot 2 = -26,4$$

$i = 3$

$$m_{31} = \frac{a_{31}^{(1)}}{a_{11}^{(1)}} = \frac{-1}{10} = -0,1$$

$j = 2$

$$a_{32}^{(2)} = a_{32}^{(1)} - m_{31}a_{12}^{(1)} = -2 - (-0,1) \cdot (5) = -1,5$$

$j = 3$

$$a_{33}^{(2)} = a_{33}^{(1)} - m_{31}a_{13}^{(1)} = 10 - (-0,1) \cdot (-1) = 9,9$$

$j = 4$

$$a_{34}^{(2)} = a_{34}^{(1)} - m_{31}a_{14}^{(1)} = 2 - (-0,1) \cdot 1 = 2,1$$

$j = 5$

$$a_{35}^{(2)} = a_{35}^{(1)} - m_{31}a_{15}^{(1)} = 20 - (-0,1) \cdot 2 = 20,2$$

$i = 4$

$$m_{41} = \frac{a_{41}^{(1)}}{a_{11}^{(1)}} = \frac{1}{10} = 0,1$$

$j = 2$

$$a_{42}^{(2)} = a_{42}^{(1)} - m_{41}a_{12}^{(1)} = 3 - (0,1) \cdot (5) = 2,5$$

$j = 3$

$$a_{43}^{(2)} = a_{43}^{(1)} - m_{41}a_{13}^{(1)} = 2 - (0,1) \cdot (-1) = 2,1$$

$j = 4$

$$a_{44}^{(2)} = a_{44}^{(1)} - m_{41}a_{14}^{(1)} = 10 - (0,1) \cdot (1) = 9,9$$

$j = 5$

$$a_{45}^{(2)} = a_{45}^{(1)} - m_{41}a_{12}^{(1)} = -25 - (0,1) \cdot (2) = -25,2$$

- Segunda etapa

    $k = 2$

$i = 3$

$$m_{32} = \frac{a_{32}^{(2)}}{a_{22}^{(2)}} = \frac{-1,5}{9} = -0,167$$

$j = 3$

$$a_{33}^{(3)} = a_{33}^{(2)} - m_{32}a_{23}^{(2)} = 9,9 - (-0,167) \cdot (-1,8) = 9,599$$

$j = 4$

$$a_{34}^{(3)} = a_{34}^{(2)} - m_{32}a_{24}^{(2)} = 2,1 - (-0,167) \cdot (-1,2) = 1,900$$

$j = 5$

$$a_{35}^{(3)} = a_{35}^{(2)} - m_{32}a_{25}^{(2)} = 20,2 + 0,167 \cdot (-26,4) = 15,791$$

$i = 4$

$$m_{42} = \frac{a_{42}^{(2)}}{a_{22}^{(2)}} = \frac{2,5}{9} = 0,278$$

$J = 3$

$$a_{43}^{(3)} = a_{43}^{(2)} - m_{42}a_{23}^{(2)} = 2,1 - (0,278) \cdot (-1,8) = 2,600$$

$J = 4$

$$a_{44}^{(3)} = a_{44}^{(2)} - m_{42}a_{24}^{(2)} = 9,9 - (0,278) \cdot (-1,2) = 10,234$$

$j = 5$

$$a_{45}^{(3)} = a_{45}^{(2)} - m_{42}a_{25}^{(2)} = -25,2 - (0,278) \cdot (-26,4) = -17,861$$

- Terceira etapa

    $k = 3$

i = 4

$$m_{43} = \frac{a_{43}^{(3)}}{a_{33}^{(3)}} = \frac{2,600}{9,599} = 0,271$$

j = 4

$$a_{44}^{(4)} = a_{44}^{(3)} - m_{43}a_{34}^{(3)} = 10,234 - 0,271 \cdot 1,90 = 9,719$$

J = 5

$$a_{45}^{(4)} = a_{45}^{(3)} - m_{43}a_{35}^{(3)} = -17,861 - 0,271 \cdot 15,791 = -22,140$$

Nesse ponto, a matriz dos coeficientes original aumentada foi transformada em uma matriz triangular superior, cuja solução é direta por retroatividade. Para demonstrar, antes de resolver pelo algoritmo indicial, vamos verificar como ficou o sistema na sequência de etapas:

Para k = 1:

$$\begin{bmatrix} 10 & 5 & -1 & 1 \\ 0 & 9 & -1,8 & -1,2 \\ 0 & -1,5 & 9,9 & 2,1 \\ 0 & 2,5 & 2,1 & 9,9 \end{bmatrix} \begin{Bmatrix} x_1 \\ x_2 \\ x_3 \\ x_4 \end{Bmatrix} = \begin{Bmatrix} 2 \\ -26,4 \\ 20,2 \\ -25,2 \end{Bmatrix}$$

Com k = 2, a matriz ficou assim:

$$\begin{bmatrix} 10 & 5 & -1 & 1 \\ 0 & 9 & -1,8 & -1,2 \\ 0 & 0 & 9,599 & 1,9 \\ 0 & 0 & 2,6 & 10,234 \end{bmatrix} \begin{Bmatrix} x_1 \\ x_2 \\ x_3 \\ x_4 \end{Bmatrix} = \begin{Bmatrix} 2 \\ -26,4 \\ 15,791 \\ -17,861 \end{Bmatrix}$$

Para k = 3, obtemos:

$$\begin{bmatrix} 10 & 5 & -1 & 1 \\ 0 & 9 & -1,8 & -1,2 \\ 0 & 0 & 9,599 & 1,9 \\ 0 & 0 & 0 & 9,719 \end{bmatrix} \begin{Bmatrix} x_1 \\ x_2 \\ x_3 \\ x_4 \end{Bmatrix} = \begin{Bmatrix} 2 \\ -26,4 \\ 15,791 \\ -22,140 \end{Bmatrix}$$

Observe que a matriz dos coeficientes desse sistema é triangular superior.

Voltando ao algoritmo, por substituição retroativa, obtemos:

$i = 4$

$x_4 = -2,278$

$i = 3$

$$x_3 = \frac{a_{35}^{(3)} - \left(a_{34}^{(3)} x_4\right)}{a_{33}^{(3)}} = \frac{15,791 - 1,9 \cdot (-2,278)}{9,599} = \frac{20,719}{9,599} = 2,096$$

$i = 2$

$$x_2 = \frac{a_{25}^{(2)} - \left(a_{23}^{(2)} x_3 + a_{24}^{(2)} x_4\right)}{a_{22}^{(2)}}$$

$$x_2 = \frac{-26,4 - \left[-1,8 \cdot 2,096 + (-1,2) \cdot (-2.278)\right]}{9} = -2,818$$

$i = 1$

$$x_1 = \frac{a_{15}^{(1)} - \left(a_{12}^{(21)} x_2 + a_{13}^{(1)} x_3 + a_{14}^{(1)} x_4\right)}{a_{11}^{(1)}}$$

$$x_1 = \frac{2 - \left(5 \cdot (-2,818) + (-1) \cdot 2,096 + 1 \cdot (-2,278)\right)}{10}$$

$x_1 = 2,046$

Vale notar que, no sistema do Exercício resolvido 3.1, todos os coeficientes da diagonal principal eram originariamente não nulos e permaneceram não nulos no decorrer do processo de eliminação.

Em cada etapa, o elemento da diagonal, denominado *pivô*, deve ser não nulo. Quando aparece um elemento pivô nulo durante a eliminação, o processo tem que ser parado para troca do elemento pivô nulo por outro não nulo, de maneira conveniente. A estratégia de procurar um novo pivô, a partir da posição do pivô nulo para baixo, é nomeada *pivotação parcial*[6].

Para realizar a pivotação parcial, realizamos os seguintes passos:

1. Da posição do pivô nulo, procuramos o maior elemento, em valor absoluto, que esteja abaixo dela, na mesma coluna.

---

6 Ver Dhalquist; Björck (1974).

2. Ao encontrar esse elemento, trocamos a linha toda na qual está o pivô nulo pela linha em que está o elemento não nulo de maior valor absoluto, que passa a ser o pivô, e seguimos com o procedimento de eliminação.

3. Se todos os elementos abaixo do pivô forem nulos também, o sistema é **singular**.

No método de eliminação de Gauss, recomendamos a realização da estratégia de pivotação parcial desde o início do processo de eliminação, antes de cada etapa. Fazemos isso para reduzir os erros de arredondamento e, assim, tornar a eliminação estável numericamente[7].

Os sistemas que aparecem em problemas práticos, como sistemas que tratam de deformações, forças e tensões; temperaturas, concentrações e fluxo de calor etc., muitas vezes, envolvem coeficientes com ordens de grandezas muito distintas. Quando isso ocorre, é conveniente homogeneizar os coeficientes, usando a estratégia denominada *escalonamento*. Se escalonamos por linha, é porque desejamos que os elementos da matriz escalonada sejam da seguinte grandeza:

■ Equação 3.19

$$\max_{1 \leq j \leq n} |c_{ij}| \approx 1, i = 1, 2, 3, \ldots, n$$

Para tanto, procedemos do seguinte modo:

1. Definimos $S_i = \max_{1 \leq j \leq n} |a_{ij}|, 1 \leq i \leq n$.
2. Em seguida, calculamos os coeficientes escalonados:

■ Equação 3.20

$$c_{ij} = \frac{a_{ij}}{S_i}, 1 \leq j \leq n$$

Exercício resolvido 3.2

Resolva o sistema a seguir.

$$\begin{cases} x_1 + 10000x_2 = 10000 \\ x_1 + 0{,}0001x_2 = 1 \end{cases}$$

Retendo três casas decimais e usando eliminação com pivotação, obtemos:

$k = 1$

$i = 2$

---

7   Ver Wilkinson (1963).

$$m_{21} = \frac{a_{21}^{(1)}}{a_{11}^{(1)}} = \frac{1}{1} = 1$$

$j = 2$

$$a_{22}^{(2)} = a_{22}^{(1)} - m_{21} a_{12}^{(1)} = 0{,}000 - 1 \cdot 10000 = -10000$$

$j = 3$

$$a_{23}^{(2)} = a_{23}^{(1)} - m_{21} a_{13}^{(1)} = 1 - 1 \cdot 10000 = -9999$$

Por retroatividade, calculamos:

$i = 2$

$$x_2 = \frac{a_{23}^{(2)}}{a_{22}^{(2)}} = \frac{-9999}{-10000} = 1{,}000$$

$i = 1$

$$x_1 = \frac{a_{13}^{(1)} - a_{12}^{(1)} x_2}{a_{11}^{(1)}} = \frac{10000 - 10000 \cdot 1}{10000} = 0$$

No entanto, a solução correta com três casas decimais é $x_1 = x_2 = 0{,}999$.

Isso pode ser obtido escalonando o sistema por linha. Usando o procedimento de escalonamento, obtemos:

$$S_1 = 10000$$

$$c_{11} = \frac{1}{10000} = 0{,}0001$$

$$c_{12} = \frac{a_{12}}{S_1} = \frac{10000}{10000} = 1$$

$$c_{13} = \frac{a_{13}}{S_1} = \frac{10000}{10000} = 1$$

$$S_2 = 1$$

$$c_{21} = \frac{a_{21}}{S_2} = \frac{1}{1} = 1$$

$$c_{22} = \frac{a_{22}}{S_2} = \frac{0{,}0001}{1} = 0{,}0001$$

$$c_{23} = \frac{a_{23}}{S_2} = \frac{1}{1} = 1$$

Dessa forma, o sistema original fica:

$$\begin{cases} 0{,}000x_1 + 1x_2 = 1 \\ x_1 + 0{,}0001x_2 = 1 \end{cases}$$

Procedendo a eliminação com pivotação, na primeira etapa, k = 1, o elemento pivô é nulo. Então, trocamos mutuamente a primeira linha pela segunda, isto é:

$$\begin{cases} x_1 + 0{,}0001x_2 = 1 \\ 0{,}000x_1 + 1x_2 = 1 \end{cases}$$

Constatamos, assim, que esse sistema já está na forma triangular superior. Por retroatividade, resulta:

$$X_2 = 1{,}000;\ x_1 = 1{,}000$$

Decomposição LU

Suponhamos que a matriz dos coeficientes do sistema AX = B seja fácil de ser decomposta em um produto de uma matriz triangular inferior chamada L, e uma matriz triangular superior denominada U, Usando a decomposição, escrevemos:

Equação 3.21

$$AX = LUX = B$$

Veja que essa decomposição possibilita resolver o sistema dado do seguinte modo:

1. Seja Y um vetor desconhecido de ordem n.
2. Calculamos Y resolvendo por **substituição progressiva** o sistema triangular inferior: LY = B, isto é, da primeira equação, determinamos y_1, substituímos esse valor na segunda equação e calculamos y_2, e assim até a última equação, obtendo y_n.
3. Em seguida, resolvemos por substituição retroativa o sistema triangular superior: UX = Y, obtendo o vetor das incógnitas X.

Tal decomposição é vantajosa se a matriz dos coeficientes tem características especiais: esparsividade, simetria, positividade. No caso geral, a eliminação gaussiana prevalece na solução de sistemas lineares. Isso é dito em vista de que é possível provar que a matriz triangular inferior L, é formada pelos coeficientes m_{ik} da eliminação, sendo os elementos da diagonal principal definidos como unitários, ou seja, $m_{ii} = 1, 1 \leq i \leq n$. Por sua vez, os elementos da matriz triangular superior U são iguais aos elementos modificados pelo processo de eliminação. Ora, se precisamos realizar a eliminação para ter, no caso geral, L e U, então não precisamos da decomposição.

Exercício resolvido 3.3

Resolva por decomposição o seguinte sistema:

$$\begin{cases} 10x_1 + 5x_2 - x_3 + x_4 = 2 \\ 2x_1 + 10x_2 - 2x_3 - x_4 = -26 \\ -x_1 - 2x_2 + 10x_3 + 2x_4 = 20 \\ x_1 + 3x_2 + 2x_3 + 10x_4 = -25 \end{cases}$$

Após o processo de eliminação, o sistema fica assim:

$$\begin{cases} 10x_1 + 5x_2 - 1x_3 + 1x_4 = 2 \\ 0x_1 + 9x_2 - 1,8x_3 - 1,2x_4 = -26,4 \\ 0x_1 + 0x_2 + 9,599x_3 + 1,9x_4 = 15,791 \\ 0x_1 + 0x_2 + 0x_3 + 9,719x_4 = -22,140 \end{cases}$$

Nele, aparece a matriz U:

$$U = \begin{bmatrix} 10 & 5 & -1 & 1 \\ 0 & 9 & -1,8 & -1,2 \\ 0 & 0 & 9,599 & 1,9 \\ 0 & 0 & 0 & 9,719 \end{bmatrix}$$

Por sua vez, a matriz L é constituída por elementos unitários na diagonal principal e pelos *m's*:

$$L = \begin{bmatrix} 1 & 0 & 0 & 0 \\ 0,2 & 1 & 0 & 0 \\ -0,1 & -0,167 & 1 & 0 \\ 0,1 & 0,278 & 0,271 & 1 \end{bmatrix}$$

Agora, vamos resolver dois sistemas lineares triangulares. Primeiro LY = B, obtendo Y por substituição para progressiva, resultando:

$$y_1 = 2$$
$$y_2 = -26 - 0,2 \cdot 2 = -26,4$$
$$y_3 = 20 - (-0,1) \cdot 2 - (-0,167) \cdot (-26,4) = 15,791$$
$$y_4 = -25 - 0,1 \cdot 2 - 0,278 \cdot (-26,4) - 0,271 \cdot 15,791 = -22,140$$

Em seguida, resolvemos por retroatividade o sistema UX = Y, isto é:

$$\begin{bmatrix} 10 & 5 & -1 & 1 \\ 0 & 9 & -1,8 & -1,2 \\ 0 & 0 & 9,599 & 1,9 \\ 0 & 0 & 0 & 9,719 \end{bmatrix} \begin{Bmatrix} x_1 \\ x_2 \\ x_3 \\ x_4 \end{Bmatrix} = \begin{Bmatrix} 2 \\ -26,4 \\ 15,791 \\ -22,140 \end{Bmatrix}$$

Da quarta equação, obtemos:

$$x_4 = \frac{-22,140}{9,719} = -2,278$$

e assim por diante:

$$x_3 = \frac{15,791 - 1,9 \cdot (-2,278)}{9,599} = 2,096$$

$$x_2 = \frac{-26,4 - (-1,2) \cdot (-2,278) - (-1,8) \cdot 2,096}{9} = -2,818$$

$$x_1 = \frac{2 - 1 \cdot (-2,278) - (-1) \cdot 2,096 - 5 \cdot (-2,818)}{10} = 2,046$$

Método de Choleski

Já falamos que, em casos especiais, a decomposição pode ser atrativa. Um caso clássico é o de matrizes simétricas definidas positivas, que aparecem em problemas de ciências e tecnologia principalmente quando trabalhamos com energia. Numérica e matematicamente, a decomposição é mais fácil em razão de não haver necessidade de escalonamento e pivotação, além de podermos provar que $U = L^T$. Nesse caso, só precisamos calcular os coeficientes *m's* da matriz L. Os elementos de L são obtidos da igualdade entre as matrizes: $LL^T = A$, tendo em vista que $u_{kk} = m_{kk}, u_{pk} = m_{kp}$.

Se fizermos essas operações, obtemos os elementos da matriz L.

Para cada $k = 1, 2, \ldots, n$, calculamos:

■ Equação 3.22

$$m_{kk} = \sqrt{a_{kk} - \sum_{p=1}^{k-1} m_{kp}^2}$$

■ Equação 3.23

$$m_{ik} = \frac{a_{ik} - \sum_{p=1}^{k-1} m_{ip} m_{pk}}{m_{kk}}, i = k+1, \ldots, n$$

Esse é o método de Choleski.

Exercício resolvido 3.4

Resolva pelo método de Choleski o sistema seguinte:

$$\begin{bmatrix} 2,25 & 2,0 & 4,5 \\ 2,0 & 5,0 & -10,0 \\ 4,5 & 7,0 & 44,0 \end{bmatrix} \begin{Bmatrix} x_1 \\ x_2 \\ x_3 \end{Bmatrix} = \begin{Bmatrix} 1 \\ 0 \\ 0 \end{Bmatrix}$$

Usando o algoritmo indicial, temos:

k = 1

$$m_{11} = \sqrt[2]{a_{11}} = \sqrt[2]{2,25} = 1,5$$

i = 2

$$m_{21} = \frac{a_{21}}{a_{11}} = \frac{2,0}{2,25} = 0,89$$

i = 3

$$m_{31} = \frac{a_{31}}{a_{11}} = \frac{4,5}{2,25} = 2$$

k = 2

$$m_{22} = \sqrt[2]{a_{22} - a_{21}^2} = \sqrt[2]{5 - (2)^2} = 1$$

i = 3

$$m_{32} = \frac{a_{32} - m_{31} \cdot m_{21}}{m_{22}} = \frac{7,0 - 2 \cdot 0,89}{1} = 5,22$$

k = 3

$$m_{33} = \sqrt[2]{a_{33} - (m_{31}^2 + m_{32}^2)} = \sqrt[2]{44 - (2^2 + 5,22^2)} = 12,75$$

O processo de Choleski finalizou, portanto a matriz L e a L^T ficam:

$$L = \begin{bmatrix} 1,5 & 0 & 0 \\ 0,89 & 1 & 0 \\ 2 & 5,22 & 12,75 \end{bmatrix}$$

$$L^T = \begin{bmatrix} 1,5 & 0,89 & 2 \\ 0 & 1 & 5,22 \\ 0 & 0 & 12,75 \end{bmatrix}$$

Resolvendo, $LL^T X = B$:

$$LY = B, \begin{bmatrix} 1,5 & 0 & 0 \\ 0,89 & 1 & 0 \\ 2 & 5,22 & 12,75 \end{bmatrix} \begin{Bmatrix} y_1 \\ y_2 \\ y_3 \end{Bmatrix} = \begin{Bmatrix} 1 \\ 0 \\ 0 \end{Bmatrix}$$

que resulta:

$$\begin{Bmatrix} y_1 \\ y_2 \\ y_3 \end{Bmatrix} = \begin{Bmatrix} 0,66667 \\ -0,59334 \\ 0,13834 \end{Bmatrix}$$

Em seguida, obtemos a solução partindo de:

$$L^T X = Y, \begin{bmatrix} 1,5 & 0,89 & 2 \\ 0 & 1 & 5,22 \\ 0 & 0 & 12,75 \end{bmatrix} \begin{Bmatrix} x_1 \\ x_2 \\ x_3 \end{Bmatrix} = \begin{Bmatrix} 0,66667 \\ -0,59334 \\ 0,13834 \end{Bmatrix}$$

ou seja:

$$\begin{Bmatrix} x_1 \\ x_2 \\ x_3 \end{Bmatrix} = \begin{Bmatrix} 0,81563 \\ -0,65998 \\ 0,010850 \end{Bmatrix}$$

Inversão de matrizes

Existem muitas maneiras de calcular a inversa de uma dada matriz quadrada A, inversível, de ordem n.

Neste texto, recomendamos que isso seja feito usando eliminação de Gauss de um sistema com n vetores constantes, sendo as colunas da matriz identidade dispostas na matriz aumentada. A seguir, mostramos o procedimento por meio do Exercício resolvido 3.5.

Exercício resolvido 3.5

Obtenha a inversa da matriz a seguir.

$$A = \begin{bmatrix} 2 & 1 & 2 \\ 1 & 2 & 3 \\ 4 & 1 & 2 \end{bmatrix}$$

Se formarmos o seguinte sistema:

$$\begin{bmatrix} 2 & 1 & 2 \\ 1 & 2 & 3 \\ 4 & 1 & 2 \end{bmatrix} \begin{Bmatrix} x_1 \\ x_2 \\ x_3 \end{Bmatrix} = \begin{Bmatrix} 1 \\ 0 \\ 0 \end{Bmatrix}$$

sua solução é a primeira coluna da matriz inversa. Então, podemos justapor n vetores constantes, cada um sendo uma coluna da matriz identidade, e proceder à eliminação de todas ao mesmo tempo. Com efeito, justapondo as colunas, ficamos com:

$$\begin{bmatrix} 2 & 1 & 2 \\ 1 & 2 & 3 \\ 4 & 1 & 2 \end{bmatrix} \begin{Bmatrix} x_1 \\ x_2 \\ x_3 \end{Bmatrix} = \begin{Bmatrix} 1 \\ 0 \\ 0 \end{Bmatrix} \begin{Bmatrix} 0 \\ 1 \\ 0 \end{Bmatrix} \begin{Bmatrix} 0 \\ 0 \\ 1 \end{Bmatrix}$$

Fazendo a eliminação na matriz aumentada:

$$\begin{bmatrix} 2 & 1 & 2 & 1 & 0 & 0 \\ 1 & 2 & 3 & \vdots & 0 & 1 & 0 \\ 4 & 1 & 2 & 0 & 0 & 1 \end{bmatrix}$$

obtemos sucessivamente:

$k = 1$

$i = 2$

$m_{21} = \dfrac{a_{21}}{a_{11}} = \dfrac{1}{2} = 0,5$

$j = 2, 3, 4, 5, 6$

$a_{22} = 2 - 0,5 \cdot 1 = 1,5$

$a_{23} = 3 - 0,5 \cdot 2 = 2,00$

$a_{24} = 0 - 0,5 \cdot 1 = -0,5$

$a_{25} = 1 - 0,5 \cdot 0 = 1$

$a_{26} = 0 - 0,5 \cdot 0 = 0$

$i = 3$

$m_{31} = \dfrac{a_{31}}{a_{11}} = \dfrac{4}{2} = 2$

$j = 2, 3, 4, 5, 6$

$a_{32} = 2 - 2 \cdot 2 = -2$

$a_{34} = 0 - 2 \cdot 1 = -2$

$a_{35} = 0 - 2 \cdot 0 = 0$

$a_{36} = 1 - 2 \cdot 0 = 1$

Após o primeiro passo de eliminação, a matriz ficou assim:

$$\begin{bmatrix} 2 & 1 & 2 & 1 & 0 & 0 \\ 0 & 1,5 & 2,0 & \vdots & -0,50 & 1 & 0 \\ 0 & -1 & -2 & -2 & 0 & 1 \end{bmatrix}$$

Prosseguindo a eliminação:

$k = 2$

$i = 3$

$m_{32} = \dfrac{a_{32}}{a_{22}} = \dfrac{-1}{1,5} = -0,67$

$j = 3, 4, 5, 6$

$a_{33} = -2 - (-0,67) \cdot 2,00 = -0,67$

$a_{34} = -2 - (-0,67) \cdot (-0,5) = -2,33$

$a_{35} = 0 - (-0,67) \cdot 1 = 0,67$

$a_{36} = 1 - (-0,67) \cdot 0 = 1$

Terminamos o segundo e último passo da eliminação, e o sistema aumentado é:

$$\begin{bmatrix} 2 & 1 & 2 & 1 & 0 & 0 \\ 0 & 1,5 & 2 & \vdots & -0,50 & 1 & 0 \\ 0 & 0 & -0,67 & -2,33 & 0,67 & 1 \end{bmatrix}$$

Vamos calcular a primeira coluna da matriz inversa. Para isso, resolvemos o sistema:

$$\begin{bmatrix} 2 & 1 & 2 & 1 \\ 0 & 1,5 & 2 & \vdots & -0,5 \\ 0 & 0 & -0,67 & -2,33 \end{bmatrix}$$

Por substituição retroativa, obtemos:

$x_3 = \dfrac{-2,33}{-0,67} = 3,48$

$x_2 = \dfrac{-0,5 - 2 \cdot 3,48}{1,5} = -4,97$

$x_1 = \dfrac{1 - 2 \cdot 3,48 - 1 \cdot (-4,97)}{2} = -0,50$

Portanto, a primeira coluna da matriz inversa é:

$$\begin{bmatrix} -0,5 & - & - \\ -4,97 & - & - \\ 3,48 & - & - \end{bmatrix}$$

Vamos calcular a segunda coluna da matriz inversa:

$$\begin{bmatrix} 2 & 1 & 2 & 0 \\ 0 & 1,5 & 2 & \vdots & 1 \\ 0 & 0 & -0,67 & 0,67 \end{bmatrix}$$

Resolvendo esse sistema, obtemos:

$$x_3 = \frac{0,67}{-0,67} = -1$$

$$x_2 = \frac{1 - 2 \cdot (-1)}{1,5} = 2$$

$$x_1 = \frac{0 - 2 \cdot (-1) - 2}{2} = 0$$

As duas primeiras colunas da matriz inversa são:

$$\begin{bmatrix} 1,40 & 0 & - \\ 0,72 & 2 & - \\ -1,26 & -1 & - \end{bmatrix}$$

A terceira coluna da inversa obtemos de:

$$\begin{bmatrix} 2 & 1 & 2 & 0 \\ 0 & 1,5 & 2 & \vdots & 0 \\ 0 & 0 & -0,67 & 1 \end{bmatrix}$$

Com efeito:

$$x_3 = \frac{1}{-0,67} = -1,5$$

$$x_2 = \frac{0 - 2 \cdot (-1,5)}{1,5} = 2$$

$$x_1 = \frac{0 - 2 \cdot (-1,5) - 1 \cdot 2}{2} = 0,5$$

Dessa forma, calculamos a terceira e última coluna da matriz inversa, ou seja:

$$A^{-1} = \begin{bmatrix} 1,40 & 0 & 0,5 \\ 0,72 & 2 & 2 \\ -1,26 & -1 & -1,5 \end{bmatrix}$$

3.2.1.2 Métodos iterativos

Quando falamos em *métodos iterativos*, lembramos as características constitutivas deles: tentativa inicial, equação de recorrência e teste de parada. Além disso, temos o problema de convergência para a solução tanto de sistemas lineares quanto não lineares. É justamente sobre esse assunto que trataremos neste tópico.

Existem muitos métodos iterativos, e eles diferenciam-se pela estratégia de atualização das incógnitas com base na equação de recorrência. Começamos com os sistemas algébricos lineares n × n.

Método de Jacobi para sistemas lineares

Desejamos resolver o sistema AX = B, sendo:

$$A = \begin{bmatrix} a_{11} & a_{12} & \cdots & a_{1n} \\ a_{21} & a_{22} & \cdots & a_{2n} \\ \vdots & \vdots & \cdots & \vdots \\ a_{n1} & a_{n2} & \cdots & a_{nn} \end{bmatrix}, X = \begin{Bmatrix} x_1 \\ x_2 \\ \vdots \\ x_n \end{Bmatrix} \text{ e } B = \begin{Bmatrix} b_1 \\ b_2 \\ \vdots \\ b_n \end{Bmatrix}$$

Suponhamos que $a_{ii} \neq 0, 1 \leq i \leq n$. Então, podemos escrever uma equação de recorrência na forma X = F(x) da seguinte maneira:

Equação 3.24

$$\begin{cases} x_1 = (b_1 - a_{12}x_2 - a_{13}x_3 - \ldots - a_{1n}a_{1n})/a_{11} \\ x_2 = \dfrac{b_2 - a_{21}x_1 - a_{23}x_3 - \ldots - a_{2n}x_n}{a_{22}} \\ \vdots \\ x_n = (b_n - a_{n1}x_1 - a_{n2}x_2 - \ldots - a_{n(n-1)}x_{n-1})/a_{nn} \end{cases}$$

Explicitamos da primeira equação a incógnita x_1, da segunda, x_2, e assim por diante até a n-ésima, em que obtemos x_n. Escrevendo a equação de recorrência anterior no modo indicial, temos:

Equação 3.25

$$x_i = \dfrac{b_i - \sum_{\substack{j=1 \\ j \neq i}}^{n} a_{ij}x_j}{a_i}, 1 \leq i \leq n$$

Se a tentativa inicial for $X^{(0)} = \begin{bmatrix} x_1^{(0)} & x_2^{(0)} & x_3^{(0)} & \ldots & x_n^{(0)} \end{bmatrix}^T$, no método de Jacobi, a estratégia de atualização é a seguinte:

■ Equação 3.26

$$x_i^{(k+1)} = \frac{b_i - \sum_{\substack{j=1\\j\neq i}}^{n} a_{ij} x_j^{(k)}}{a_{ii}}, \text{ para cada } k = 0, 1, 2, 3, \ldots; 1 \leq i \leq n$$

As incógnitas são atualizadas até que um teste de parada seja satisfeito. Daí a solução são as variáveis calculadas na última atualização. Os testes de parada mais usados são:

$$\left\| X^{(k+1)} - X^{(k)} \right\| < \varepsilon \quad \text{ou} \quad \frac{\left\| X^{(k+1)} - X^{(k)} \right\|}{\left\| X^{(k+1)} \right\|} < \varepsilon$$

As barras duplas significam norma do vetor e ε é uma precisão estipulada, como veremos em Exercícios resolvidos. O primeiro critério relaciona-se ao erro absoluto e funciona bem quando os valores das componentes da solução apresentam ordens de grandeza nem pequenas nem grandes. O segundo relaciona-se ao erro relativo e funciona melhor quando as ordens de grandeza das componentes da solução são muito grandes ou muito pequenas.

Exercício resolvido 3.6

Calcule com duas casas decimais corretas, $\varepsilon < 0{,}5 \times 10^{-2}$, a solução do sistema $AX = B$ usando o método de Jacobi para o seguinte sistema:

$$A = \begin{bmatrix} 8 & 1 & -1 \\ 1 & -7 & 2 \\ 2 & 1 & 9 \end{bmatrix}, B = \begin{Bmatrix} 8 \\ -4 \\ 12 \end{Bmatrix}$$

A equação de recorrência e de estratégia de atualização de Jacobi, para o sistema dado, fica:

$$x_1^{(k+1)} = \frac{1}{8}\left(8 - x_2^{(k)} + x_3^{(k)}\right)$$

$$x_2^{(k+1)} = \frac{1}{-7}\left(-4 - x_1^{(k)} - 2x_3^{(k)}\right)$$

$$x_3^{(k+1)} = \frac{1}{9}\left(12 - 2x_1^{(k)} - x_2^{(k)}\right)$$

Para iniciar o processo, precisamos de uma tentativa inicial. Em problemas reais, muitas vezes, conhecemos aproximações para as variáveis dependentes, incógnitas. Quando não temos isso, uma tentativa inicial recomendada é o vetor nulo. No caso, usamos $X^{(0)} = [0\ 0\ 0]^T$.

Com o algoritmo indicial ao menos para as três primeiras iterações, segue:

k = 0

$$x_1^{(1)} = \frac{1}{8}\left(8 - x_2^{(0)} + x_3^{(0)}\right) = \frac{1}{8}(8 - 0 + 0) = 1$$

$$x_2^{(1)} = \frac{1}{-7}(-4 - 0 - 2 \cdot 0) = 0,571$$

$$x_3^{(1)} = \frac{1}{9}(12 - 2 \cdot 0 - 0) = 1,333$$

k = 1

$$x_1^{(2)} = \frac{1}{8}\left(8 - x_2^{(1)} + x_3^{(1)}\right) = \frac{1}{8}(8 - 0,571 + 1,333) = 1,095$$

$$x_2^{(2)} = \frac{1}{-7}(-4 - 1 - 2 \cdot 1,333) = 1,095$$

$$x_3^{(2)} = \frac{1}{9}\left(12 - 2x_1^{(1)} - x_2^{(1)}\right) = \frac{1}{9}(12 - 2 \cdot 1 - 0,571) = 1,048$$

k = 2

$$x_1^{(3)} = \frac{1}{8}\left(8 - x_2^{(2)} + x_3^{(2)}\right) = \frac{1}{8}(8 - 1,095 + 1,048) = 0,994$$

$$x_2^{(3)} = \frac{1}{-7}(-4 - 1,095 - 2 \cdot 1,048) = 1,027$$

$$x_3^{(3)} = \frac{1}{9}(12 - 2 \cdot 1.095 - 1,095) = 0,968$$

k = 3

$$x_1^{(4)} = \frac{1}{8}\left(8 - x_2^{(3)} + x_3^{(3)}\right) = \frac{1}{8}(8 - 1,027 + 0,968) = 0,993$$

$$x_2^{(4)} = \frac{1}{-7}\left(-4 - x_1^{(3)} - 2x_3^{(3)}\right) = \frac{1}{-7}(-4 - 0,994 - 2 \cdot 0,968) = 0,99$$

$$x_3^{(4)} = \frac{1}{9}\left(12 - 2x_1^{(3)} - x_2^{(3)}\right) = \frac{1}{9}(12 - 2 \cdot 0,994 - 1,027) = 0,998$$

Em cada passo iterativo, testamos o erro absoluto com a precisão estabelecida por nós, $\varepsilon = 0,5 \times 10^{-2} = 0,005$, e só paramos quando todas as variáveis estão dentro da precisão estipulada. Basta que uma das variáveis não satisfaça o teste para a iteração continuar. Confira os resultados no Quadro 3.1.

Quadro 3.1 – Iterações pelo método de Jacobi

k	0	1	2	3	4	5	6	7
$x_1^{(k)}$	0	1	1,095	0,994	0,993	1,001	1,001	1,000
$x_2^{(k)}$	0	0,571	1,095	1,027	0,990	0,998	1,001	1,000
$x_3^{(k)}$	0	1,333	1,048	0,968	0,998	1,002	1,000	1,000

Veja como funciona o teste de parada na sétima iteração:

$$\left\|X^{(7)} - X^{(6)}\right\| = \begin{Vmatrix} 1,000 - 1,001 \\ 1,000 - 1,001 \\ 1,000 - 1,000 \end{Vmatrix} = \begin{Vmatrix} 0,001 \\ 0,001 \\ 0,000 \end{Vmatrix} = 0,001 \leq 0,005$$

Portanto, o teste atingiu a precisão estipulada, e a solução com duas casas decimais corretas é:

$$X = \begin{Bmatrix} 1,00 \\ 1,00 \\ 1,00 \end{Bmatrix}$$

Para esclarecer, as barras duplas, como as que aparecem no vetor dos testes de parada ($\left\|X^{(k+1)} - X^{(k)}\right\| < \varepsilon$ ou $\left\|\dfrac{X^{(k+1)} - X^{(k)}}{X^{(k+1)}}\right\| < \varepsilon$), significam a norma do vetor. Existem muitas normas, mas recomendamos usar a do máximo, assim definida:

Dado um vetor V, de ordem n, a norma do máximo de V é definida e denotada por:

■ Equação 3.27

$$\|V\|_\infty = \max_{1 \leq i \leq n} |v_i|$$

■ Exercício resolvido 3.7

Calcule a norma do máximo do vetor a seguir.

$$V = \begin{Bmatrix} 1 \\ -7 \\ -5 \end{Bmatrix}$$

Temos:

$$\|V\|_\infty = \max_{1 \leq i \leq n} |v_i| = \max(1, 7, 5) = 7$$

Método de Gauss-Seidel para sistemas lineares

O método de Gauss-Seidel difere-se do método de Jacobi pela estratégia de atualização das variáveis incógnitas. No método de Jacobi, as variáveis são atualizadas usando somente valores da iteração anterior, já no método de Gauss-Seidel, as variáveis são atualizadas usando, na iteração em curso, as variáveis já atualizadas.

A equação de recorrência é obtida da mesma maneira que a de Jacobi, ou seja:

Equação 3.28

$$x_i = \frac{b_i - \sum_{\substack{j=1 \\ j \neq i}}^{n} a_{ij} x_j}{a_{ii}}, 1 \leq i \leq n$$

Entretanto, a atualização fica:

Equação 3.29

$$x_i^{(k+1)} = \frac{b_i - \sum_{\substack{j=1 \\ j \neq i}}^{j-1} a_{ij} x_j^{(k+1)} - \sum_{j=i+1}^{n} a_{ij} x_j^{(k)}}{a_{ii}}, k = 0, 1, 2, \ldots; 1 \leq i \leq n$$

Portanto, usamos valores atualizados na iteração corrente para completar a iteração.

Exercício resolvido 3.8

Considere o sistema do Exercício resolvido 3.6, isto é, AX = B, sendo:

$$A = \begin{bmatrix} 8 & 1 & -1 \\ 1 & -7 & 2 \\ 2 & 1 & 9 \end{bmatrix}, B = \begin{Bmatrix} 8 \\ -4 \\ 12 \end{Bmatrix}$$

A equação de recorrência explícita e a estratégia de atualização de Gauss-Seidel são:

$$x_1^{(k+1)} = \frac{1}{8}\left(8 - x_2^{(k)} + x_3^{(k)}\right)$$

$$x_2^{(k+1)} = \frac{1}{-7}\left(-4 - x_1^{(k+1)} - 2x_3^{(k)}\right)$$

$$x_3^{(k+1)} = \frac{1}{9}\left(12 - 2x_1^{(k+1)} - x_2^{(k+1)}\right)$$

Procedendo as primeiras iterações com a mesma tentativa inicial e precisão do Exercício resolvido 3.6, obtemos:

$k = 0$

$$x_1^{(1)} = \frac{1}{8}(8) = 1$$

$$x_2^{(1)} = \frac{1}{-7}\left(-4 - x_1^{(1)} - 2x_3^{(0)}\right) = \frac{1}{-7}(-4 - 1 - 2 \cdot 0) = 0,714$$

$$x_3^{(1)} = \frac{1}{9}\left(12 - 2x_1^{(1)} - x_2^{(1)}\right) = \frac{1}{9}(12 - 2 \cdot 1 - 0,714) = 1,032$$

$k = 1$

$$x_1^{(2)} = \frac{1}{8}\left(8 - x_2^{(1)} + x_3^{(1)}\right) = \frac{1}{8}(8 - 0,714 + 1,032) = 1,040$$

$$x_2^{(2)} = \frac{1}{-7}\left(-4 - x_1^{(2)} - 2x_3^{(1)}\right) = \frac{1}{-7}(-4 - 1,040 - 2 \cdot 1,032) = 1,015$$

$$x_3^{(2)} = \frac{1}{9}\left(12 - 2x_1^{(2)} - x_2^{(2)}\right) = \frac{1}{9}(12 - 2 \cdot 1,040 - 1,015) = 0,989$$

$k = 2$

$$x_1^{(3)} = \frac{1}{8}\left(8 - x_2^{(2)} + x_3^{(2)}\right) = \frac{1}{8}(8 - 1,015 + 0,989) = 0,997$$

$$x_2^{(3)} = \frac{1}{-7}\left(-4 - x_1^{(3)} - 2x_3^{(2)}\right) = \frac{1}{-7}(-4 - 0,997 - 2 \cdot 0,989) = 0,996$$

$$x_3^{(3)} = \frac{1}{9}\left(12 - 2x_1^{(3)} - x_2^{(3)}\right) = \frac{1}{9}(12 - 2 \cdot 0,997 - 0,996) = 1,001$$

$k = 3$

$$x_1^{(4)} = \frac{1}{8}\left(8 - x_2^{(3)} + x_3^{(3)}\right) = \frac{1}{8}(8 - 0,996 + 1,001) = 1,001$$

$$x_2^{(4)} = \frac{1}{-7}\left(-4 - x_1^{(4)} - 2x_3^{(3)}\right) = \frac{1}{-7}(-4 - 1,001 - 2 \cdot 1,001) = 1,000$$

$$x_3^{(4)} = \frac{1}{9}\left(12 - 2x_1^{(4)} - x_2^{(4)}\right) = \frac{1}{9}(12 - 2 \cdot 1,001 - 1,000) = 1,000$$

Note que já atingimos a precisão estipulada, pois:

$$\|X^4 - X^3\|_\infty = \left\|\begin{matrix} 0,004 \\ 0,004 \\ -0,001 \end{matrix}\right\|_\infty = 0,004 \leq 0,005$$

Portanto, a solução com duas casas decimais corretas é:

$$X = \begin{Bmatrix} 1,00 \\ 1,00 \\ 1,00 \end{Bmatrix}$$

Fazendo mais uma iteração, obteríamos:

$$X = \begin{Bmatrix} 1,000 \\ 1,000 \\ 1,000 \end{Bmatrix}$$

Existem muitas outras estratégias de atualização, mas que dependem da estrutura da matriz dos coeficientes. De maneira geral para sistemas, inclusive para os de grande porte, recomendamos o método de Gauss-Seidel e sua estratégia de atualização. Por vezes, é conveniente usar a atualização de Jacobi para obter uma solução grosseira, que serve como tentativa inicial para Gauss-Seidel.

3.3 Sistemas de equações algébricas não lineares

Estudiosos afirmam que os problemas importantes atuais são majoritariamente não lineares e surgem com frequência quando temos acoplamentos de fenômenos: deslocamento de objeto em fluido e a química do fluido; interação entre fluido e estrutura; contato entre elementos estruturais sujeitos a elevados esforços; secagem de alimentos e variação de volume; redes neurais; entre outros. Todavia, os sistemas lineares continuam cumprindo seu papel, já que, em alguma etapa de solução do problema não linear, há necessidade de resolver um problema linear.

Além disso, os problemas numéricos não lineares são nitidamente iterativos. Em geral, não contam com uma solução única e, por isso, precisamos ter boas tentativas iniciais, quase sempre provenientes de linearizações, para garantir que a solução aproximada seja de interesse[8].

Denotamos um sistema não linear geral de n equações a n incógnitas da seguinte maneira:

---

8 Ver Dhalquist; Björk (1974).

■ Equação 3.30

$$\begin{cases} f_1(x_1, x_2, \ldots, x_n) = 0 \\ f_2(x_1, x_2, \ldots, x_n) = 0 \\ \quad \vdots \\ f_n(x_1, x_2, \ldots, x_n) = 0 \end{cases}$$

Na forma vetorial implícita, o sistema anterior fica:

■ Equação 3.31

$$F(X) = O$$

em que $F(X) = \left[f_1(X), f_2(X), \ldots, f_n(X)\right]^T$, $X = \left[x_1, x_2, \ldots, x_n\right]^T$ é o vetor de incógnitas, e O, o vetor nulo de ordem n.

Nesta seção, apresentaremos os métodos numéricos mais usados para resolver sistemas algébricos não lineares. Eles estão no âmbito dos métodos iterativos anteriores.

3.3.1 Método das aproximações sucessivas

No método das aproximações sucessivas (MAS), a primeira preocupação é com a equação de recorrência. Ela é obtida rescrevendo o sistema não linear dado do seguinte modo:

■ Equação 3.32

$$\begin{cases} x_1 = \varnothing_1(x_1, x_2, \ldots, x_n) \\ x_2 = \varnothing_2(x_1, x_2, \ldots, x_n) \\ \quad \vdots \\ x_n = \varnothing_n(x_1, x_2, \ldots, x_n) \end{cases}$$

A primeira estratégia de atualização é a de Jacobi, ou seja:

■ Equação 3.33

$$\begin{cases} x_1^{(k+1)} = \varnothing_1\left(x_1^{(k)}, x_2^{(k)}, \ldots, x_n^{(k)}\right) \\ x_2^{(k+1)} = \varnothing_2\left(x_1^{(k)}, x_2^{(k)}, \ldots, x_n^{(k)}\right) \\ \quad \vdots \\ x_n^{(k+1)} = \varnothing_n\left(x_1^{(k)}, x_2^{(k)}, \ldots, x_n^{(k)}\right) \end{cases}$$

O que quer dizer que as variáveis são atualizadas pelos valores da iteração precedente[9]. Seguindo os métodos anteriores, podemos atualizar as variáveis incógnitas por uma estratégia do tipo Gauss-Seidel[10], cuja equação de recorrência indicial com a estratégia de atualização fica:

■ Equação 3.34

$$\begin{cases} x_1^{(k+1)} = \varnothing\left(x_1^{(k)}, x_2^{(k)}, \ldots, x_n^{(k)}\right) \\ x_2^{(k+1)} = \varnothing\left(x_1^{(k+1)}, x_2^{(k)}, \ldots, x_n^{(k)}\right) \\ \vdots \\ x_i^{(k+1)} = \varnothing_3\left(x_1^{(k+1)}, x_2^{(k+1)}, \ldots, x_{i-1}^{(k+1)}, x_i^{(k)}, \ldots, x_n^{(k)}\right) \\ \vdots \\ x_n^{(k+1)} = \varnothing_n\left(x_1^{(k+1)}, x_2^{(k+1)}, \ldots, x_n^{(k)}\right) \end{cases}$$

Como o MAS é iterativo, a equação de recorrência precisa satisfazer condições de convergência, que são importantes, porém vamos nos limitar a dizer que elas precisam ser uma contração, em uma vizinhança da solução do sistema (Dhalquist; Björck, 1974). Na prática, isso significa que a tentativa inicial precisa estar próxima da solução, e as iterações devem ficar em uma vizinhança dela cada vez mais restrita.

Exercício resolvido 3.9

Considere o sistema de equações não lineares a seguir:

$$\begin{cases} x_1^2 + x_2^2 = 2 \\ -e^{x_1} + x_2 = 0 \end{cases}$$

a. Determine o número de soluções desse sistema. Sugestão: as soluções do sistema estão nas interseções dessas curvas. Adotando x_1 como eixo das abscissas e x_2 como eixo das ordenadas, a primeira curva é uma circunferência com centro na origem e raio igual a $\sqrt{2}$. A segunda equação é uma exponencial crescente. Com auxílio de um esboço, constatamos a existência de duas soluções. Complete o exercício.

b. Determine uma solução $X = \begin{bmatrix} x_1, x_2 \end{bmatrix}^T$, tal que $x_1 > 0$ e $x_2 > 0$, pelo MAS, com precisão até a segunda casa decimal e atualização do tipo Jacobi.

---

9   Ver Rheinboldt; Ortega (1970).
10 Ver Rheinboldt; Ortega (1970).

c. Faça como no item b, mas com atualização do tipo Gauss-Seidel.

A primeira providência é propor uma equação de recorrência. Algumas são óbvias, mas, por vezes, não asseguram convergência para a solução desejada. Nesse exemplo, após algumas tentativas, propomos a seguinte:

$$\begin{cases} x_2 = \sqrt{2 - (x_1)^2} \\ x_1 = \ln(x_2) \end{cases}$$

Em seguida, vamos escrever a equação de recorrência com a estratégia de atualização de Jacobi:

$$\begin{cases} x_2^{(k+1)} = \sqrt{2 - \left(x_1^{(k)}\right)^2} \\ x_1^{(k+1)} = \ln\left(x_2^{(k)}\right) \end{cases}$$

Escolhendo uma tentativa inicial com as características da solução $X = \left[x_1^{(0)}, x_2^{(0)}\right]^T = [0,51,2]^T$ e operando, obtemos:

k = 0

$$\begin{cases} x_2^{(1)} = \sqrt{2 - \left(x_1^{(0)}\right)^2} = 1,323 \\ x_1^{(1)} = \ln\left(x_2^{(0)}\right) = \ln(1,2) = 0,182 \end{cases}$$

k = 1

$$\begin{cases} x_2^{(2)} = \sqrt{2 - \left(x_1^{(1)}\right)^2} = 1,348 \\ x_1^{(2)} = \ln\left(x_2^{(1)}\right) = \ln(1,323) = 0,280 \end{cases}$$

k = 2

$$\begin{cases} x_2^{(3)} = \sqrt{2 - \left(x_1^{(2)}\right)^2} = \sqrt{2 - 0,28^2} = 1,386 \\ x_1^{(3)} = \ln\left(x_2^{(2)}\right) = \ln(1,348) = 0,300 \end{cases}$$

k = 3

$$\begin{cases} x_2^{(4)} = \sqrt{2 - \left(x_1^{(3)}\right)^2} = \sqrt{2 - 0{,}300^2} = 1{,}382 \\ x_1^{(4)} = \ln\left(x_2^{(3)}\right) = \ln(1{,}386) = 0{,}326 \end{cases}$$

k = 4

$$\begin{cases} x_2^{(5)} = \sqrt{2 - \left(x_1^{(4)}\right)^2} = \sqrt{2 - 0{,}326^2} = 1{,}376 \\ x_1^{(5)} = \ln\left(x_2^{(4)}\right) = \ln(1{,}382) = 0{,}324 \end{cases}$$

k = 5

$$\begin{cases} x_2^{(6)} = \sqrt{2 - \left(x_1^{(5)}\right)^2} = \sqrt{2 - 0{,}324^2} = 1{,}377 \\ x_1^{(6)} = \ln\left(x_2^{(5)}\right) = \ln(1{,}376) = 0{,}319 \end{cases}$$

k = 6

$$\begin{cases} x_2^{(7)} = \sqrt{2 - \left(x_1^{(6)}\right)^2} = \sqrt{2 - 0{,}319^2} = 1{,}378 \\ x_1^{(7)} = \ln\left(x_2^{(6)}\right) = \ln(1{,}377) = 0{,}320 \end{cases}$$

k = 7

$$\begin{cases} x_2^{(8)} = \sqrt{2 - \left(x_1^{(7)}\right)^2} = \sqrt{2 - 0{,}320^2} = 1{,}378 \\ x_1^{(8)} = \ln\left(x_2^{(7)}\right) = \ln(1{,}378) = 0{,}321 \end{cases}$$

Constatamos que, com duas casas decimais de precisão, o resultado é:

$$X = [0{,}32\ 1{,}37]^T$$

No item c, a estratégia de atualização das variáveis muda para do tipo de Gauss-Seidel, ou seja:

$$\begin{cases} x_2^{(k+1)} = \sqrt{2 - \left(x_1^{(k)}\right)^2} \\ x_1^{(k+1)} = \ln\left(x_2^{(k+1)}\right) \end{cases}$$

k = 0

$$\begin{cases} x_2^{(1)} = \sqrt{2 - \left(x_1^{(0)}\right)^2} = \sqrt{2 - 0{,}5^2} = 1{,}323 \\ x_1^{(1)} = \ln\left(x_2^{(1)}\right) = \ln(1{,}323) = 0{,}280 \end{cases}$$

k = 1

$$\begin{cases} x_2^{(2)} = \sqrt{2 - \left(x_1^{(1)}\right)^2} = \sqrt{2 - 0{,}28^2} = 1{,}386 \\ x_1^{(2)} = \ln\left(x_2^{(2)}\right) = \ln(1{,}386) = 0{,}326 \end{cases}$$

k = 2

$$\begin{cases} x_2^{(3)} = \sqrt{2 - \left(x_1^{(2)}\right)^2} = \sqrt{2 - 0{,}326^2} = 1{,}376 \\ x_1^{(3)} = \ln\left(x_2^{(3)}\right) = \ln(1{,}376) = 0{,}319 \end{cases}$$

k = 3

$$\begin{cases} x_2^{(4)} = \sqrt{2 - \left(x_1^{(3)}\right)^2} = \sqrt{2 - 0{,}319^2} = 1{,}378 \\ x_1^{(4)} = \ln\left(x_2^{(4)}\right) = \ln(1{,}378) = 0{,}321 \end{cases}$$

k = 4

$$\begin{cases} x_2^{(5)} = \sqrt{2 - \left(x_1^{(4)}\right)^2} = \sqrt{2 - 0{,}321^2} = 1{,}377 \\ x_1^{(5)} = \ln\left(x_2^{(5)}\right) = \ln(1{,}377) = 0{,}320 \end{cases}$$

Com o critério de parada da norma do máximo entre duas iterações sucessivas, constatamos que a solução é:

$$X = [0{,}32\ 1{,}37]^T$$

3.3.2 Método de Newton-Raphson

O método de Newton-Raphson (MNR), por sua eficiência quadrática de convergência quando as iterações estão em uma vizinhança computacionalmente, é o mais empregado para resolver sistemas não lineares. Entretanto, quando fazemos variações na estratégia de atualização, perdemos rapidez de convergência.

Considere o sistema anterior na forma implícita na Equação 3.30 e na vetorial na Equação 3.31. Obtemos a equação do MNR por meio do desenvolvimento da função F(X) em série de Taylor em torno do ponto $X^{(k)}$, truncando-a após o termo linear. Vetorialmente temos:

■ Equação 3.35

$$F(X) = F\left(X^{(k)}\right) + F'\left(X^{(k)}\right)\left(X - X^{(k)}\right) + O\left(\left\|X - X^{(k)}\right\|^2\right)$$

Ou, considerando que F(X) = 0 e explicitando o vetor solução exata *X* na Equação 3.35, temos:

■ Equação 3.36

$$X = X^{(k)} - \left(F'\left(X^{(k)}\right)^{-1} F\left(X^{(k)}\right) - F'\left(X^{(k)}\right)^{-1} O\left(\left\|X - X^{(k)}\right\|^2\right)\right)$$

Na Equação 3.36, $(F'(X^{(k)})^{-1}$ é a inversa da matriz Jacobiana da função vetorial F(X), calculada no ponto $X^{(k)}$. A matriz Jacobina tem ordem n × n, cujos elementos são calculados da seguinte forma:

■ Equação 3.37

$$f_{ij}(X) = \partial f_i / \partial x_j, 1 \leq i, j \leq n$$

Ainda, na expressão da série na Equação 3.35, o termo $O\left(\left\|X - X^{(k)}\right\|^2\right)$ significa *ordem do erro de truncamento*. Constatamos que o erro de truncamento é quadrático (ordem dois).

É importante entender o procedimento para obter a equação de recorrência. Para tanto, primeiro desprezamos o termo de erro de truncamento na expressão da Equação 3.35. No entanto, quando fazemos isso, a igualdade não prevalece, ou seja:

■ Equação 3.38

$$X \approx X^{(k)} - (F'(X^{(k)}))^{-1} F(X^{(k)})$$

O sinal de aproximação não leva a uma equação de recorrência, porém, definindo o lado direito da Equação 3.38 como uma aproximação atualizada da solução no lado esquerdo, ficamos com:

■ Equação 3.39

$$X^{(k+1)} = X^{(k)} - (F'(X^{(k)}))^{-1} F(X^{(k)})$$

Essa é a equação de recorrência e a atualização do MNR.

Multiplicando a Equação 3.39, que é matricial, pela matriz jacobiana F'($X^{(k)}$), obtemos o modo usual de operação do MNR:

■ Equação 3.40

$$F'(X^{(k)})\{X^{(k+1)} - X^{(k)}\} = -F(X^{(k)})$$

Note que, em cada iteração, é necessário resolver um sistema linear n × n.

Exercício resolvido 3.10

Resolva o sistema não linear a seguir pelo MNR, com duas casas decimais corretas.

$$\begin{cases} x_1^2 + x_2^2 = 2 \\ -e^{x_1} + x_2 = 0 \end{cases}$$

Identificamos e construímos os vetores e matrizes da equação de recorrência do MNR para o sistema dado:

$$X = \begin{Bmatrix} x_1 \\ x_2 \end{Bmatrix}$$

$$F(X) = \begin{bmatrix} f_1(X), f_2(X) \end{bmatrix}^T = \begin{bmatrix} x_1^2 + x_2^2 - 2, & -e^{x_1} + x_2 \end{bmatrix}^T$$

$$F'(X) = \begin{bmatrix} 2x_1 & 2x_2 \\ -e^{x_1} & 1 \end{bmatrix}$$

Então, a equação de recorrência, $F'(X^{(k)})\{X^{(k+1)} - X^{(k)}\} = -F(X^{(k)})$, fica:

$$\begin{bmatrix} 2x_1^{(k)} & 2x_2^{(k)} \\ -e^{x_1^{(k)}} & 1 \end{bmatrix} \begin{Bmatrix} x_1^{(k+1)} - x_1^{(k)} \\ x_2^{(k+1)} - x_2^{(k)} \end{Bmatrix} = \begin{Bmatrix} -\left(x_1^{(k)}\right)^2 - \left(x_2^{(k)}\right)^2 + 2 \\ e^{x_1^{(k)}} - x_2^{(k)} \end{Bmatrix}$$

Adotamos a mesma tentativa inicial usada no MAS, isto é:

$$X^{(0)} = \begin{bmatrix} x_1^{(0)} & x_2^{(0)} \end{bmatrix}^T = \begin{bmatrix} 0,5 & 1,2 \end{bmatrix}^T$$

Operando:

k = 0

$$\begin{bmatrix} 2x_1^{(0)} & 2x_2^{(0)} \\ -e^{x_1^{(0)}} & 1 \end{bmatrix} \begin{Bmatrix} x_1^{(1)} - x_1^{(0)} \\ x_2^{(1)} - x_2^{(0)} \end{Bmatrix} = \begin{Bmatrix} -\left(x_1^{(0)}\right)^2 - \left(x_2^{(0)}\right)^2 + 2 \\ e^{x_1^{(0)}} - x_2^{(0)} \end{Bmatrix}$$

ou

$$\begin{bmatrix} 1 & 2,4 \\ -1,649 & 1 \end{bmatrix} \begin{Bmatrix} x_1^{(1)} - 0,5 \\ x_2^{(1)} - 1,2 \end{Bmatrix} = \begin{Bmatrix} 0,31 \\ 0,449 \end{Bmatrix}$$

Resolvendo, obtemos:

$$\begin{Bmatrix} x_1^{(1)} \\ x_2^{(1)} \end{Bmatrix} = \begin{Bmatrix} 0,345 \\ 1,394 \end{Bmatrix}$$

k = 1

$$\begin{bmatrix} 2 \cdot 0,345 & 2 \cdot 1,394 \\ -1,412 & 1 \end{bmatrix} \begin{Bmatrix} x_1^{(1)} - 0,345 \\ x_2^{(1)} - 1,394 \end{Bmatrix} = \begin{Bmatrix} 0,062 \\ 0,018 \end{Bmatrix}$$

Resolvendo, obtemos:

$$\begin{Bmatrix} x_1^{(2)} \\ x_2^{(2)} \end{Bmatrix} = \begin{Bmatrix} 0,351 \\ 1,416 \end{Bmatrix}$$

k = 2

$$\begin{bmatrix} 0,702 & 2,832 \\ -1,420 & 1 \end{bmatrix} \begin{Bmatrix} x_1^{(1)} - 0,351 \\ x_2^{(1)} - 1,416 \end{Bmatrix} = \begin{Bmatrix} -0,128 \\ 0,004 \end{Bmatrix}$$

Resolvendo, obtemos:

$$\begin{Bmatrix} x_1^{(3)} \\ x_2^{(3)} \end{Bmatrix} = \begin{Bmatrix} 0,322 \\ 1,378 \end{Bmatrix}$$

k = 3

$$\begin{bmatrix} 0,644 & 2,756 \\ -1,380 & 1 \end{bmatrix} \begin{Bmatrix} x_1^{(1)} - 0,322 \\ x_2^{(1)} - 1,378 \end{Bmatrix} = \begin{Bmatrix} 0,003 \\ 0,002 \end{Bmatrix}$$

Resolvendo, obtemos:

$$\begin{Bmatrix} x_1^{(4)} \\ x_2^{(4)} \end{Bmatrix} = \begin{Bmatrix} 0,321 \\ 1,379 \end{Bmatrix}$$

Então, a solução com duas casas decimais é:

$$\begin{Bmatrix} x_1^{(4)} \\ x_2^{(4)} \end{Bmatrix} = \begin{Bmatrix} 0,32 \\ 1,38 \end{Bmatrix}$$

3.3.3 Método de Newton-Raphson modificado

O método de Newton-Raphson modificado (MNRM) serve para reduzir o esforço computacional de atualização da matriz jacobiana em cada passo iterativo. O modo de fazer isso é mantê-la fixa por um número estipulado de iterações. Com isso, a equação de recorrência e a atualização ficam na seguinte forma:

■ Equação 3.41

$$F'(X^p)(X^{(k+1)} - X^{(k)}) = -F(X^{(k)}), \quad k = p, p+1, p+2, \ldots, m$$

sendo m o número de vezes que a matriz Jacobiana permanecerá fixa – o processo iterativo continua, mas não atualizamos a jacobiana –; e p o número da iteração atual – na prática, m não deve passar de cinco iterações.

■ Exercício resolvido 3.11

Resolva o sistema não linear a seguir.

$$\begin{cases} 3x_1^2 + x_2 = 3,5 \\ x_1 + x_2^3 = 1,625 \end{cases}$$

Utilize o MNRM, mantendo a matriz Jacobiana fixa para $m = 3$, e a solução aproximada até duas casas decimais corretas.

Ao iniciar as iterações, $p = 0$. Explicitamente, a equação de recorrência e a atualização para esse sistema ficam: $k = 0, 1, 2, 3$.

$$\begin{bmatrix} 6(x_1)^{(p)} & 1 \\ 1 & 3(x_2^2)^{(p)} \end{bmatrix} \begin{Bmatrix} x_1^{(k+1)} - x_1^{(k)} \\ x_2^{(k+1)} - x_2^{(k)} \end{Bmatrix} = -\begin{Bmatrix} 3(x_1^{(k)})^2 + x_2^{(k)} - 3,5 \\ x_1^{(k)} + (x_2^{(k)})^3 - 1,625 \end{Bmatrix}$$

Com a tentativa inicial: $X^{(0)} = \begin{bmatrix} x_1^{(0)} & x_2^{(0)} \end{bmatrix}^T = [0,8 \quad 0,8]^T$, e operando, temos:

$$k = 0, p = 0$$

$$\begin{bmatrix} 6(x_1)^{(0)} & 1 \\ 1 & 3(x_2^2)^{(0)} \end{bmatrix} \begin{Bmatrix} x_1^{(1)} - x_1^{(0)} \\ x_2^{(1)} - x_2^{(0)} \end{Bmatrix} = -\begin{Bmatrix} 3(x_1^{(0)})^2 + x_2^{(0)} - 3,5 \\ x_1^{(0)} + \left(x_2^{(0)}\right)^3 - 1,625 \end{Bmatrix}$$

ou

$$\begin{bmatrix} 6 \cdot 0,8 & 1 \\ 1 & 3 \cdot 0,8^2 \end{bmatrix} \begin{Bmatrix} x_1^{(1)} - 0,8 \\ x_2^{(1)} - 0,8 \end{Bmatrix} = -\begin{Bmatrix} 3 \cdot (0,8)^2 + 0,8 - 3,5 \\ 0,8 + (0,8)^3 - 1,625 \end{Bmatrix}$$

isto é:

$$\begin{bmatrix} 4,8 & 1 \\ 1 & 1,92 \end{bmatrix} \begin{Bmatrix} x_1^{(1)} - 0,8 \\ x_2^{(1)} - 0,8 \end{Bmatrix} = -\begin{Bmatrix} -0,78 \\ -0,313 \end{Bmatrix} = \begin{Bmatrix} 0,780 \\ 0,313 \end{Bmatrix}$$

Resolvendo, obtemos:

$$\begin{Bmatrix} x_1^{(1)} \\ x_2^{(1)} \end{Bmatrix} = \begin{Bmatrix} 0,944 \\ 0,888 \end{Bmatrix}$$

$$k = 1, p = 0$$

$$\begin{bmatrix} 6(x_1)^{(0)} & 1 \\ 1 & 3(x_2^2)^{(0)} \end{bmatrix} \begin{Bmatrix} x_1^{(2)} - x_1^{(1)} \\ x_2^{(2)} - x_2^{(1)} \end{Bmatrix} = -\begin{Bmatrix} 3(x_1^{(1)})^2 + x_2^{(1)} - 3,5 \\ x_1^{(1)} + (x_2^{(1)})^3 - 1,625 \end{Bmatrix}$$

ou

$$\begin{bmatrix} 4,8 & 1 \\ 1 & 1,92 \end{bmatrix} \begin{Bmatrix} x_1^{(2)} - x_1^{(1)} \\ x_2^{(2)} - x_2^{(1)} \end{Bmatrix} = -\begin{Bmatrix} 3 \cdot (0,944)^2 + 0,888 - 3,5 \\ 0,944 + (0,888)^3 - 1,625 \end{Bmatrix}$$

isto é:

$$\begin{bmatrix} 4,8 & 1 \\ 1 & 1,92 \end{bmatrix} \begin{Bmatrix} x_1^{(2)} - 0,944 \\ x_2^{(2)} - 0,888 \end{Bmatrix} = \begin{Bmatrix} -0,061 \\ -0,019 \end{Bmatrix}$$

Note que a matriz jacobiana não foi atualizada.
Resolvendo, obtemos:

$$\begin{Bmatrix} x_1^{(2)} \\ x_2^{(2)} \end{Bmatrix} = \begin{Bmatrix} 0,932 \\ 0,884 \end{Bmatrix}$$

Portanto, alcançamos a solução com duas casas decimais corretas em duas iterações, mantendo a matriz jacobiana sem atualização:

$$\begin{Bmatrix} x_1^{(2)} \\ x_2^{(2)} \end{Bmatrix} = \begin{Bmatrix} 0,93 \\ 0,88 \end{Bmatrix}$$

3.3.4 Método de Newton-Raphson discretizado

O método de Newton-Raphson discretizado (MNRD) é usado em problemas práticos nos quais a matriz jacobiana n × n é de grande porte. Então, o cálculo de n^2 derivadas parciais requer considerável esforço computacional. Nesses casos, e quando as derivadas são muito trabalhosas, aproximamos cada uma delas.

Com frequência, usamos aproximação de diferenças finitas progressiva, obtendo:

Equação 3.42

$$\frac{\partial f_i(X)}{\partial x_j} \approx \Delta_{ij}(X, H) = \frac{f_i(X + h_j e_j) - f_i(X)}{h_j}$$

em que e_j é o vetor unitário de ordem *n* cuja j-ésima componente é 1 e as outras são todas nulas; e o vetor $H = \begin{bmatrix} h_1, h_2, \ldots, h_{j-1}, h_j, h_{j+1}, \ldots, h_n \end{bmatrix}^T$.

Exercício resolvido 3.12

Resolva novamente o sistema do Exercício resolvido 3.11, mas agora pelo MNRD com precisão até a segunda casa decimal.

$$\begin{cases} 3x_1^2 + x_2 = 3,5 \\ x_1 + x_2^3 = 1,625 \end{cases}$$

Primeiramente, construímos a matriz jacobiana:

$$F'(X) = \begin{bmatrix} \dfrac{f_1(x_1+h_1, x_2) - f_1(x_1, x_2)}{h_1} & \dfrac{f_1(x_1, x_2+h_2) - f_1(x_1, x_2)}{h_2} \\ \dfrac{f_2(x_1+h_1, x_2) - f_2(x_1, x_2)}{h_1} & \dfrac{f_2(x_1, x_2+h_2) - f_2(x_1, x_2)}{h_2} \end{bmatrix}$$

Em seguida, escolhemos $h_1 = h_2 = 0{,}001$ e identificamos as funções:

$$f_1(X) = 3 \cdot (x_1)^2 + x_2 - 3{,}5; \quad f_2(X) = x_1 + x_2^3 - 1{,}625$$

Explicitamente, a matriz jacobiana discretizada é:

$$F'(X) = \begin{bmatrix} \dfrac{f_1(x_1+h_1, x_2) - f_1(x_1, x_2)}{h_1} & \dfrac{f_1(x_1, x_2+h_2) - f_1(x_1, x_2)}{h_2} \\ \dfrac{f_2(x_1+h_1, x_2) - f_2(x_1, x_2)}{h_1} & \dfrac{f_2(x_1+h_1, x_2) - f_2(x_1, x_2)}{h_2} \end{bmatrix}$$

Para escrever a equação de recorrência e a atualização do MNRD, vamos definir a matriz n × n:

$$D\!\left(X^{(k)}, H\right) \approx \Delta_{ij}\!\left(X^{(k)}, H\right) = \dfrac{f_i\!\left(X + h_j e_j\right)}{h_j}$$

Com isso, escrevemos:

$$D\!\left(X^{(k)}, H\right)\!\left(X^{(k+1)} - X^{(k)}\right) = -F\!\left(X^{(k)}\right)$$

ou seja:

$$\begin{bmatrix} \dfrac{f_1\!\left(x_1^{(k)}+h_1, x_2^{(k)}\right) - f_1\!\left(x_1^{(k)}, x_2^{(k)}\right)}{h_1} & \dfrac{f_1\!\left(x_1^{(k)}, x_2^{(k)}+h_2\right) - f_1\!\left(x_1^{(k)}, x_2^{(k)}\right)}{h_2} \\ \dfrac{f_2\!\left(x_1^{(k)}+h_1, x_2^{(k)}\right) - f_2\!\left(x_1^{(k)}, x_2^{(k)}\right)}{h_1} & \dfrac{f_2\!\left(x_1^{(k)}, x_2^{(k)}+h_2\right) - f_2\!\left(x_1^{(k)}, x_2^{(k)}\right)}{h_2} \end{bmatrix}$$

$$\left\{ \begin{array}{c} x_1^{(k+1)} - x_1^{(k)} \\ x_2^{(k+1)} - x_2^{(k)} \end{array} \right\} = -\left\{ \begin{array}{c} 3 \cdot (x_1^{(k)})^2 + x_2^{(k)} - 3{,}5 \\ x_1^{(k)} + \left(x_2^{(k)}\right)^3 - 1{,}625 \end{array} \right\}$$

Escolhendo a tentativa inicial $X^{(0)} = \begin{bmatrix} x_1^{(0)} & x_2^{(0)} \end{bmatrix}^T = [0{,}8 \quad 0{,}8]^T$ e operando, obtemos:

k = 0

$$f_1(X^{(0)}) = 3 \cdot (x_1^{(0)})^2 + x_2^{(0)} - 3{,}5 = 3 \cdot 0{,}8^2 + 0{,}8 - 3{,}5 = -0{,}78$$

$$f_1\left(x_1^{(0)} + 0{,}001 \quad x_2^{(0)}\right) = 3 \cdot (0{,}8 + 0{,}001)^2 + x_2^{(0)} - 3{,}5 = -0{,}775197$$

$$f_1\left(x_1^{(0)} \quad x_2^{(0)} + 0{,}001\right) = 3 \cdot (0{,}8)^2 + (0{,}8 + 0{,}001) - 3{,}5 = -0{,}779$$

$$f_2(X^{(0)}) = x_1^{(0)} + \left(x_2^{(0)}\right)^3 - 1{,}625 = 0{,}8 + (0{,}8)^3 - 1{,}625 = -0{,}313$$

$$f_2\left(x_1^{(0)} + 0{,}001 \quad x_2^{(0)}\right) = \left(x_1^{(0)} + 0{,}001\right) + \left(x_2^{(0)}\right)^3 - 1{,}625 = -0{,}312$$

$$f_2\left(x_1^{(0)} \quad x_2^{(0)} + 0{,}001\right) = (0{,}8) + 0{,}801^3 - 1{,}625 = -0{,}311078$$

A matriz jacobiana é:

$$D(X^{(0)}, H) = \begin{bmatrix} \dfrac{-0{,}775197 + 0{,}78}{0{,}001} & \dfrac{-0{,}779 + 0{,}78}{0{,}001} \\ \dfrac{-0{,}312 + 0{,}313}{0{,}001} & \dfrac{-0{.}311078 + 0{,}313}{0{,}001} \end{bmatrix}$$

Logo, a equação para atualização é:

$$\begin{bmatrix} 4{,}803 & 1 \\ 1 & 1{,}922 \end{bmatrix} \begin{Bmatrix} x_1^{(1)} - 0{,}8 \\ x_2^{(1)} - 0{,}8 \end{Bmatrix} = \begin{Bmatrix} 0{,}78 \\ 0{,}313 \end{Bmatrix}$$

Resolvendo, obtemos:

$$\begin{Bmatrix} x_1^{(1)} \\ x_2^{(1)} \end{Bmatrix} = \begin{Bmatrix} 0{,}944102 \\ 0{,}887876 \end{Bmatrix}$$

k = 1

$$f_1(X^{(1)}) = 3 \cdot (x_1^{(1)})^2 + x_2^{(1)} - 3{,}5 = 3 \cdot 0{,}944102^2 + 0{,}887876 - 3{,}5$$

$$= 0{,}061862$$

$$f_1\left(x_1^{(1)} + 0{,}001 \quad x_2^{(1)}\right) = 3 \cdot 0{,}945102^2 + 0{,}887876 - 3{,}5 = 0{,}067529$$

$$f_1\left(x_1^{(1)} \quad x_2^{(1)} + 0{,}001\right) = 3 \cdot (0{,}944102)^2 + (0{,}888876) - 3{,}5$$

$$= 0{,}062862$$

$$f_2\left(X^{(1)}\right) = x_1^{(1)} + \left(x_2^{(1)}\right)^3 - 1{,}625 = 0{,}944102 + (0{,}887876)^3 - 1{,}625$$

$$= 0{,}019036$$

$$f_2\left(x_1^{(1)} + 0{,}001 \quad x_2^{(1)}\right) = \left(x_1^{(1)} + 0{,}001\right) + \left(x_2^{(1)}\right)^3 - 1{,}625 = 0{,}945102$$

$$+ 0{,}887876^3 - 1{,}625 = 0{,}020036$$

$$f_2\left(x_1^{(1)} \quad x_2^{(1)} + 0{,}001\right) = (0{,}944102) + 0{,}888876^3 - 1{,}625 = 0{,}021403$$

Então, a equação para atualização é:

$$\begin{bmatrix} 5{,}667371 & 1{,}000240 \\ 0{,}999775 & 2{,}367411 \end{bmatrix} \begin{Bmatrix} x_1^{(2)} - 0{,}944102 \\ x_2^{(2)} - 0{,}887876 \end{Bmatrix} = \begin{Bmatrix} -0{,}061862 \\ -0{,}019036 \end{Bmatrix}$$

Resolvendo, obtemos:

$$\begin{Bmatrix} x_1^{(2)} \\ x_2^{(2)} \end{Bmatrix} = \begin{Bmatrix} 0{,}933841 \\ 0{,}884168 \end{Bmatrix}$$

k = 2

$$f_1\left(X^{(2)}\right) = 3 \cdot (x_1^{(2)})^2 + x_2^{(2)} - 3{,}5 = 0{,}000345$$

$$f_1\left(x_1^{(2)} + 0{,}001 \quad x_2^{(2)}\right) = 3 \cdot 0{,}934841^2 + 0{,}884168 - 3{,}5 = 0{,}005951$$

$$f_1\left(x_1^{(2)} \quad x_2^{(2)} + 0{,}001\right) = 3 \cdot (0{,}933841)^2 + (0{,}885168) - 3{,}5$$

$$= 0{,}001345$$

$$f_2\left(X^{(2)}\right) = x_1^{(2)} + \left(x_2^{(2)}\right)^3 - 1{,}625 = 0{,}933841 + (0{,}884168)^3 - 1{,}625$$

$$= 0{,}000042$$

$$f_2\left(x_1^{(2)} + 0{,}001 \quad x_2^{(2)}\right) = \left(x_1^{(2)} + 0{,}001\right) + \left(x_2^{(2)}\right)^3 - 1{,}625 = 0{,}001042$$

$$f_2\left(x_1^{(2)} \quad x_2^{(2)} + 001\right) = (0{,}933841) + 0{,}885168^3 - 1{,}625 = 0{,}00239$$

A equação de atualização é:

$$\begin{bmatrix} 5,606 & 1 \\ 1 & 2,348 \end{bmatrix} \begin{Bmatrix} x_1^{(3)} - 0,933841 \\ x_2^{(3)} - 0,884168 \end{Bmatrix} = \begin{Bmatrix} -0,000035 \\ -0,000042 \end{Bmatrix}$$

Resolvendo, obtemos:

$$\begin{Bmatrix} x_1^{(3)} \\ x_2^{(2)} \end{Bmatrix} = \begin{Bmatrix} 0,933799 \\ 0,883968 \end{Bmatrix}$$

Constatamos que a precisão foi alcançada, e a solução aproximada com duas casas decimais corretas é:

$$\begin{Bmatrix} x_1^{(3)} \\ x_2^{(2)} \end{Bmatrix} = \begin{Bmatrix} 0,93 \\ 0,88 \end{Bmatrix}$$

4

Interpolação e aproximação de função a uma variável

O próprio título do capítulo já traz os temas que abordaremos: **interpolação** e **aproximação** de função. Ambos são importantes, mas a aproximação teve avanços extraordinários ao transpor o teorema clássico de Weirstrass para funções contínuas, tornando possível aproximar funções mais gerais e adequadas à representação de fenômenos e quantificações relacionadas à inteligência artificial por redes neurais.

Vamos iniciar pela interpolação[1], que diz respeito ao problema de substituir uma função f, definida por expressão matemática ou por valores funcionais em abscissas estipuladas, denominadas *pontos-base*, na forma $(x_i, f(x_i))$, $0 \le i \le n$, por outra função g de um conjunto conhecido de funções escolhidas para simplificar os cálculos e estimar o valor $f(x)$ em um ponto $x \ne x_i$, $0 \le i \le n$. À função g, denominamos *interpolante*.

As interpolantes, em geral, são formadas por combinação linear de funções, que pertencem a um conjunto de funções simples na forma $\{g_i\}_{i=0}^n$, ou seja:

▪ Equação 4.1

$$g(x) = a_0 g_0 + a_1 g_1 + \ldots + a_n g_n$$

Entre os conjuntos mais usados em interpolantes estão os monômios:

▪ Equação 4.2

$$\{g_i(x)\}_{i=0}^n = \{1, x, x^2, x^3, x^4, \ldots, x^n\}$$

que formam os polinômios interpolantes:

▪ Equação 4.3

$$f(x) \approx g(x) = a_0 \cdot 1 + a_1 \cdot x + a_2 \cdot x^2 + \ldots + a_n \cdot x^n$$

---

1 Ver Steffensen (1950).

Com frequência, também encontramos interpolantes exponenciais de combinação linear das funções do conjunto $\{e^{b_k x}\}_{k=0}^{n}$, que constituem interpolantes na forma:

■ Equação 4.4

$$f(x) \approx g(x) = a_0 \cdot 1 + a_1 \cdot e^{b_1 x} + a_2 \cdot e^{b_2 x} + \ldots + a_n \cdot e^{b_n x}$$

Existem, ainda, conjuntos de funções periódicas: $\{\cos(kx)\}_{k=0}^{n}$ e $\{\operatorname{sen}(kx)\}_{k=1}^{n}$, que formam interpolantes trigonométricas na forma:

■ Equação 4.5

$$f(x) \approx g(x) = a_0 \cdot 1 + a_1 \cdot \cos(x) + a_2 \cdot \cos(2x) + \ldots + a_n \cdot \cos(nx)$$
$$+ a_1 \cdot \operatorname{sen}(x) + a_2 \cdot \operatorname{sen}(2x) + \ldots + a_n \cdot \operatorname{sen}(nx)$$

A escolha dessas interpolantes não é uma questão fácil, pois os resultados dependem delas, motivo pelo qual é necessário cautela, a fim de tirar seu máximo proveito.

Exemplificando

Sabendo que a função original tem curva, provavelmente vamos aproveitar pouco se usarmos uma interpolante reta; caso a função tenha forma exponencial crescente, uma interpolante polinomial precisaria de muitos pontos para obter bons resultados; se tivéssemos uma função periódica geral, só o conjunto dos cossenos ou dos senos não resolveria o problema satisfatoriamente; se tivéssemos uma função par, teríamos de usar conjunto de cossenos, se fosse ímpar, de senos, de modo a termos resultados satisfatórios nas interpolações. Em resumo, ao interpolarmos, precisamos ter em mente o modo da função original e escolher uma interpolante compatível com ele.

Para complementar essas primeiras informações sobre interpolação, precisamos saber como determinar os coeficientes que aparecem nas interpolantes das Equações 4.3, 4.4, e 4.5. Isso é o que faremos na sequência.

4.1 Interpolação polinomial

Nesse tipo de interpolação, o teorema de Weirstras subsidia a existência de uma interpolante polinomial e garante precisão na aproximação. Leia-o com muita atenção, pois ele é central para a facção de interpolações polinomiais.

Teorema 4.1 (Weirstrass)

Se f é uma função contínua em um intervalo [a, b], então, dado $\varepsilon > 0$ existe alguma polinomial de ordem n, denotada por P_n, com $n = n(\varepsilon)$, tal que:

■ Equação 4.6

$$|f(x) - P_n(x)| < \varepsilon, \text{ para } x \in [a, b]$$

Apesar da importância matemática para interpolação polinomial, esse teorema não é construtivo para indicar procedimentos que nos levem ao grau da polinomial ou às funções interpolantes. Porém, a existência da polinomial por si é importante, já que se não fosse assim, os procedimentos seriam apenas experimentações matemáticas e numéricas.

Passamos a delinear os procedimentos mais versáteis para encontrar os coeficientes de uma interporlante polinomial de ordem *n*, baseada em monômios, isto é:

■ Equação 4.7

$$f(x) \approx P_n(x) = \sum_{i=0}^{n} a_i x^i$$

O polinômio fica completamente definido se determinarmos os coeficientes que constituem a combinação linear na Equação 4.7. Para isso, precisamos de um critério que "ajuste" a interpolante aos dados.

Quando temos disponibilidade de pontos-base $(x_i, f(x_i)), 0 \leq i \leq n$, um critério bem aceito é o seguinte:

> Calculamos os (n + 1) coeficientes $a_i, 0 \leq i \leq n$ da Equação 4.7, de modo que, nos pontos-base, o valor da função *f* seja igual ao valor da polinomial P_n, ou seja:

■ Equação 4.8

$$f(x_i) = P_n(x_i), 0 \leq i \leq n$$

O sistema algébrico linear na Equação 4.8 é de (n + 1) equações a (n + 1) incógnitas. Teoricamente, há métodos para resolvê-lo, mas surgem duas questões: (1) a solução desse sistema não é tão imediata quanto se apresenta (discutiremos um pouco sobre isso); (2) resolvendo o sistema da Equação 4.8, o resultado é uma interpolante polinomial de ordem *n*, mas não temos acesso ao termo do erro de truncamento no processo de interpolação.

Para esclarecer, vamos escrever explicitamente o sistema na Equação 4.8:

■ Equação 4.9

$$\begin{Bmatrix} f(x_0) \\ f(x_1) \\ f(x_2) \\ \vdots \\ f(x_n) \end{Bmatrix} = \begin{bmatrix} 1 & x_0 & x_0^2 & \cdots & x_0^n \\ 1 & x_1 & x_1^2 & \cdots & x_1^n \\ 1 & x_2 & x_2^2 & \cdots & x_2^n \\ \vdots & \vdots & \vdots & \cdots & \vdots \\ 1 & x_n & x_n^n & \cdots & x_n^n \end{bmatrix} \begin{Bmatrix} a_0 \\ a_1 \\ a_2 \\ \vdots \\ a_n \end{Bmatrix}$$

Nesse sistema, a matriz dos coeficientes é chamada de *matriz de Vandermonde*, de ordem n. Matematicamente, ela tem várias propriedades, mas destacamos a mais importante para nosso problema: o determinante da matriz dos coeficientes do sistema na Equação 4.9 é diferente de zero se $x_i \neq x_j, \forall i \neq j$ (Hoffmann; Kunze, 1970). Isso significa que, se os pontos-base forem distintos, o sistema tem solução única. Essa condição indica claramente como podemos escolher os pontos-base para interpolarmos. Entretanto, numericamente, a matriz na Equação 4.9 é instável (mal condicionada) para n elevado (na prática, n > 2), o que significa que os erros de arredondamento podem ficar fora de controle durante o processo de eliminação.

Antes de abordarmos as fórmulas interpolantes – coeficientes e termo de erro de truncamento – vamos acompanhar um Exercício resolvido de interpolação usando o sistema na Equação 4.8.

Exercício resolvido 4.1

Confira os pontos-base no Quadro 4.1.

Quadro 4.1 – Pontos-base e valores da função f

Ordem	Ponto-base x_i	Valor $f(x_i)$
0	–1	1
1	0	0
2	1	1

Determine a polinomial interpolante de ordem n = 2, que ajusta esses dados.

A interpolante é:

$$P_2(x) = a_0 \cdot 1 + a_1 \cdot x + a_2 \cdot x^2$$

Escrevendo o sistema da Equação 4.8 para essa interpolante, temos:

$$\begin{cases} P_2(x_0) = a_0 \cdot 1 + a_1 \cdot x_0 + a_2 \cdot x_0^2 = f(x_0) \\ P_2(x_1) = a_0 \cdot 1 + a_1 \cdot x_1 + a_2 \cdot x_1^2 = f(x_1) \\ P_2(x_2) = a_0 \cdot 1 + a_1 \cdot x_2 + a_2 \cdot x_2^2 = f(x_2) \end{cases}$$

Substituindo os dados, escrevemos:

$$\begin{cases} a_0 \cdot 1 + a_1 \cdot (-1) + a_2 \cdot (-1)^2 = 1 \\ a_0 \cdot 1 + a_1 \cdot 0 + a_2 \cdot (0)^2 = 0 \\ a_0 \cdot 1 + a_1 \cdot 1 + a_2 \cdot (1)^2 = 1 \end{cases}$$

Matricialmente, o sistema fica:

$$\begin{bmatrix} 1 & -1 & 1 \\ 1 & 0 & 0 \\ 1 & 1 & 1 \end{bmatrix} \begin{Bmatrix} a_0 \\ a_1 \\ a_2 \end{Bmatrix} = \begin{Bmatrix} 1 \\ 0 \\ 1 \end{Bmatrix}$$

Resolvendo esse sistema, obtemos:

$a_0 = 0; a_1 = 0; a_2 = 1$

Logo, a polinomial interpolante é:

$$P_2(x) = a_0 \cdot 1 + a_1 \cdot x + a_2 \cdot x^2 = 0 \cdot 1 + 0 \cdot x + 1 \cdot x^2 = x^2$$

Necessitamos de outras maneiras para determinar os coeficientes e o termo de erro de truncamento da polinomial interpolante. Os coeficientes e o termo de erro constituem uma fórmula de polinomial interpolante. Há dois conjuntos de fórmulas: (1) as que usam pontos-base distintos arbitrariamente espaçados; (2) as que usam pontos-base distintos igualmente espaçados. Na Figura 4.1, é possível observar as ferramentas que cada um desses conjuntos usa.

Figura 4.1 – Tipos de fórmulas interpolantes

$$\text{Fórmulas interpolantes} \begin{cases} \text{Pontos arbitrários} \begin{cases} \text{Diferença dividida finita} \\ \text{Polinômios de Lagrange} \end{cases} \\ \text{Pontos igualmente espaçados} \begin{cases} \text{Diferença finita} \\ \text{progressiva} \\ \text{retroativa} \\ \text{central} \end{cases} \end{cases}$$

4.1.1 Interpolação polinomial usando diferenças divididas finitas

Suponhamos que a função f seja uma reta (polinomial de ordem n = 1) que passa pelos pontos $(x_0, f(x_0))$ e $(x_1, f(x_1))$. Da geometria analítica, sabemos que a equação da reta que passa por dois pontos é:

■ Equação 4.10

$$r_1(x) = f(x_0) + (x - x_0)\frac{f(x_1) - f(x_0)}{(x_1 - x_0)}$$

Essa polinomial de primeira ordem satisfaz o critério de ajuste aos pontos-base, pois para:

$$x = x_0 \to r_1(x_0) = f(x_0)$$

e

$$x = x_1 \to r_1(x_1) = f(x_0) + (x_1 - x_0)\frac{f(x_1) - f(x_0)}{(x_1 - x_0)} = f(x_0) + f(x_1) - f(x_0) = f(x_1)$$

Portanto, a reta r_1 é uma polinomial interpolante de ordem n = 1, ou seja:

$$f(x) = r_1(x) = P_1(x) = f(x_0) + (x - x_0)\frac{f(x_1) - f(x_0)}{(x_1 - x_0)}$$

O coeficiente $\dfrac{f(x_1) - f(x_0)}{(x_1 - x_0)}$ é definido como a diferença dividida finita de primeira ordem da função f em relação aos argumentos x_1 e x_0. Denotamos isso por $f[x_1, x_0]$, ou seja:

■ Equação 4.11

$$f[x_1, x_0] = \frac{f(x_1) - f(x_0)}{(x_1 - x_0)}$$

Logo, a polinomial interpolante de primeira ordem, n = 1, fica:

■ Equação 4.12

$$P_1(x) = f(x_0) + (x - x_0)f[x_1, x_0]$$

Definição 4.1

A diferença dividida finita (DDF) de primeira ordem de uma função f em relação aos argumentos $x, x_0, x \neq x_0$ é definida por:

■ Equação 4.13

$$f[x, x_0] = \frac{f(x) - f(x_0)}{(x - x_0)}$$

Com esse mesmo raciocínio e procedimento, dispondo de (n + 1) pontos-base, podemos definir DDF de todas as ordens, até a de ordem n. Isso é feito por recursividade e indução matemática. No Quadro 4.2, definimos as DDF de ordens mais usadas[2].

---

2 Ver Carnahan; Luther; Milkes (1969).

Quadro 4.2 – DDF

Ordem	DDF	Valor
0	$f[x_0]$	$f(x_0)$
1	$f[x_1, x_0]$	$\dfrac{f(x_1) - f(x_0)}{x_1 - x_0}$
2	$f[x_2, x_1, x_0]$	$\dfrac{f[x_2, x_1] - f[x_1, x_0]}{x_2 - x_0}$
3	$f[x_3, x_2, x_1, x_0]$	$\dfrac{f[x_3, x_2, x_1] - f[x_2, x_1, x_0]}{x_3 - x_0}$

As DDF apresentam muitas propriedades[3], porém a irrelevância da ordem dos argumentos é particularmente interessante nas interpolações. Com efeito:

■ Equação 4.14

$$f[x_1, x_0] = f[x_0, x_1]$$
$$f[x_2, x_1, x_0] = f[x_2, x_0, x_1] = f[x_0, x_2, x_1] = f[x_0, x_1, x_2] = f[x_1, x_2, x_0]$$
$$= f[x_1, x_0, x_2]$$

e assim por diante.

Como vimos, quando a função f é uma reta que passa por dois pontos-base, a polinomial interpolante de primeira ordem coincide com ela. Suponhamos que f não seja uma reta, nesse caso, é razoável escrever[4]:

■ Equação 4.15

$$f(x) = P_1(x) + R_1(x)$$

Desse modo, a função f é a soma da polinomial interpolante conhecida com um termo de erro desconhecido. Da Equação 4.15, temos o Gráfico 4.1.

---

3 Ver Sperandio; Mendes; Silva (2014).
4 Ver Figura 4.1.

Gráfico 4.1 – Interpolação linear de uma função f não linear

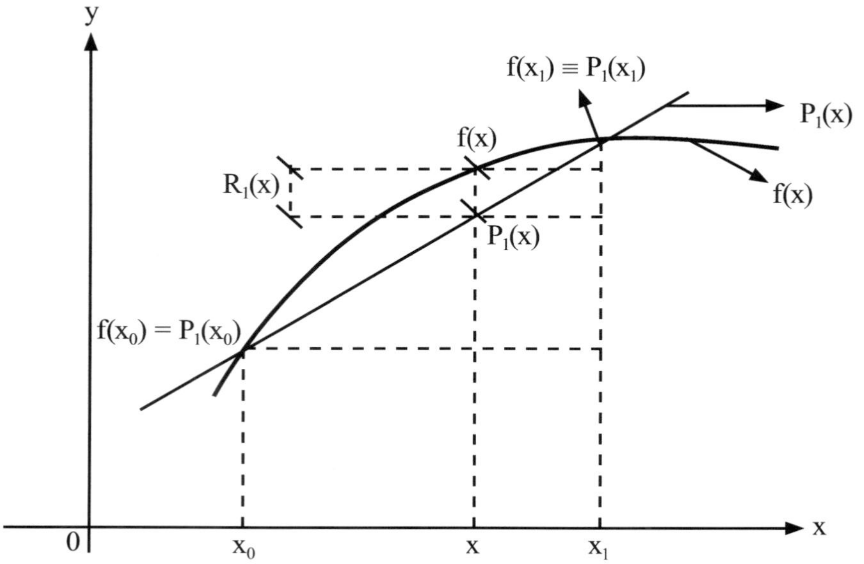

Da Equação 4.15, também temos:

$$R_1(x) = f(x) - P_1(x)$$

$$R_1(x) = f(x) - f(x_0) - (x - x_0)\frac{f(x_1) - f(x_0)}{(x_1 - x_0)}$$

Atuando na última expressão, obtemos sucessivamente:

$$R_1(x) = (x - x_0)\frac{f(x) - f(x_0)}{x - x_0} - (x - x_0)\frac{f(x_1) - f(x_0)}{(x_1 - x_0)}$$

$$R_1(x) = (x - x_0)f[x, x_0] - (x - x_0)f[x_1, x_0]$$

$$= (x - x_0)\{f[x, x_0] - f[x_1, x_0]\}$$

$$= (x - x_0)(x - x_1)\left\{\frac{f[x, x_0] - f[x_0, x_1]}{(x - x_1)}\right\}$$

$$= (x - x_0)(x - x_1)f[x, x_0, x_1]$$

Então:

■ Equação 4.16

$$R_1(x) = (x - x_0)(x - x_1)f[x, x_0, x_1]$$

A Equação 4.16 é o termo do erro de truncamento referente à polinomial interpolante $P_1(x)$ na Equação 4.12. Vale destacar que, em geral, não é possível calcular esse erro.

Seja $(x_2, f(x_2))$ mais um ponto-base distinto dos anteriores, podemos estimar o erro $R_1(x)$, ou seja:

Equação 4.17

$$R_1(x) \approx (x - x_0)(x - x_1) f[x_2, x_0, x_1]$$

Caso $f[x, x_0, x_1]$ seja constante no intervalo que contém os pontos-base: x_0, x_1, x_2, e x, temos que:

$$f[x, x_0, x_1] = f[x_2, x_0, x_1]$$

Isso resulta em:

Equação 4.18

$$R_1(x) = (x - x_0)(x - x_1) f[x_2, x_0, x_1]$$

Substituindo a Equação 4.18 nas Equações 4.16 e 4.15, obtemos:

Equação 4.19

$$f(x) = f(x_0) + (x - x_0) f[x_1, x_0] + (x - x_0)(x - x_1) f[x_2, x_0, x_1]$$

Note que a função na Equação 4.19 é uma polinomial de segunda ordem:

Equação 4.20

$$P_2(x) = f(x_0) + (x - x_0) f[x_1, x_0] + (x - x_0)(x - x_1) f[x_2, x_0, x_1]$$

Dessa expressão, segue que:

$$P_2(x_0) = f(x_0)$$
$$P_2(x_1) = f(x_0) + (x_1 - x_0) f[x_1, x_0] = f(x_1)$$
$$P_2(x_2) = f(x_0) + (x_2 - x_0) f[x_1, x_0] + (x_2 - x_0)(x_2 - x_1) f[x_2, x_0, x_1]$$
$$= f(x_0) + (x_2 - x_0) f[x_1, x_0] + (x_2 - x_0) (f[x_2, x_0] - f[x_1, x_0])$$
$$= f(x_0) + (x_2 - x_0) (f[x_1, x_0] + f[x_2, x_0] - f[x_1, x_0])$$
$$= f(x_0) + (x_2 - x_0) f[x_2, x_0]$$
$$= f(x_2)$$

Assim, $P_2(x)$ na Equação 4.20 é a polinomial interpolante de segunda ordem que ajusta os pontos-base x_0, x_1, x_2.

Caso a função f não seja uma polinomial de ordem dois ou menor, há erro, cujo termo, usando o procedimento anterior, fica:

■ Equação 4.21

$$R_2(x) = (x - x_0)(x - x_1)(x - x_2) f[x, x_2, x_1, x_0]$$

Se houver mais um ponto-base $(x_3, f(x_3))$, podemos estimar $R_2(x)$ e, em seguida, supor a constante a DDF de terceira ordem presente na Equação 4.21 e determinar a polinomial interpolante de terceira ordem $P_3(x)$, cuja expressão é:

■ Equação 4.22

$$P_3(x) = f(x_0) + (x - x_0) f[x_1, x_0] + (x - x_0)(x - x_1) f[x_2, x_0, x_1]$$
$$+ (x - x_0)(x - x_1)(x - x_2) f[x_3, x_2, x_1, x_0]$$

O termo do erro de truncamento para $P_3(x)$ é:

■ Equação 4.23

$$R_3(x) = (x - x_0)(x - x_1)(x - x_2)(x - x_3) f[x, x_3, x_2, x_1, x_0]$$

Com o mesmo procedimento usado para obter as polinomiais interpolantes de primeira e de segunda ordens, podemos obter polinomiais interpolantes de qualquer ordem, digamos *n*, notando que sempre precisamos de (n + 1) pontos-base. Além disso, a polinomial interpolante é telescópica, uma vez que a de ordem dois contém a de ordem um; a de ordem três contém a de ordem um e dois, e assim sucessivamente. Todavia, a interpolação polinomial de ordem maior do que três não aparece com frequência no contexto prático.

Observamos que os erros de truncamento não podem ser calculados, pois, em geral, desconhecemos o valor f(x). No caso de a função ser uma polinomial de mesma ordem da interpolante, há coincidência entre *f* e P_n, ao menos no intervalo contendo os pontos-base, daí o erro é zero: $R_n(x) = 0$.

Antes de apresentar alguns Exercícios resolvidos de interpolação e estimativa de erro, precisamos encontrar uma relação entre DDF e derivada. É fácil admitir a existência dessa relação porque a DDF de primeira ordem é praticamente uma aproximação para a primeira derivada de *f* em x_0. Pode ser demonstrado[5] que tal relação é:

■ Equação 4.24

$$f[x, x_n, x_{n-1}, \ldots, x_1, x_0] = \frac{f^{(n+1)}(\theta)}{(n+1)!}, x \text{ e } \theta \in (x_0, x_n)$$

---

5   Ver Sperandio; Mendes; Silva (2014).

Exercício resolvido 4.2

Considere os seguintes pontos-base (x, f(x)):

(0, 1); (0,1, 0,995); (0,3, 0,955); (0,5, 0,878)

a. Calcule f(0,05) usando polinomial interpolante de segunda ordem.
b. Calcule f(0,2) usando polinomial interpolante de terceira ordem.
c. Sabendo que f(x) = cos(x), delimite o erro de truncamento na interpolação do item a.

Em interpolação, a primeira providência é construir um quadro de DDF compatível com as interpolações envolvidas no problema. Como há interpolação até a terceira ordem, as DDF precisam ser calculadas até a ordem três. Com efeito, calculamos os valores disponíveis no Quadro 4.3 de DDF.

Quadro 4.3 – DDF

i	x_i	$f(x_i)$	$f_1[\ ]$	$f_2[\ ]$	$f_3[\ ]$
0	0	1,000			
1	0,1	0,995	–0,050		
2	0,3	0,955	–0,200	–0,500	
3	0,5	0,878	–0,385	–0,463	0,074

Item a

Uma polinomial interpolante quadrática precisa de três pontos-base. Desse modo, escolhemos um intervalo de menor amplitude que contenha a abscissa de interpolação e os pontos-base que serão usados. Nesse item, o argumento é x = 0,05, e os pontos-base estão no intervalo: [0, 0,3], como visto no Quadro 4.3. A polinomial interpolante quadrática é:

$$P_2(x) = f(x_0) + (x - x_0)f[x_1, x_0] + (x - x_0)(x - x_1)f[x_2, x_1, x_0]$$

ou seja:

$$f(0,05) \approx P_2(0,05) = 1,000 + (0,05 - 0)(-0,05)$$
$$= 1,000 + (0,05 - 0)(-0,05)$$
$$+ (0,05 - 0)(0,05 - 0,1)(-0,500)$$
$$= 0,999$$

Item b

$$P_3(x) = f(x_0) + (x - x_0)f[x_1, x_0] + (x - x_0)(x - x_1)f[x_2, x_1, x_0]$$
$$+ (x - x_0)(x - x_1)(x - x_2)f[x_3, x_2, x_1, x_0]$$

ou seja:

$$P_3(x) = f(0) + (x-0)f[0,1,0] + (x-0)(x-0,1)(-0,500)$$
$$+ (x-0)(x-0,1)(x-0,3)f[0,5,0,3,0,1,0]$$

Logo, calculamos:

$$f(0,2) \approx P_3(x) = 1,000 + (0,2)(-0,05) + (0,2)(0,2-0,1)(-0,5)$$
$$+ (0,2)(0,2-0,1)(0,2-0,3)(0,074) = 0,980$$

Assim:

$$f(0,2) \approx P_3(x) = 0,980$$

Item c

Vamos trabalhar com o termo do erro da polinomial quadrática, bem como com a relação entre DDF e derivada de segunda ordem da função cosseno. Quanto ao erro, temos:

$$R_2(x) = (x-x_0)(x-x_1)(x-x_2)f[x,x_2,x_1,x_0]$$

ou seja:

$$R_2(x) = (x-0)(x-0,1)(x-0,3)f[x,0,3,0,1,0]$$

Mas da Equação 4.24, temos:

$$f[x,x_2,x_1,x_0] = \frac{f'''(\theta)}{3!}, \theta \in [0,0,3]$$

Então:

$$R_2(0,2) = (0,2)(0,2-0,1)(0,2-0,3)\frac{\text{sen}(\theta)}{6}, \theta \in [0,0,3]$$

Desconhecendo $\theta \in [0,0,3]$, não podemos calcular $R_2(0,05)$. Todavia, podemos estimar, ou como pede o item, majorar, o erro, isto é:

$$R_2(0,05) = (0,05)(0,05-0,1)(0,0,05-0,3)\frac{\text{sen}(\theta)}{6}, \theta \in [0,0,3]$$
$$|R_2(0,05)| \leq \frac{|0,000006|}{6}\max_{\theta \in [0,0,3]}|\text{sen}(\theta)|$$
$$= 0,000001 \cdot 0,296 = 0,000019 < 0,00005 = 0,5 \cdot 10^{-4}$$

isto é, o valor interpolado é correto até a quarta casa decimal.

Exercício resolvido 4.3

Dados os valores de certa função *f* no Quadro 4.4, faça o que se pede.

Quadro 4.4 – Pontos-base e valores da função *f*

x	0,10000	0,70000	1,00000	1,50000	1,90000
f(x)	−2,20159	0,68333	2,00000	5,28047	9,40085

Construa o quadro de DDF.

a. Calcule f(0,5) por interpolação linear e estime o erro.
b. Calcule f(0,85) por interpolação quadrática e estime o erro.
c. Calcule f(1,7) por interpolação cúbica e estime o erro.

Item a

Quadro 4.5 – Pontos-base, valores da função *f* e DDF

i	x_i	$f(x_i)$	$f_1[\ ]$	$f_2[\ ]$	$f_3[\ ]$	$f_4[\ ]$
0	0,10000	−2,20159				
			4,81320			
1	0,70000	0,68633		−0,48256		
			4,37890		2,29294	
2	1,00000	2,00000		2,72755		−0,61273
			6,56094		1,19002	
3	1,50000	5,28047		4,15557		
			10,30095			
4	1,90000	9,40085				

Item b

$x \in (0,1;\ 0,7)$

$$P_1(x) = f(x_0) + (x - x_0) f[x_1, x_0]$$

Daqui em diante, vamos interpretar x_0 como o ponto inicial de interpolação; x_1 como o ponto subsequente a x_0; e assim sucessivamente.

Nesse item, o ponto inicial coincide com x_0. Então, não há necessidade de adaptar a fórmula da polinomial interpolante. Logo:

$$P_1(x) = f(0,1) + (x - 0,1) f[0,7;\ 0,1]$$
$$= -2,20159 + (x - 0,1) \cdot 4,81320$$
$$P_1(0,5) = f(0,1) + (0,5 - 0,1) f[0,7;\ 0,1]$$
$$= -2,20159 + 0,4 \cdot 4,81320$$
$$= -0,27631$$

Em razão da função ser dada apenas por valores funcionais, o erro na interpolação só pode ser estimado. O termo do erro é:

$$R_1(x) = (x - x_0)(x - x_1)f[x, x_1, x_0]$$

Havendo mais pontos-base no quadro, usamos a abscissa do ponto subsequente ao ponto $(x_1, f(x_1))$ para obter a estimativa:

$$R_1(x) \approx (x - x_0)(x - x_1)f[x_2, x_1, x_0]$$
$$R_1(0,5) \approx (0,5 - 0,1)(0,5 - 0,7)(-0,48256) = 0,03860 < 0,5 \cdot 10^{-1}$$

Item c

$x \in (0,7; 1,5)$
$$P_2(x) = f(x_1) + (x - x_1)f[x_2, x_1] + (x - x_1)(x - x_2)f[x_3, x_2, x_1]$$
$$P_2(x) = 0,68633 + (x - 0,7) \cdot 4,37890$$
$$+ (x - 0,7)(x - 1,00000)f[1,5, 1, 0,7]$$
$$P_2(0,85) = 0,68633 + (0,85 - 0,7) \cdot 4,37890$$
$$+ (0,85 - 0,7)(0,85 - 1) \cdot 2,72755$$
$$P_2(0,85) = 0,68633 + 0,15 \cdot 4,37890 + 0,15 \cdot (-0,15) \cdot 2,72755$$
$$P_2(0,85) = 1,2818$$

Usando outro intervalo de interpolação, por exemplo $x \in (0,11)$, a polinomial interpolante fica:

$$P_2(x) = f(x_0) + (x - x_0)f[x_1, x_0] + (x - x_0)(x - x_1)f[x_2, x_1, x_0]$$
$$P_2(x) = -2,20159 + (x - 0,1)f[0,7, 0,1]$$
$$+ (x - 0,1)(x - 0,7)f[1, 0,7, 0,1]$$
$$P_2(0,85) = -2,20159 + (0,85 - 0,1) \cdot 4,81320$$
$$+ (0,85 - 0,1)(0,85 - 0,7) \cdot (-0,48256)$$
$$P_2(0,85) = 1,35402$$

O termo do erro para o primeiro intervalo $x \in (0,7; 1,5)$ é:

$$R_2(x) = (x - x_1)(x - x_2)(x - x_3)f[x, x_3, x_2, x_1]$$
$$R_2(x) = (x - 0,7)(x - 1)(x - 1,5)f[x, 1,5, 1, 0,7]$$

Estimando o erro com o ponto-base subsequente, isto é, $(1,9, 9,40085)$, obtemos:

$$R_2(x) \approx (x - 0,7)(x - 1)(x - 1,5)f[1,9, 1,5, 1, 0,7]$$
$$R_2(0,85) \approx 0,0174 < 0,5 \cdot 10^{-1}$$

Item d

$x \in (0{,}7 , 1{,}9)$

$P_3(x) = f(x_1) + (x - x_1)f[x_2, x_1] + (x - x_1)(x - x_2)f[x_3, x_2, x_1]$
$+ (x - x_1)(x - x_2)(x - x_3)f[x_4, x_3, x_2, x_1]$

$P_3(x) = 0{,}68633 + (x - 0{,}7) \cdot 4{,}3789 + (x - 0{,}7)(x - 1) \cdot 2{,}72755$
$+ (x - 0{,}7)(x - 1)(x - 1{,}5)f[1{,}9 , 1{,}5 , 1 , 0{,}7]$

$P_3(x) = 0{,}68633 + (1{,}7 - 0{,}7) \cdot 4{,}3789 + (1{,}7 - 0{,}7)(1{,}7 - 1) \cdot 2{,}72755$
$+ (1{,}7 - 0{,}7)(1{,}7 - 1)(1{,}7 - 1{,}5) \cdot 1{,}19002$

$P_3(1{,}7) = 0{,}68633 + 1 \cdot 4{,}37890 + 1 \cdot 0{,}7 \cdot 2{,}72755 + 1 \cdot 0{,}7 \cdot 0{,}2 \cdot 1{,}19002$

$P_3(1{,}7) = 9{,}2135$

Por sua vez, o termo do erro é:

$R_3(x) = (x - x_1)(x - x_2)(x - x_3)(x - x_4)f[x, x_4, x_3, x_2, x_1]$
$R_3(x) = (x - 0{,}7)(x - 1)(x - 1{,}5(x - 1{,}9))f[x, x_4, x_3, x_2, x_1]$
$R_3(x) \approx (x - 0{,}7)(x - 1)(x - 1{,}5(x - 1{,}9))f[x_0, x_4, x_3, x_2, x_1]$
$R_3(1{,}7) \approx (1{,}7 - 0{,}7)(1{,}7 - 1)(1{,}7 - 1{,}5)(1{,}7 - 1{,}9)(-0{,}61273)$
$R_3(1{,}7) \approx 1 \cdot 0{,}7 \cdot 0{,}2 \cdot (-0{,}2)(-0{,}61273) = 0{,}0172 < 0{,}5 \cdot 10^{-1}$

4.1.2 Interpolação polinomial de Lagrange

O contexto ainda é de interpolação polinomial de pontos-base distintos com abscissas arbitrariamente espaçadas. Entretanto, como base para os polinômios interpolantes, usamos os polinômios de Lagrange: $\{L_i^n\}_{i=0}^{n}$, assim definidos:

■ Equação 4.25

$$L_i^n(x) = \frac{(x - x_0)(x - x_1)\ldots(x - x_{i-1})(x - x_{i+1})\ldots(x - x_n)}{(x_i - x_0)(x_i - x_1)\ldots(x_i - x_{i-1})(x_i - x_{i+1})\ldots(x_i - x_n)}, \quad 0 \leq i \leq n$$

Os polinômios interpolantes, novamente, são combinações lineares das funções-base, ou seja:

■ Equação 4.26

$$P_n(x) = \sum_{i=0}^{n} L_i^n(x) f(x_i)$$

Na Equação 4.26, $P_n(x)$ é uma polinomial de ordem *n* de Lagrange. Além disso, ela é interpolante, pois podemos constatar que:

■ Equação 4.27

$$L_i^n(x_k) = \delta_{ki}, 0 \le i, k \le n$$

O termo δ_{ki} é denominado *delta de Kronecker*, sendo definido da seguinte forma:

■ Equação 4.28

$$\delta_{ik} = \begin{cases} 1 \text{ se } k = i \\ 0 \text{ se } k \ne i \end{cases}$$

Então, das Equações 4.26, 4.27 e 4.28, é imediato que:

■ Equação 4.29

$$P_n(x_i) = f(x_i), 0 \le i \le n$$

Exercício resolvido 4.4

Com os dados do Exercício resolvido 4.3, resolva o item c usando polinomiais de Lagrange de segunda ordem no intervalo [0,1, 1].

A polinomial interpolante de Lagrange de ordem dois é:

$$P_2(x) = L_0^2(x)f(x_0) + L_1^2(x)f(x_1) + L_2^2(x)f(x_2)$$

Nela, temos:

$$L_0^2(x) = \frac{(x - x_1)(x - x_2)}{(x_0 - x_1)(x_0 - x_2)}$$

$$L_1^2(x) = \frac{(x - x_0)(x - x_2)}{(x_1 - x_0)(x_1 - x_2)}$$

$$L_2^2(x) = \frac{(x - x_0)(x - x_1)}{(x_2 - x_0)(x_2 - x_1)}$$

Substituindo esses polinômios de Lagrange, a abscissa de interpolação x = 0,85 e os valores funcionais dos pontos-base na polinomial interpolante, temos:

$$P_2(0,85) = L_0^2(0,85)f(0,1) + L_1^2(0,85)f(0,7) + L_2^2(0,85)f(1)$$

Calculando, obtemos:

$$L_0^2(0,85) = \frac{(0,85 - 0,7)(0,85 - 1)}{(0,1 - 0,7)(0,1 - 1)} = \frac{-0,0225}{0,54} = -0,04167$$

$$L_1^2(0,85) = \frac{(0,85-0,1)(0,85-1)}{(0,7-0,1)(0,7-1)} = 0,625$$

$$L_2^2(0,85) = \frac{(0,85-0,1)(0,85-0,7)}{(1-0,1)(1-0,7)} = 0,41667$$

Logo:

$$P_2(0,85) = -0,04167 \cdot (-2,20159) + 0,625 \cdot 0,68633 + 0,41667 \cdot 2,00000$$
$$P_2(0,85) = 1,35403$$

Observando o resultado desse exercício, podemos constatar que ele é igual ao obtido pela polinomial interpolante quadrática de DDF. Isso não surpreende, pois usamos os mesmos pontos-base e sabemos que, por (n + 1) pontos-base distintos, passa uma única polinomial interpolante de ordem *n*.

Além disso, os termos de erro de truncamento dos polinômios interpolantes de Lagrange também são iguais aos de DDF, trocando DDF por derivada, isto é:

■ Equação 4.30

$$R_n(x) = (x-x_0)(x-x_1)\ldots(x-x_{n-1})(x-x_n)\frac{f^{(n+1)}(\theta)}{(n+1)!}, \theta \in (x_0, x_n)$$

4.2 Interpolação polinomial com pontos-base distintos igualmente espaçados

As polinomiais que usam pontos-base igualmente espaçados também são interpolantes, ou seja, nos pontos-base, a polinomial tem valor igual ao da função. Assim, as interpolantes podem se apresentar de muitas formas, mas em termos de polinômio, para um mesmo conjunto de pontos-base distintos, todas são idênticas. A existência de polinômios, com diferentes formas é mais no sentido de tirar proveito da regularidade de espaçamento dos pontos-base e facilitar a interpolação e suas aplicações.

Os pontos-base desse item são definidos da seguinte forma:

■ Equação 4.31

$$x_0, x_i = x_0 + i \cdot h, 0 \le i \le n$$

Para efeito de obter as fórmulas de interpolação, vamos definir três operadores lineares finitos: (1) $\Delta(.)$, **operador de diferença finita progressiva** (às vezes, denominada *diferença finita para frente*); (2) $\nabla(.)$, **operador de diferença finita retroatva** (às vezes, denominada *diferença finita para trás*); (3) $\delta(.)$, **operador de diferença finita central**.

Esses três operadores servem à interpolação, mas a importância deles está relacionada mais proximamente à aproximação de derivadas e a equações diferenciais ordinárias e parciais.

4.2.1 Operador de diferença finita progressiva – $\Delta(.)$

Inicialmente, definimos esse operador assim:

■ Equação 4.32

$$\Delta f(x) = f(x+h) - f(x)$$

Nessa expressão, temos uma função calculada em duas abscissas: x e $x + h$, em que h é um espaçamento. Desse modo, dizemos que $\Delta(.)$ é operador de diferença finita progressiva, de primeira ordem, aplicado à função f, em um argumento x, referente a um passo $h > 0$.

Primeiramente, vamos verificar sua linearidade usando a Equação 4.32:

■ Equação 4.33

$$\begin{aligned}\Delta(f+g)(x) &= (f+g)(x+h) - (f+g)(x) \\ &= f(x+h) + g(x+h) - f(x) - g(x) \\ &= f(x+h) - f(x) + g(x+h) - g(x) \\ &= \Delta f(x) + \Delta g(x)\end{aligned}$$

Também, sendo α um escalar:

■ Equação 4.34

$$\begin{aligned}\Delta(\alpha f)(x) &= (\alpha f)(x+h) - (\alpha f)(x) \\ &= \alpha f(x+h) - \alpha f(x) \\ &= \alpha(f(x+h) - f(x)) \\ &= \alpha \Delta f(x)\end{aligned}$$

As verificações expressas nas Equações 4.33 e 4.34 comprovam a linearidade do operador $\Delta(.)$.

As diferenças finitas progressivas de ordens superiores são calculadas com base nas diferenças de ordens inferiores, como as derivadas.

Com efeito, a diferença finita progressiva de segunda ordem aplicada em uma função f e em um argumento x com um passo h é calculada do seguinte modo:

■ Equação 4.35

$$\begin{aligned}\Delta^2 f(x) &= \Delta(\Delta f(x)) = \Delta(f(x+h) - f(x)) = \Delta f(x+h) - \Delta f(x) \\ &= f(x+2h) - 2f(x+h) + f(x)\end{aligned}$$

■ Equação 4.36

$$\Delta^3 f(x) = \Delta(\Delta^2 f(x)):$$
$$\Delta^n f(x) = \Delta(\Delta^{(n-1)} f(x))$$

Relação entre diferença finita progressiva e diferença dividida finita

Obtemos as relações que precisamos diretamente das definições das duas diferenças, ou seja:

$$f[x_1, x_0] = \frac{f(x_1) - f(x_0)}{x_1 - x_0} = \frac{f(x_0 + h) - f(x_0)}{h} = \frac{\Delta f(x_0)}{h}$$

$$f[x_2, x_1, x_0] = \frac{f[x_2, x_1] - f[x_1, x_0]}{x_2 - x_0} = \frac{\Delta f(x_1) - Hf(x_0)}{2h \cdot h} = \frac{\Delta^2 f(x_0)}{2h^2}$$

Por indução matemática, obtemos:

■ Equação 4.37

$$f[x_n, x_{n-1}, \ldots x_1, x_0] = \frac{\Delta^n f(x_0)}{n! h^n}$$

4.2.2 Operador de diferença finita retroativa – $\nabla(.)$

Definimos operador de diferença finita retroativa, de primeira ordem, aplicado a uma função f, referente ao argumento x, e um passo $h > 0$, por:

■ Equação 4.38

$$\nabla f(x) = f(x) - f(x - h)$$

Tal como o operador Δ, o ∇ é linear, ou seja:

■ Equação 4.39

$$\nabla(f + g)(x) = \nabla f(x) + \nabla g(x)$$

e

$$\nabla(\alpha f)(x) = \alpha \nabla f(x)$$

De modo análogo aos operadores Δ, as ordens superiores dos ∇ são assim calculadas:

■ Equação 4.40

$$\nabla^{(n)}f(x) = \nabla\left(\nabla^{(n-1)}f(x)\right)$$

Além disso, a relação entre DDF e ∇ também é semelhante à relação na Equação 4.37, isto é:

■ Equação 4.41

$$f\left[x_n, x_{n-1}, \ldots x_1, x_0\right] = \frac{\nabla^n f(x_n)}{n! \cdot h^n}$$

4.2.3 Operador de diferença central – $\delta(.)$

Definimos o operador de diferença finita central, de primeira ordem, aplicado a uma função f, referente ao argumento x, e um passo h > 0, por:

■ Equação 4.42

$$\delta f(x) = f\left(x + \frac{h}{2}\right) - f\left(x - \frac{h}{2}\right)$$

Novamente, podemos demostrar que o operador de diferença finita central é linear, ou seja:

■ Equação 4.43

$$\delta(f + g)(x) = \delta f(x) + \delta g(x)$$

e

$$\delta(\alpha f)(x) = \alpha \delta(f(x))$$

As diferenças de ordens superiores, como antes, são definidas recursivamente do seguinte modo:

■ Equação 4.44

$$\delta^k f(x) = \delta\left(\delta^{(k-1)}f(x)\right), 1 \leq k \leq n$$

Da definição na Equação 4.42, constatamos que a diferença finita central de ordem um não pode ser calculada por meio de pontos-base, como os definidos na Equação 4.31, em razão de precisar de valores funcionais no meio das abscissas pontos-base. Veja, por exemplo, em:

$$\delta f(x_2) = f\left(x_2 + \frac{h}{2}\right) - f\left(x_2 - \frac{h}{2}\right)$$

não dispomos desses valores funcionais.

Entretanto, a diferença finita central de segunda ordem não tem problema para ser calculada, note:

$$\delta^2 f(x_2) = \delta(\delta f(x_2)) = \delta\left[f\left(x_2 + \frac{h}{2}\right) - f\left(x_2 - \frac{h}{2}\right)\right]$$

$$= \delta f\left(x_2 + \frac{h}{2}\right) - \delta f\left(x_2 - \frac{h}{2}\right)$$

$$= f\left(x_2 + \frac{h}{2} + \frac{h}{2}\right) - f\left(x_2 + \frac{h}{2} - \frac{h}{2}\right) - f\left(x_2 - \frac{h}{2} + \frac{h}{2}\right) + f\left(x_2 - \frac{h}{2} - \frac{h}{2}\right)$$

$$= f(x_2 + h) - 2f(x_2) + f(x_2 - h)$$

ou seja:

$$\delta^2 f(x_2) = f(x_3) - 2f(x_2) + f(x_1)$$

É fácil verificar que, em um quadro de pontos-base, só podemos calcular as diferenças finitas centrais de ordens pares. O modo de contornar essa dificuldade é calcular as diferenças finitas centrais de ordens ímpares no centro, entre pontos-base. Acompanhe o Exercício resolvido a seguir.

Exercício resolvido 4.5

Observe o Quadro 4.6, que apresenta os pontos-base de uma função f, e construa o quadro de diferenças finitas.

Quadro 4.6 – Função definida por dados funcionais

x	0,10000	0,70000	1,00000	1,50000	1,90000
f(x)	–2,20159	0,68333	2,00000	5,28047	9,40085

Quadro 4.7 – Pontos-base, valores da função f e diferenças finitas

i	x_i	$f(x_i)$	Δ, ∇, δ	$\Delta^2, \nabla^2, \delta^2$	$\Delta^3, \nabla^3, \delta^3$	$\Delta^4, \nabla^4, \delta^4$
0	0,10000	–2,20159				
			2,88792			
1	0,70000	0,68633		–1,57425		
			1,31367		3,54105	
2	1,00000	2,00000		1,96680		–4,66870
			3,28047		–1,12765	
3	1,50000	5,28047		0,83915		
			4,11962			
4	1,90000	9,40085				

No Quadro 4.7, estão todas as diferenças finitas, lembrando que as diferenças finitas centrais de ordens ímpares são calculadas no meio dos pontos-base. Por exemplo:

$$\Delta f(x_0) = \nabla f(x_1) = \delta f\left(x_0 + \frac{h}{2}\right) = \delta f\left(x_1 - \frac{h}{2}\right) = 2,88792$$

$$\Delta^2 f(x_2) = \nabla^2 f(x_2) = \delta^2 f(x_2) = -1,57425$$

$$\Delta^3 f(x_1) = \nabla^3 f(x_4) = \delta^3 f\left(x_3 + \frac{h}{2}\right) = \delta f\left(x_3 - \frac{h}{2}\right) = -1,12765$$

4.3 Polinomial interpolante de diferenças finitas

O ponto de partida para obter as polinomiais interpolantes dos três tipos de diferenças finitas é a polinomial interpolante de DDF. Adaptamos as polinomiais de DDF que usam pontos-base com abcissas distintas arbitrárias para pontos-base com abscissas igualmente espaçadas, definindo: $x_0, x_i = x_0 + i \cdot h, 1 \leq i \leq n$.

As expressões das polinomiais interpolantes de ordem um, dois e três de DDF foram deduzidas antes.

Das Equações 4.12 e 4.18, temos a fórmula de primeira ordem:

■ Equação 4.45

$$P_1(x) = f(x_0) + (x - x_0)f[x_1, x_0]$$
$$R_1(x) = (x - x_0)(x - x_1)f[x_2, x_0, x_1]$$
$$= (x - x_0)(x - x_1)\frac{f''(\theta)}{2h^2}, \theta \in (x_0, x_2)$$

A fórmula de segunda ordem vem das Equações 4.20 e 4.21:

■ Equação 4.46

$$P_2(x) = f(x_0) + (x - x_0)f[x_1, x_0] + (x - x_0)(x - x_1)f[x_2, x_0, x_1]$$
$$R_2(x) = (x - x_0)(x - x_1)(x - x_2)f[x, x_2, x_1, x_0]$$

Por sua vez, a de terceira ordem vem das Equações 4.22 e 4.23. Isso pode ser generalizado para ordem *n*, mas, na prática, a ordem três já é elevada.

■ Equação 4.47

$$P_3(x) = f(x_0) + (x - x_0)f[x_1, x_0] + (x - x_0)(x - x_1)f[x_2, x_0, x_1]$$
$$+ (x - x_0)(x - x_1)(x - x_2)f[x_3, x_2, x_1, x_0]$$
$$R_3(x) = (x - x_0)(x - x_1)(x - x_2)(x - x_3)f[x, x_3, x_2, x_1, x_0]$$

4.3.1 Polinomial de diferença finita progressiva

A adaptação consiste em mudar DDF para Δ's e regularizar as abcissas dos pontos-base. A mudança das diferenças vem da relação entre elas. Obtemos a regularização das abscissas trocando a variável x por uma variável α, assim definida:

■ Equação 4.48

$$x - x_0 = \alpha h$$

em que a abscissa x_0 deve ser interpretada como a abscissa inicial da interpolação em curso, e não somente como primeira abscissa do quadro.

Dessa mudança de variável, segue:

■ Equação 4.49

$$x - x_1 = x - (x_0 + h) = \alpha h - h = h(\alpha - 1)$$
$$x - x_2 = x - (x_0 + 2h) = \alpha h - 2h = h(\alpha - 2)$$
$$\vdots$$
$$x - x_n = x - (x_0 + nh) = \alpha h - nh = h(\alpha - n)$$

Então, escrevemos:

■ Equação 4.50

$$P_1(x) = f(x_0) + \alpha h \frac{\Delta f(x_0)}{h} = f(x_0) + \alpha \Delta f(x_0)$$

O termo do erro é:

■ Equação 4.51

$$R_1(x) = (x - x_0)(x - x_1) f[x, x_0, x_1] = h^2 \alpha(\alpha - 1) \frac{f''(\theta)}{2!}, \theta \in (x_0, x_1)$$

Procedendo de modo análogo, obtemos os polinômios interpolantes de segunda e terceira ordens, bem como os respectivos termos de erro, conforme segue:

■ Equação 4.52

$$P_2(x_0 + \alpha h) = f(x_0) + \alpha \Delta f(x_0) + \alpha(\alpha - 1) \frac{\Delta^2 f(x_0)}{2!}$$

e

$$R_2(x_0 + \alpha h) = h^3 \alpha(\alpha - 1)(\alpha - 2) \frac{f'''(\theta)}{3!}, \theta \in (x_0, x_2)$$

Lembre-se de que a abscissa x_0 deve ser interpretada como a abscissa inicial dessa interpolação. As outras abscissas são as subsequentes, necessárias à interpolação.

Por sua vez, a polinomial interpolante de terceira ordem de diferença finita progressiva é:

■ Equação 4.53

$$P_3(x_0 + \alpha h) = f(x_0) + \alpha H f(x_0) + \alpha(\alpha - 1)\frac{\Delta^2 f(x_0)}{2!}$$
$$+\alpha \Delta f(x_0) + \alpha(\alpha - 1)(\alpha - 2)\frac{\Delta^3 f(x_0)}{3!}$$

e

$$R_3(x_0 + \alpha h) = h^4 \alpha(\alpha - 1)(\alpha - 2)(\alpha - 3)\frac{f^{IV}(\theta)}{4!}, \theta \in (x_0, x_3)$$

■ Exercício resolvido 4.6

Em uma rodovia federal, mediu-se a posição de um ônibus que partiu do marco zero da rodovia, obtendo-se as marcações disponíveis no Quadro 4.8.

Quadro 4.8 – Pontos-base, valores da função f e diferenças finitas

t (min)	60	80	100	120	140	160	180
d (km)	76	95	112	138	151	170	192

Calcule o posicionamento do ônibus para os tempos de:

a. 95 min.
b. 130 min.
c. 170 min.

Use polinomial interpolante de diferença finita progressiva quadrática.

Inicialmente, construímos o quadro de diferenças finitas:

Quadro 4.9 – Diferenças finitas progressivas Δ

Ordem (i)	t_i (min)	d_i (km)	Δ	Δ^2	Δ^3
0	60	76			
			20		
1	80	96		−4	
			16		14
2	100	112		10	
			26		−23
3	120	138		−13	
			13		19
4	140	151		6	
			19		−3
5	160	170		3	
			22		
6	180	192			

Item a

$95 \in (80, 120)$

Escolhemos como abscissa inicial de interpolação $t_1 = 80$ min. O passo das abscissas é $h = 20$ min. Então, a troca de variável independente fica: $t - t_1 = 20 \cdot \alpha$.

$$P_2(t_1 + \alpha h) = d(t_1) + \alpha \Delta d(t_1) + \alpha(\alpha - 1)\frac{\Delta^2 d(t_1)}{2}$$

Mas, para $t = 95 \rightarrow \alpha = \dfrac{95 - 80}{20} = 0,75$.

$P_2(95) = 96 + 0,75 \cdot 16 + 0,75 \cdot (0,75 - 1) \cdot (4,5) = 107,16$

Portanto:

$$d(95) \approx d_2(95) = 107,16 \text{ km}$$

Item b

$130 \in (120, 160)$

Escolhemos como abscissa inicial de interpolação $t_3 = 120$ min. Com isso, temos que $\alpha = \dfrac{130 - 120}{20} = 0,5$. Então, a polinomial interpolante quadrática é:

$$P_2(t_3 + \alpha h) = d(t_3) + \alpha \Delta d(t_3) + \alpha(\alpha - 1)\frac{\Delta^2 d(t_3)}{2!}$$

$P_2(130) = 138 + 0,5 \cdot 13 + 0,5 \cdot (-0,5) \cdot (3) = 143,75$

Portanto:

$$d(130) \approx P_2(130) = 143,75 \text{ km}$$

Item c

$$170 \in (140, 180)$$

Escolhemos como abscissa inicial de interpolação $t_4 = 140$ min. Com isso, temos que $\alpha = \dfrac{170 - 140}{20} = 1,5$. Então, a polinomial interpolante quadrática é:

$$P_2(t_4 + \alpha h) = d(t_4) + \alpha \Delta d(t_4) + \alpha(\alpha - 1)\dfrac{\Delta^2 d(t_4)}{2!}$$

$$P_2(170) = 151 + 1,5 \cdot 19 + 1,5 \cdot (0,5) \cdot 1,5 = 180,63$$

Portanto:

$$d(170) \approx P_2(170) = 180,63 \text{ km}$$

4.3.2 Polinomial de diferença finita retroativa

Para obter essas polinomiais, vamos fazer o mesmo tipo de adaptação. Porém, como a diferença finita é retroativa, a interpolação começa em uma abscissa, e as outras que entram na polinomial são as precedentes. Então, vamos iniciar em x_n, depois vem x_{n-1}, x_{n-2}, x_{n-3}, e assim por diante. Com isso, temos:

Equação 4.54

$$x - x_n = \alpha h$$
$$x - x_{n-1} = \left(x - (x_n - h)\right) = \alpha h + h = h(\alpha + 1)$$
$$x - x_{n-2} = \left(x - (x_{n-1} - h)\right) = \alpha h + h + h = h(\alpha + 2)$$
$$\vdots$$
$$x - x_0 = \left(x - (x_{n-(n-1)} - h)\right) = h(\alpha + (n-1) + 1) = h(\alpha + n)$$

Usando a relação na Equação 4.41, fazendo a troca de variável independente na Equação 4.56 e partindo da polinomial de DDF, que usa as mesmas abscissas, obtemos sucessivamente as seguintes fórmulas:

■ Equação 4.55

$$P_1(x) = f(x_n) + (x - x_n)f[x_n, x_{n-1}]$$

$$P_1(x_n + \alpha h) = f(x_n) + \alpha \nabla f(x_n)$$

e

$$R_1(x_n + \alpha h) = h^2 \alpha(\alpha + 1)\frac{f''(\theta)}{2!}, \theta \in (x_n, x_{n-1})$$

Repetindo o mesmo procedimento anterior, obtemos as polinomiais interpolantes de segunda e terceira ordens e seus respectivos termos de erro:

■ Equação 4.56

$$P_2(x_n + \alpha h) = f(x_n) + \alpha \nabla f(x_n) + \alpha(\alpha + 1)\frac{\nabla^2 f(x_n)}{2!}$$

e

$$R_2(x_n + \alpha h) = h^3 \alpha(\alpha + 1)(\alpha + 2)\frac{f'''(\theta)}{3!}, \theta \in (x_n, x_{n-2})$$

■ Equação 4.57

$$P_3(x_n + \alpha h) = f(x_n) + \alpha \nabla f(x_n) + \alpha(\alpha + 1)\frac{\nabla^2 f(x_n)}{2!} + \alpha(\alpha + 1)(\alpha + 2)\frac{\nabla^3 f(x_n)}{3!}$$

e

$$R_3(x_n + \alpha h) = h^4 \alpha(\alpha + 1)(\alpha + 2)(\alpha + 3)\frac{f^{IV}(\theta)}{4!}, \theta \in (x_n, x_{n-3})$$

■ Exercício resolvido 4.7

Com os dados do Exercício resolvido 4.6 e usando o mesmo quadro de diferenças finitas, calcule:

  a. d(170), usando interpolação linear.
  b. d(90), usando interpolação quadrática.
  c. d(110), usando interpolação cúbica.

Item a

$$x \in (180 \quad 160)$$

$$\alpha = \frac{x - x_n}{h} = \frac{170 - 180}{20} = -0,5$$

$$P_1(x_6 + \alpha h) = f(x_6) + \alpha \nabla f(x_6)$$

$$P_1(170) = 192 + (-0,5) \cdot 22$$

$$P_1(170) = 181$$

Portanto:

$$d(170) \approx P_1(170) = 181\,km$$

Item b

$$x \in (100, 60)$$

$$\alpha = \frac{x - x_2}{h} = \frac{90 - 100}{20} = -0{,}5$$

$$P_2(x_2 + \alpha h) = f(x_2) + \alpha \nabla f(x_2) + \alpha(\alpha + 1)\frac{\nabla^2 f(x_2)}{2!}$$

$$P_2(90) = f(100) + (-0{,}5) \cdot 16 + 0{,}5 \cdot 0{,}5 \frac{\nabla^2 f(x_2)}{2!}$$

$$P_2(90) = 112 + (-0{,}5) \cdot 16 + 0{,}5 \cdot 0{,}5 \frac{(-4)}{2!}$$

$$P_2(90) = 103{,}5$$

Portanto:

$$d(90) \approx P_2(90) = 103{,}5\,km$$

Item c

$$x \in (120, 60)$$

$$\alpha = \frac{x - x_3}{h} = \frac{110 - 120}{20} = -0{,}5$$

$$P_3(x_3 + \alpha h) = f(x_3) + \alpha \nabla f(x_3) + \alpha(\alpha + 1)\frac{\nabla^2 f(x_3)}{2!} + \alpha(\alpha + 1)(\alpha + 2)\frac{\nabla^3 f(x_3)}{3!}$$

$$P_3(110) = 138 + (-0{,}5) \cdot 26 + (-0{,}5)(0{,}5) \cdot 5 + (-0{,}5)(0{,}5)(1{,}5)\frac{14}{6}$$

$$P_3(110) = 122{,}88$$

Portanto:

$$d(110) \approx P_3(110) = 122{,}88\,km$$

4.3.3 Polinomial de diferença finita central

A polinomial interpolante de diferença finita central funciona bem quando a abscissa de início de interpolação está situada na parte central dos pontos-base. Para melhor entendimento, observe o Quadro 4.10, que apresenta uma disposição que facilita o entendimento.

Quadro 4.10 – Diferenças finitas centrais

i	x_i	$f(x_i)$	δ	δ^2	δ^3	δ^4
⋮	⋮	⋮				
−2	x_{-2}	$f(x_{-2})$				
			$\delta f(x_{-1} - h/2)$			
−1	x_{-1}	$f(x_{-1})$		$\delta^2 f(x_{-1})$		
			$\delta f(x_0 - h/2)$		$\delta^3 f(x_0 - h/2)$	
0	x_0	$f(x_0)$		$\delta^2 f(x_0)$		$\delta^4 f(x_0)$
			$\delta f(x_0 + h/2)$		$\delta^3 f(x_0 + h/2)$	
1	x_1	$f(x_1)$		$\delta^2 f(x_1)$		
			$\delta f(x_1 + h/2)$			
2	x_2	$f(x_2)$				
⋮	⋮	⋮				

Observando o Quadro 4.10, constatamos que há duas formulações possíveis: (1) uma **progressiva**, uma vez que utiliza o ponto inicial, um ponto subsequente, outro antecedente, e assim por diante; (2) e outra **retroativa**, já que usa o mesmo ponto inicial, um ponto antecedente, outro subsequente, e assim por diante.

A dedução tanto das polinomiais interpolantes quanto dos termos de erro segue o mesmo procedimento usado para obter as polinomiais interpolantes de diferenças finitas progressivas e retroativas. Resumidamente, partimos da polinomial de DDF, fazemos a regularização das abscissas dos pontos-base, trocando a variável independente, e, por fim, usamos uma relação entre DDF e diferença finita central.

Normalmente, a abscissa do ponto-base inicial x_0 é colocada no meio do menor intervalo contento x e os demais pontos-base. A ordenação dos pontos subsequentes e antecedentes é, respectivamente:

$$x_0, x_1, x_2, x_3, \ldots \quad \text{e} \quad x_{-3}, x_{-2}, x_{-1}, x_0, \text{ e assim sucessivamente.}$$

A regularização dos pontos-base é feita mediante a troca da seguinte variável independente: $x - x_0 = \alpha h$. Assim, obtemos:

Equação 4.58

$$x - x_1 = x - (x_0 + h) = x - x_0 - h = \alpha h - h = h(\alpha - 1)$$
$$x - x_2 = x - (x_0 + 2h) = x - x_0 - 2h = \alpha h - 2h = h(\alpha - 2)$$
$$x - x_3 = x - (x_0 + 3h) = x - x_0 - 3h = \alpha h - 3h = h(\alpha - 3)$$
$$\ldots$$
$$x - x_{-1} = x - (x_0 - h) = x - x_0 + h = \alpha h + h = h(\alpha + 1)$$
$$x - x_{-2} = x - (x_0 - 2h) = x - x_0 + 2h = \alpha h + 2h = h(\alpha + 2)$$
$$x - x_{-3} = x - (x_0 - 3h) = x - x_0 + 3h = \alpha h + 3h = h(\alpha + 3)$$

Prosseguimos assim para todos os demais pontos-base.

Interpolação com diferença finita central – formulação progressiva

O procedimento para determinação da polinomial é análogo aos usados antes nas polinomiais de outras diferenças finitas. Entretanto, como agora temos dois caminhos a seguir, é instrutivo relacionar a ordem dos pontos-base usados na interpolação.

Na formulação progressiva, a ordem é a seguinte:

$$x_0, x_1, x_{-1}, x_2, x_{-2}, x_3, x_{-3}, \ldots$$

Com isso, podemos escrever as polinomiais interpolantes. Para melhor entendimento, vamos partir da polinomial interpolante de DDF que ajusta os pontos do caminho dado anteriormente, começando com a de primeira ordem, ou seja:

Equação 4.59

$$P_1(x) = f(x_0) + (x - x_0)f[x_1, x_0]$$
$$R_1(x) = (x - x_0)(x - x_1)f[x, x_1, x_0]$$

Substituindo a Equação 4.58 na Equação 4.59, temos:

Equação 4.60

$$P_1(x) = f(x_0) + h\alpha \frac{\delta f\left(x_0 + \dfrac{h}{2}\right)}{h} = f(x_0) + \alpha \delta f\left(x_0 + \frac{h}{2}\right)$$

e

$$R_1(x) = h^2 \alpha(\alpha - 1)\frac{f''(\theta)}{2!}, \theta \in (x_0, x_1)$$

A polinomial interpolante de segunda ordem e o respectivo termo do erro de diferença finita central – formulação progressiva – fica:

Equação 4.61

$$P_2(x) = f(x_0) + \alpha \delta f\left(x_0 + \frac{h}{2}\right) + \alpha(\alpha - 1)\frac{\delta^2 f(x_0)}{2!}$$

e

$$R_2(x) = h^3 \alpha(\alpha - 1)(\alpha + 1)\frac{f'''(\theta)}{3!}, \theta \in (x_{-1}, x_1)$$

Seguindo o caminho progressivo, a polinomial interpolante e o respectivo termo do erro da polinomial de terceira ordem são:

Equação 4.62

$$P_3(x) = f(x_0) + \alpha\delta f\left(x_0 + \frac{h}{2}\right) + \alpha(\alpha - 1)\frac{\delta^2 f(x_0)}{2!} + \alpha(\alpha - 1)(\alpha + 1)$$

e

$$R_3(x) = h^4 \alpha(\alpha - 1)(\alpha + 1)(\alpha - 2)\frac{f^{IV}(\theta)}{4!}, \theta \in (x_{-1}, x_2)$$

Interpolação com diferença finita central – formulação retroativa

Na formulação retroativa, o caminho dos pontos-base é o seguinte:

$$x_0, x_{-1}, x_1, x_{-2}, x_2, x_{-3}, x_3, \ldots$$

Com o propósito de facilitar, dizemos que, se uma abscissa é subsequente ao ponto-base inicial, sua expressão leva sinal de subtração, ou seja: $\alpha - (*)$. Caso o ponto anteceda o ponto-base inicial, sua expressão leva sinal de adição, isto é: $\alpha + (*)$. As fórmulas de primeira, segunda e terceira ordens são, respectivamente:

Equação 4.63

$$P_1(x) = f(x_0) + \alpha\delta f\left(x_0 - \frac{h}{2}\right)$$

e

$$R_1(x) = h^2 \alpha(\alpha + 1)\frac{f''(\theta)}{2!}, \theta \in (x_{-1}, x_0)$$

Equação 4.64

$$P_2(x) = f(x_0) + \alpha\delta f\left(x_0 - \frac{h}{2}\right) + \alpha(\alpha + 1)\frac{\delta^2 f(x_0)}{2!}$$

e

$$R_2(x) = h^3 \alpha(\alpha + 1)(\alpha - 1)\frac{f'''(\theta)}{3!}, \theta \in (x_{-1}, x_1)$$

Equação 4.65

$$P_3(x) = f(x_0) + \alpha\delta f\left(x_0 - \frac{h}{2}\right) + \alpha(\alpha + 1)\frac{\delta^2 f(x_0)}{2!} + \alpha(\alpha + 1)(\alpha - 1)\frac{\delta^3 f(x_0 - h/2)}{3!}$$

e

$$R_3(x) = h^4 \alpha(\alpha + 1)(\alpha - 1)(\alpha + 2)\frac{f^{IV}(\theta)}{4!}, \theta \in (x_{-2}, x_1)$$

Exercício resolvido 4.8

Considere os valores funcionais da função $f(x) = \ln(x)$, no intervalo $[0,4, 1,2]$, e suponha o passo $h = 0,2$. Faça o que se pede.

a. Construa o quadro de diferenças finitas.
b. Use interpolação linear para estimar $\ln(0,45)$. Delimite o erro de interpolação.
c. Use interpolação quadrática para estimar $\ln(0,73)$. Delimite o erro de interpolação.
d. Use interpolação cúbica para estimar $\ln(0,9)$. Delimite o erro de interpolação.

Item a

Quadro 4.11 – Pontos-base, valores funcionais e diferenças finitas centrais δ

i	x_i	$f(x_i)$	δ	δ^2	δ^3	δ^4
0	0,4	−0,9162				
			0,4054			
1	0,6	−0,5108		−0,1177		
			0,2877		0,0531	
2	0,8	−0,2231		−0,0646		−0,0293
			0,2231		0,0238	
3	1,0	0		−0,0408		−0,0111
			0,1823		−0,0127	
4	1,2	0,1823		−0,0281		
			0,1542			
5	1,4	0,3365				

Item b

Note que $x = 0,45 \in (0,4, 0,6)$, $n = 1$. Iniciamos a interpolação em $x_0 = 0,4$. Usando interpolante de diferença finita progressiva, temos:

$$x - x_0 = \alpha h \therefore \alpha = \frac{x - x_0}{h} = \frac{0,45 - 0,4}{0,2} = 0,25$$

A polinomial interpolante de primeira ordem é:

$$P_1(x) = f(x_0) + \alpha \Delta f(x_0)$$
$$P_1(x) = f(0,4) + 0,25 \cdot 0,4054$$
$$P_1(0,45) = -0,9162 + 0,25 \cdot 0,4054$$
$$P_1(0,45) = -0,8149$$

Portanto:

$$\ln(0,45) \approx P_1(0,45) = -0,8149$$

A delimitação do erro de interpolação é:

$$R_1(x) = h^2\alpha(\alpha-1)\frac{f''(\theta)}{2}, \theta \in (0,4, 0,6)$$

Vamos majorar a segunda derivada da expressão do erro:

$$f(x) = \ln(x)$$
$$f'(x) = 1/x$$
$$f''(x) = -1/x^2$$

Note que a derivada de segunda ordem da função dada, em valor absoluto, é decrescente no intervalo de interpolação $(0,4, 0,6)$. Logo, podemos escrever:

$$|f''(\theta)| = 1/\theta^2 \leq 1/(0,4)^2 = 6,25$$

Substituindo na expressão do erro, em valor absoluto, obtemos:

$$|R_1(0,73)| \leq \left|0,2^2 \cdot \frac{(-0,35)(0,65)(6,25)}{2}\right| = 2,96 \cdot 10^{-3} < 0,5 \cdot 10^{-2}$$

Portanto, temos pelo menos duas casas decimais corretas no resultado.

Item c

Note que $x = 0,73 \in (0,6, 0,8)$ e $n = 2$. Estando o argumento de interpolação na parte central do quadro, podemos usar polinomial de diferença finita central, iniciando em $x_2 = 0,8$ e usando formulação retroativa. Nesse caso, o caminho de abscissas fica: x_2, x_1, x_3. A nova variável de interpolação é:

$$x - x_2 = \alpha h \therefore \alpha = \frac{x-x_2}{h} = \frac{0,73-0,8}{0,2} = -0,35$$

A polinomial interpolante de segunda ordem de diferença finita central – formulação retroativa – é:

$$P_2(x) = f(x_2) + \alpha\delta f\left(x_2 - \frac{h}{2}\right) + \alpha(\alpha+1)\frac{\delta^2 f(x_2)}{2}$$

$$P_2(0,73) = -0,2231 + (-0,35) \cdot 0,2877 + (-0,35)(0,65)\frac{(-0,0646)}{2}$$

$$P_2(0,73) = -0,3164$$

Logo:

$$\ln(0,73) \approx P_2(0,73) = -0,3164$$

Vamos majorar o termo do erro, isto é:

$$R_2(x) = h^3 \alpha (\alpha + 1)(\alpha - 1) \frac{f'''(\theta)}{6}, \theta \in (0{,}6; 0{,}8)$$

Nessa expressão, temos que a terceira derivada da função é:

$$f'''(x) = 2/x^3$$

que é decrescente no intervalo de interpolação $(0{,}6; 0{,}8)$. Logo:

$$|f'''(x)| = |2/x^3| \leq \left|\frac{2}{0{,}6^3}\right| = 9{,}26$$

Substituindo esse resultado na expressão do erro em valor absoluto, obtemos:

$$\leq \left|0{,}2^3 \cdot (-0{,}35) \cdot (0{,}65) \cdot (-1{,}35) \cdot \frac{9{,}26}{6}\right| = 3{,}8 \cdot 10^{-3} < 0{,}5 \cdot 10^{-2}$$

Portanto, o resultado interpolado possui pelo menos duas casas decimais corretas.

Item d

Note que $x = 0{,}9 \in (0{,}8; 1)$, $n = 3$. Estando o argumento de interpolação na parte central do quadro, podemos usar polinomial de diferença finita central, iniciando em $x_2 = 0{,}8$ e usando formulação progressiva. Nesse caso, o caminho de abscissas fica: x_2, x_3, x_1, x_4. A nova variável de interpolação é:

$$x - x_2 = \alpha h \therefore \alpha = \frac{0{,}9 - x_2}{h} = \frac{0{,}9 - 0{,}8}{0{,}2} = 0{,}5$$

A polinomial interpolante de terceira ordem de diferença finita central – formulação progressiva – é:

$$P_3(x) = f(x_2) + \alpha \delta f\left(x_2 + \frac{h}{2}\right) + \alpha(\alpha - 1)\frac{\delta^2 f(x_2)}{2} + \alpha(\alpha - 1)(\alpha + 1)\frac{\delta^3 f(x_2 + h/2)}{6}$$

$$P_3(0{,}9) = (-0{,}2231) + 0{,}5 \cdot 0{,}2231 + 0{,}5 \cdot (-0{,}5)\frac{(-0{,}0646)}{2} + 0{,}5 \cdot (-0{,}5) \cdot (1{,}5)\frac{0{,}0238}{6}$$

$$P_3(0{,}9) = -0{,}105$$

Vamos majorar o termo do erro, isto é:

$$R_3(x) = h^4 \alpha (\alpha - 1)(\alpha + 1)(\alpha - 2)\frac{f^{IV}(\theta)}{24}, \theta \in (0{,}8; 1)$$

Mas a quarta derivada da função é:

$$f^{IV}(x) = -6/x^4$$

que, em valor absoluto, é decrescente no intervalo de interpolação $(0,8; 1)$.

Então, o termo do erro de interpolação, em valor absoluto, é majorado assim:

$$|R_3(x)| \leq \left|0,2^4 \cdot 0,5 \cdot (-0,5) \cdot (1,5) \cdot (-1,5) \cdot \left(\frac{-6}{24 \cdot 0,8^4}\right)\right|$$

$$|R_3(x)| \leq 2,2 \cdot 10^{-3} < 0,5 \cdot 10^{-2}$$

Portanto, o resultado interpolado tem pelo menos duas casas decimais corretas.

4.4 Aproximação de função a uma variável

O contexto do problema de aproximação de função a uma variável é o da teoria matemática de aproximação e da estatística matemática. Todavia, nosso desenvolvimento é direto e aborda o problema de aproximação linear, ou seja, uma função f é aproximada por uma função f^*, expressa por uma combinação linear de funções-base φ_i, $0 \leq i \leq n$, apropriadamente escolhidas, escrita do seguinte modo:

■ Equação 4.66

$$f^*(x) = \sum_{i=0}^{n} c_i \varphi_i(x)$$

em que c_i, $0 \leq i \leq n$ são escalares a determinar.

Exemplificando

Se escolhermos $\varphi_i(x) = x^i$, $0 \leq i \leq n$, a função de aproximação f^* é uma polinomial de ordem n, cujos coeficientes precisam ser determinados por algum critério. Um desses critérios – o valor da função e da polinomial de ajuste aos dados é igual nos pontos-base – foi estudado nas seções anteriores e originou as polinomiais interpolantes; outros mais gerais serão tratados nesta seção.

Sabemos que uma função pode ser definida de quatro maneiras[6], e as mais comuns são por uma lei ou por um quadro de valores funcionais. A nossos propósitos, o quadro de valores funcionais $(x_i, f(x_i))$, $0 \leq i \leq m$ é mais interessante. As $m + 1$ abscissas x_i formam uma malha $G \equiv \{x\}_{i=0}^{m}$.

---

6 Ver Stewart (2002).

A determinação dos coeficientes presentes na Equação 4.66 leva à necessidade de critérios e métodos. Por exemplo, caso o critério adotado fosse $f^*(x_i) = f(x_i), 0 \leq i \leq m$, os coeficientes seriam determinados resolvendo o seguinte sistema linear:

■ Equação 4.67

$$\begin{cases} c_0\varphi_0(x_0) + c_1\varphi_1(x_0) + c_2\varphi_2(x_0) + \ldots + c_n\varphi_n(x_0) = f(x_0) \\ c_0\varphi_0(x_1) + c_1\varphi_1(x_1) + c_2\varphi_2(x_0) + \ldots + c_n\varphi_n(x_1) = f(x_1) \\ c_0\varphi_0(x_2) + c_1\varphi_1(x_2) + c_2\varphi_2(x_2) + \ldots + c_n\varphi_n(x_2) = f(x_2) \\ \vdots \\ c_0\varphi_0(x_m) + c_1\varphi_1(x_m) + c_2\varphi_2(x_m) + \ldots + c_n\varphi_n(x_m) = f(x_m) \end{cases}$$

Note que esse sistema é de $(m + 1)$ equações a $(n + 1)$ incógnitas.

Caso $m = n$ e as funções $\varphi_i, 0 \leq i \leq n$, linearmente independentes, o sistema da Equação 4.67 tem solução única. Chamamos esse procedimento de *interpolação* ou *método de colocação* (o qual tem muitas aplicações, em particular na solução numérica de equações diferenciais e integrais).

Caso $m > n$, o sistema tem mais equações do que incógnitas, ou seja, ele é sobredeterminado, comum na prática. Dahlquist e Björck (1974) mostram que a sobredeterminação é regularizadora dos efeitos de erros aleatórios nos valores funcionais e suaviza a função de aproximação entre pontos da malha G, definida anteriormente. Observe o Gráfico 4.2, no qual temos $m + 1 = 8$ pontos e apenas $n + 1 = 2$ incógnitas, sendo funções-base $\varphi_0(x) = 1$ e $\varphi_1(x) = x$.

Gráfico 4.2 – Malha G com oito pontos $(x_i, f(x_i)), 0 \leq i \leq 7$ e f^* linear

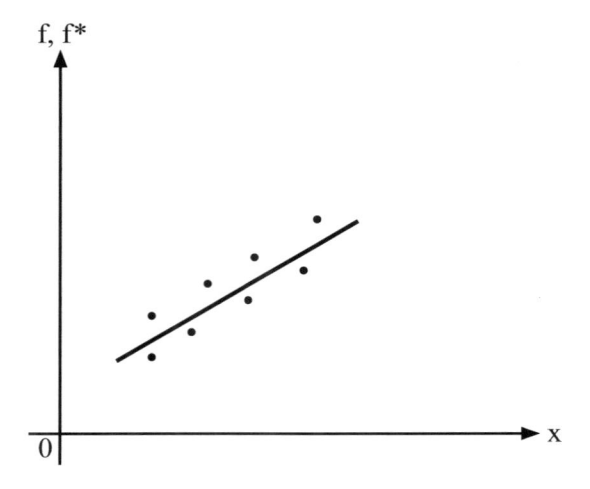

Abordamos sistemas sobredeterminados pelo método dos mínimos quadrados. Já vimos que uma função pode ser definida por um quadro de valores funcionais, arranjados em um vetor, no espaço R^{n+1}, que é de dimensão finita igual (n + 1), ou seja:

■ Equação 4.68

$$\left[f(x_0), f(x_1), \ldots, f(x_n) \right]^T$$

O método dos mínimos quadrados tem por critério a minimização da norma do vetor erro f* − f, calculado nas (m + 1) abscissas fornecidas, isto é:

■ Equação 4.69

$$\left\| \left[f^*(x_0) - f(x_0), f^*(x_1) - f(x_1), \ldots, f^*(x_m) - f(x_m) \right]^T \right\|$$

Uma norma, caso discreto, é a seguinte:

■ Equação 4.70

$$\| f^* - f^2 \| = \sum_{i=0}^{m} \left| f^*(x_i) - f(x_i) \right|^2 w_i$$

em que w_i são pesos e precisam ser positivos.

Entretanto, a norma discreta usual é denominada norma euclideana[7], que, para o vetor erro, fica:

■ Equação 4.71

$$\| f^* - f^2 \| = \sum_{i=0}^{m} \left[f^*(x_i) - f(x_i) \right]^2$$

Usando a Equação 4.71 e substituindo nela a Equação 4.65, definimos uma função *F*, tendo como variáveis independentes os parâmetros a determinar, $(c_0, c_1, c_2, \ldots, c_n)$, sendo igual à norma ao quadrado do vetor erro f* − f, isto é:

■ Equação 4.72

$$F(c_0, c_1, c_2, \ldots, c_n) = \sum_{i=0}^{m} \left[\left(\sum_{j=0}^{n} c_j \varphi_j(x_i) \right) - f(x_i) \right]^2$$

A Equação 4.72 deve ser minimizada para determinação dos (n + 1) coeficientes c_i's que formam a função *f**, que, por sua vez, aproxima a função *f*, definida por (m + 1) valores funcionais, de modo que a soma do quadrado dos erros de aproximação em cada abscissa seja mínimo.

---

7   Ver Rudin (1971).

Para minimizar a função na Equação 4.74, calculamos as derivadas parciais de F em relação a cada um dos coeficientes e igualamos a zero, ou seja:

■ Equação 4.73

$$\frac{\partial F}{\partial c_k} = 0, \quad 0 \leq k \leq n$$

Essas condições de estacionaridade da função F originam um sistema de (n + 1) equações a (n + 1) incógnitas, que são os coeficientes da função f^*. Explicitamente, temos:

■ Equação 4.74

$$\frac{\partial F}{\partial c_k} = \sum_{i=0}^{n}\left[\sum_{j=0}^{m}\varphi_i(x_j)\varphi_k(x_j)\right]c_i - \sum_{j=0}^{m}f(x_j)\varphi_k(x_j) = 0, \quad 0 \leq k \leq n$$

A Equação 4.74 é um sistema algébrico linear nomeado *sistema de equações normais*.

Resolvendo esse sistema, obtemos os coeficientes $(c_0, c_1, c_2, ..., c_n)$ e formamos a função f^* de aproximação ou, ainda, de **ajuste de dados**.

Exercício resolvido 4.9

Com os dados do Quadro 4.12, determine uma aproximação linear f^*, partindo das funções-base: $\varphi_0(x) = 1$ e $\varphi_1(x) = x$, para f tabelada.

Quadro 4.12 – Pontos-base e valores funcionais de f

i	0	1	2	3	4
x_i	0,5	1	2	4	5
$f(x_i)$	15	12	5	2	1

Primeiramente, identificamos os elementos da teoria de aproximação com os dados do exemplo. Com efeito:

$$f^*(x) = c_0 + c_1 x$$
$$n + 1 = 2 \therefore n = 1$$

No Quadro 4.12, temos $m + 1 = 5 \therefore m = 4$.

Vamos obter o sistema de equações normais, que, no caso, fica:

$$\sum_{i=0}^{1}\left[\sum_{j=0}^{4}\varphi_i(x_j)\varphi_k(x_j)\right]c_i - \sum_{j=0}^{m}f(x_j)\varphi_k(x_j) = 0, \quad 0 \leq k \leq 1$$

Para k = 0, da Equação 4.67, obtemos:

$$(1+1+1+1+1)(1)\,c_0 + \left[(0,5)(1)+(1)(1)+(2)(1)+(4)(1)+(5)(1)\right]c_1$$
$$= \left[(15)(1)+(12)(1)+(5)(1)+(2)(1)+(1)(1)\right]$$

ou, ainda:

$$5c_0 + 12,5c_1 = 35$$

Para k = 1

$$(0,5+1+2+4+5)c_0 + \left[0,5\cdot 0,5 + 1\cdot 1 + 2\cdot 2 + 4\cdot 4 + 5\cdot 5\right]c_1$$
$$= 15\cdot 0,5 + 12\cdot 1 + 5\cdot 2 + 2\cdot 4 + 1\cdot 5$$

resultando:

$$12,5c_0 + 46,25c_1 = 42,5$$

Portanto, o sistema normal é:

$$\begin{bmatrix} 5 & 12,5 \\ 12,5 & 46,25 \end{bmatrix} \begin{Bmatrix} c_0 \\ c_1 \end{Bmatrix} = \begin{Bmatrix} 35 \\ 42,5 \end{Bmatrix}$$

Resolvendo, obtemos:

$$\begin{Bmatrix} c_0 \\ c_1 \end{Bmatrix} = \begin{Bmatrix} 14,6 \\ -3 \end{Bmatrix}$$

Então, a aproximação linear é:

$$f^*(x) = 14,6 - 3x$$

Existem muitos problemas cujos valores da variável dependente apresentam comportamento não linear. Nesses casos, o modelo linear na Equação 4.67 não é apropriado, pois não se identifica com o comportamento, que apresenta discordâncias severas com os valores funcionais.

Temos percepção dessa não linearidade pela dispersão dos dados ou medições $(x_i, f(x_i))$. Para alguns desses casos, há transformações que podemos aplicar à dispersão original e levar a um modelo linear. Em seguida, resolvemos o problema de aproximação transformado e com uma transformação inversa determinamos os coeficientes originais.

Dispersão do tipo $f(x) \approx \alpha_0 e^{-\alpha_1 x}$, $\alpha_0, \alpha_1 > 0$

Temos duas constantes positivas a determinar. Obtemos a linearização aplicando logaritmo em ambos os lados da função, ou seja:

Equação 4.75

$$z = \ln[f(x)] = \ln(\alpha_0) - \alpha_1 x$$

Fazendo:

Equação 4.76

$$c_0 = \ln(\alpha_0) \text{ e } c_1 = -\alpha_1$$

E substituindo na Equação 4.75, obtemos o modelo linear:

Equação 4.77

$$z = c_0 + c_1 x$$

Uma vez resolvido o problema de aproximação, invertemos a transformação para obter os coeficientes originais, isto é:

Equação 4.78

$$\alpha_0 = e^{c_0} > 0 \text{ e } \alpha_1 = -c_1$$

Note que o ajuste por mínimos quadrados foi na função *lnf*, e não propriamente na função *f*.

Dispersão do tipo $f(x) \approx \dfrac{1}{\alpha_1 + \alpha_2 x}$

Para transformar a dispersão a um modelo linear, primeiro definimos:

Equação 4.79

$$z = \frac{1}{f} \approx \alpha_1 + \alpha_2 x$$

Os coeficientes α_1 e α_2 ajustam por mínimos quadrados $\dfrac{1}{f}$.

Dispersão do tipo $f(x) \approx \alpha_0 \alpha_1^x$

Nesse caso, a transformação também usa logaritmo:

Equação 4.80

$$z = \ln f(x) \approx \ln(\alpha_0) + x \ln(\alpha_1)$$

Definimos $c_0 = \ln(\alpha_0)$ e $c_1 = \ln(\alpha_1)$ para obter o modelo linear:

Equação 4.81

$$z = c_0 + c_1 x$$

Nos modelos linearizados expostos nas Equações 4.77, 4.79 e 4.81, identificamos as funções-base como: $\varphi_0 = 1$ e $\varphi_1 = x$.

Dispersão do tipo geométrica $f(x) \approx \alpha_0 x^{\alpha_1}$

Se $f > 0$ e $x > 0$, usamos novamente logaritmo para obter:

Equação 4.82

$$z = \ln f(x) \approx z = \ln(\alpha_0) + \alpha_1 \ln(x)$$

Fazendo:

$$c_0 = \ln(\alpha_0) \text{ e } c_1 = \alpha_1$$

Obtemos:

Equação 4.83

$$z = c_0 + c_1 \ln(x)$$

Nessa dispersão, é importante identificar que o modelo linearizado na Equação 4.83 tem como funções-base as seguintes: $\varphi_0 = 1$ e $\varphi_1 = \ln(x)$.

Exercício resolvido 4.10

Determine uma aproximação expressa por: $\dfrac{1}{w(t)} = \dfrac{1}{\alpha} + \beta t$, que ajuste por mínimos quadrados os dados do Quadro 4.13.

Quadro 4.13 – Pontos-base, valores funcionais de f e dados para ajuste

i	0	1	2	3	4	5	6
t_i	1	2	3	4	5	7	10
$1/w_i$	24,7	32,4	38,4	45,0	52,3	65,6	87,6

Fazendo:

$$z = \frac{1}{w(t)};\ c_0 = \frac{1}{\alpha};\ c_1 = \beta$$

obtemos o modelo linearizado:

$$z = c_0 + c_1 t$$

Nesse modelo, identificamos $\varphi_0 = 1$ e $\varphi_1 = t$. Além disso:

$$m + 1 = 7 \therefore m = 6;\ e\ n + 1 = 2 \therefore n = 1$$

As equações normais na Equação 4.75 ficam:

$$\frac{\partial F}{\partial c_k} = \sum_{i=0}^{1}\left[\sum_{j=0}^{6}\varphi_i(t_j)\varphi_k(t_j)\right]c_i - \sum_{j=0}^{6}f(t_j)\varphi_k(t_j) = 0,\ 0 \le k \le 1$$

Dispondo os dados em um quadro, é mais fácil formar os elementos do sistema normal.

Quadro 4.14 – Pontos-base, valores funcionais de f e dados e fatores de ajuste

j	t_j	z_j	$\varphi_0\varphi_0$	$\varphi_0\varphi_1$	$\varphi_1\varphi_1$	$z_j t_j$
0	1	24,7	1	1	1	24,7
1	2	32,4	1	2	4	64,8
2	3	38,4	1	3	9	115,2
3	4	45	1	4	16	180
4	5	52,3	1	5	25	261,5
5	7	65,6	1	7	49	459,2
6	10	87,6	1	10	100	876
$\Sigma(*)$		346	7	32	204	1981,4

Do Quadro 4.14, obtemos:

$$7c_0 + 32c_1 = 346$$
$$32c_0 + 204c_1 = 1981,4$$

Resolvendo esse sistema, obtemos:

$$c_0 = 17,77\ e\ c_1 = 6,93$$

Portanto, das equações anteriores, temos:

$$\frac{1}{w(t)} = 17,7 + 6,93t$$

ou, ainda:

$$\frac{1}{w(t)} = \frac{1}{0,0563} + 6,93t$$

5
Integração numérica

No cálculo diferencial e integral, tratamos do conceito de integral definida de Riemann e como calculá-la por processos analíticos. Um dos resultados obtidos nesse cálculo é a área ou o volume de figuras geométricas, dependendo do tipo de integral. A integral de função a uma variável real tem outras aplicações, como cálculo de deslocamento, velocidade, massa, trabalho realizado, valor médio de distribuições, entre outras.

O cálculo de volumes de figuras mais simples já era usado por Arquimedes (387-212 a.C.), mas embora a ideia seja antiga, a formalização do cálculo de áreas e volumes de figuras geométricas complexas, por meio de áreas, e a matemática da teoria de integração ocorreu somente no século XIX. O conceito de integral aparece embrionariamente nos trabalhos de Arquimedes, ao utilizar o método de exaustão criado por Eudóxio (408-355 a.C.) no cálculo de comprimento de curvas, áreas e volumes de figuras geométricas.

Newton (1642-1727) e Leibnitz (1646-1716), que aperfeiçoaram o método de Arquimedes, lançando as bases do cálculo integral, são reconhecidos como os inventores do cálculo diferencial e integral. O conceito de integral foi estabelecido em bases rigorosas com os trabalhos de Cauchy (1789-1857) e Riemann (1826-1866), tornando-se um instrumento poderoso na resolução de diversos problemas.

Neste capítulo, tendo-se em mente o conceito de integral de Riemann, tratamos do estudo de métodos numéricos para calcular a integral definida de uma função, ou seja, métodos numéricos para calcular o seguinte:

Equação 5.1

$$I = \int_a^b f(x)dx$$

em que f é uma função de uma variável real, limitada e contínua, exceto, possivelmente, em um número finito de pontos em [a, b]. Portanto, teremos como resultado um número real.

Por que integração numérica? Por que não restringir o cálculo de integrais ao uso de técnicas de integração dadas no cálculo diferencial e integral? A resposta a essas questões tem como base dois fatores:

1. Geralmente, em problemas envolvendo o cálculo de integrais, não se conhece a expressão analítica da função integrando f, somente seus valores, o que inviabiliza o uso de técnicas de cálculo diferencial e integral. Contudo, esses dados são necessários para a integração numérica.
2. Mesmo quando conhecemos a forma analítica da função integrando, o cálculo da função primitiva pode ser trabalhoso. Por exemplo, a integral $\int e^{-x^2} dx$ resulta em uma função que não pode ser expressa em termos de combinações finitas de outras funções algébricas, logarítmicas ou exponenciais.

As fórmulas de integração numérica também são denominadas *quadratura numérica* por razões históricas, pois foi com o problema da quadratura do círculo que Arquimedes fez os primeiros cálculos usando a noção de integral.

As fórmulas são concebidas com base na seguinte ideia:

> Escolhemos uma função que aproxime satisfatoriamente a função integrando f, que seja de fácil manuseio, e resolvemos a integral com essa função de aproximação. Assim, obtemos fórmulas de integração numérica que envolvem apenas combinação de valores da função integrando. As polinomiais interpolantes, vistas no Capítulo 4, podem ser usadas para tais aproximações.

Outras classes de funções podem ser usadas para aproximar a função integrando. Nesta obra, estudamos apenas fórmulas que decorrem da aproximação da função integrando por polinomial. Essas fórmulas são classificadas em:

- Fórmulas de Newton-Cotes.
- Fórmulas obtidas por métodos de extrapolação limite.
- Fórmulas gaussianas de quadratura.

5.1 Integração numérica de função a uma variável

O problema a ser resolvido foi apresentado na Equação 5.1. Nesse caso, a quadratura numérica é definida por:

■ Equação 5.2

$$I = \int_a^b f(x)dx = \sum_{k=0}^{r} w_k f(x_k) + E_{r+1}(f)$$

em que W_k são denominados *pesos*, e $f(x_k)$, *valores funcionais de f em r + 1 pontos de integração*. Os pesos W_k e os pontos de integração x_k, $k = 0, 1, 2, 3, \ldots, r$ são determinados de tal modo que o erro de truncamento E_{r+1} se anule se f for um polinômio de grau menor ou igual a um certo número natural p.

5.1.1 Fórmulas de Newton-Cotes

Obtemos as fórmulas de Newton-Cotes escolhendo os pontos de integração x_k igualmente espaçados, isto é, $x_k = x_0 + kh, k = 0, 1, 2, ..., m$, sendo h o espaçamento entre os pontos, e determinamos os pesos W_k pela integração do polinômio interpolante de f nos pontos $(x_k, f(x_k)), 0 \le k \le m$.

As fórmulas de Newton-Cotes são classificadas, segundo as informações nos extremos do intervalo de integração, em:

- **Fórmulas fechadas** – utilizam os valores de f nos extremos de integração.
- **Fórmulas abertas** – não utilizam os valores de f em pelo menos um dos extremos de integração.

5.1.1.1 Fórmulas de Newton-Cotes fechadas

Para facilitar a abordagem das fórmulas newtonianas, apresentaremos, primeiramente, a regra trapezoidal e a regra de Simpson. Em seguida, passaremos à fórmula geral das regras newtonianas fechadas.

Regra trapezoidal simples

Na integral da Equação 5.1, aproximamos a função f por uma polinomial interpolante de ordem um e diferença finita progressiva, tendo como pontos–base $x_0 = a$; $x_1 = b$. O espaçamento entre os pontos de integração fica $h = x_1 - x_0$, e a mudança de variável, como vimos no Capítulo 4, é $x = x_0 + \alpha h$. Com isso, obtemos:

$$I = \int_a^b f(x)dx = \int_{x_0}^{x_1} f(x)dx = h\int_0^1 f(x_0 + \alpha h)d\alpha \approx h\int_0^1 p_1(x_0 + \alpha h)d\alpha = I_T$$

Realizando a integração:

$$I_T = h\int_0^1 \left[f(x_0) + \alpha\Delta f(x_0)\right]d\alpha = h\left\{[\alpha]_0^1 f(x_0) + \left[\frac{\alpha}{2}\right]_0^1 \Delta f(x_0)\right\}$$

Então, temos:

Equação 5.3

$$I_T = \frac{h}{2}\left[f(x_0) + f(x_1)\right]$$

A Equação 5.3 é a **regra trapezoidal simples**.

Portanto, escrevemos:

$$I \approx I_T = \frac{h}{2}\left[f(x_0) + f(x_1)\right].$$

Tal aproximação da integral é proveniente da aproximação da função integrando *f* por uma polinomial interpolante de primeira ordem, isto é, $f(x) \approx p_1(x)$. Para restabelecermos a igualdade, acrescentamos o termo de erro de truncamento, ou seja:

$$f(x) = p_1(x) + R_1(x), x \in (x_0, x_1)$$

ou, ainda:

$$f(x) = p_1(x) + \frac{h^2}{2}\alpha(\alpha - 1)f''(\theta), \theta \in (x_0, x_1)$$

Substituindo essa igualdade na integral da Equação 5.1, obtemos:

$$I = I_T + h\int_0^1 R_1(x_0 + \alpha h)d\alpha = I_T + \frac{h^3}{2}\int_0^1 \alpha(\alpha - 1)f''(\theta)d\alpha, \theta \in (x_0, x_1)$$

Usando o teorema do valor médio para integrais[1], escrevemos:

$$I = I_T + \frac{h^3}{2}f''(\vartheta)\int_0^1 \alpha(\alpha - 1)d\alpha, \vartheta \in (0, 1)$$

Finalmente, obtemos a **regra trapezoidal simples com o termo de erro de truncamento**:

■ Equação 5.4

$$I = \frac{h}{2}\left[f(x_0) + f(x_1)\right] - \frac{h^3}{12}f''(\vartheta), \vartheta \in (0, 1)$$

As variáveis θ e ϑ são desconhecidas. A interpretação geométrica para a regra da Equação 5.4 é dada no Gráfico 5.1, a seguir. Nele, $P_1(x)$ indica a reta que passa pelos pontos $(x_0, f(x_0)), (x_1, f(x_1)), f(x)$ de determinada função. Observe a área do trapézio: base menor mais base maior multiplicada pela altura dividida por dois.

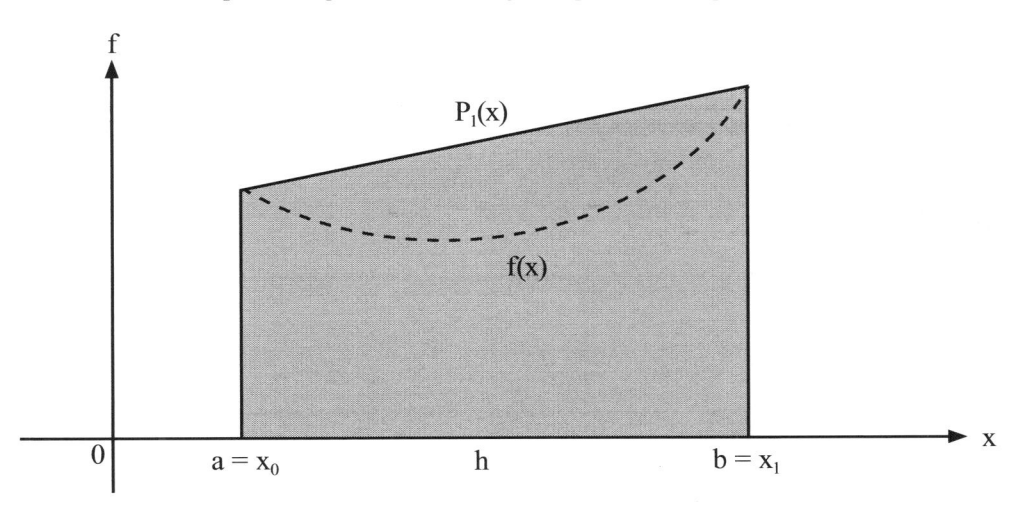

Gráfico 5.1 – Interpretação geométrica da regra trapezoidal simples

Regra de Simpson simples

Agora, suponha que, na Equação 5.1, a *f* seja aproximada por uma polinomial de grau dois de diferenças finitas progressivas usando os pontos $(x_0, f(x_0))$, $(x_1, f(x_1))$ e $(x_2, f(x_2))$, igualmente espaçados, sendo $x_0 = a$, $x_2 = b$ e o espaçamento $h = \dfrac{b-a}{2} = \dfrac{x_2 - x_0}{2}$. Então, $x_1 = x_0 + \dfrac{x_2 - x_0}{2} = \dfrac{x_0 + x_2}{2}$, ou seja, x_1 é o ponto médio entre x_0 e x_2.

Procedendo como na regra trapezoidal simples, a integral na Equação 5.1 fica:

$$I = \int_a^b p_2(x)dx + \int_a^b R_2(x)dx$$

Retirando o termo proveniente da integral do erro de truncamento da aproximação, obtemos uma aproximação I_S para a integral:

$$I_S = \int_a^b p_2(x)dx = h\int_0^2 \left[f(x_0) + \alpha \Delta f(x_0) + \alpha(\alpha-1)\frac{\Delta^2 f(x_0)}{2} \right] d\alpha$$

Integrando, temos:

$$I_S = h\left\{ f(x_0)\alpha\Big|_0^2 + \Delta f(x_0)\frac{\alpha^2}{2}\Big|_0^2 + \frac{\Delta^2 f(x_0)}{2}\left[\frac{\alpha^3}{3} - \frac{\alpha^2}{2}\right]_0^2 \right\}$$

ou:

$$I_S = h\left\{ 2f(x_0) + 2\Delta f(x_0) + \frac{\Delta^2 f(x_0)}{3} \right\}$$

ou, ainda:

$$I_S = h\left\{2f(x_0) + 2[f(x_1) - f(x_0)] + \frac{f(x_0) - 2f(x_1) + f(x_2)}{3}\right\}$$

isto é:

■ Equação 5.5

$$I_S = \frac{h}{3}[f(x_0) + 4f(x_1) + f(x_2)]$$

A Equação 5.5 é a **regra de Simpson simples** (veja o Gráfico 1.2).

Para restabelecer a igualdade, acrescentamos o termo de erro de truncamento na integração, isto é, $I = I_S + E_S$:

$$E_S = h\int_0^2 R_2(x_0 + \alpha h)d\alpha$$

Realizando essa integração, constatamos que $E_S = 0$. Para contornar essa dificuldade, Steffensen (1950) demonstra que devemos usar $R_3(x)$ no cálculo do termo de erro de truncamento na integração, resultando:

■ Equação 5.6

$$E_S = -\frac{h^5}{90}f^{IV}(\vartheta), \vartheta \in (0, 2)$$

Portanto, a **regra de Simpson com termo de erro de truncamento** fica:

■ Equação 5.7

$$I = \frac{h}{3}[f(x_0) + 4f(x_1) + f(x_2)] - \frac{h^5}{90}f^{IV}(\vartheta), \vartheta \in (0, 2)$$

Seguindo procedimento análogo, outras fórmulas fechadas podem ser obtidas. De maneira geral, a aproximação para a integral na Equação 5.1 pode ser calculada por:

$$I = \int_a^b f(x)dx = \int_a^b p_n(x)dx + \int_a^b R_n(x)dx$$

ou:

$$I = \int_a^b f(x)dx = \int_0^{\bar{\alpha}} p_n(x_0 + \alpha h)d\alpha + \int_0^{\bar{\alpha}} R_n(x_0 + \alpha h)d\alpha$$

em que *f* é interpolada pela polinomial de grau *n*, $p_n(x)$, de diferença finita progressiva, com pontos-base $x_k = x_0 + kh, k = 0, 1, 2, ..., n$ igualmente espaçados de $h = \frac{(b-a)}{n}$, sendo $x_0 = \frac{(b-a)}{h}$.

Realizando as integrações e levando em consideração que, ao usarmos polinomiais interpolantes de ordens pares, os termos de erro de truncamento são nulos e que tal dificuldade é resolvida com o uso do termo de erro de interpolação de uma ordem superior à da polinomial interpolante, obtemos a seguinte expressão para aproximação do valor da integral na Equação 5.1:

Equação 5.8

$$I \approx h\left[\bar{\alpha}f(x_0) + \frac{\bar{\alpha}^2}{2}\Delta f(x_0) + \left(\frac{\bar{\alpha}^3}{6} - \frac{\bar{\alpha}^2}{4}\right)\Delta^2 f(x_0) + \left(\frac{\bar{\alpha}^4}{24} - \frac{\bar{\alpha}^3}{6} + \frac{\bar{\alpha}^2}{6}\right)\Delta^3 f(x_0) \right.$$
$$\left. + \left(\frac{\bar{\alpha}^5}{120} - \frac{\bar{\alpha}^4}{16} + \frac{\bar{\alpha}^3}{72} - \frac{\bar{\alpha}^2}{8}\right)\Delta^4 f(x_0) + ...\right]$$

Essa equação representa uma família de fórmulas fechadas de integração numérica.

Assim, as fórmulas podem ser obtidas por meio da Equação 5.8, escolhendo: n; $\bar{\alpha}$, sendo $\bar{\alpha} = n$. Com efeito:

- $n = 1; \bar{\alpha} = 1 \to$ regra trapezoidal;
- $n = 2; \bar{\alpha} = 2 \to$ regra de Simpson;
- $n = 3; \bar{\alpha} = 3 \to$ regra 3/8 de Simpson;

Equação 5.9

$$I = \int_a^b f(x)dx = \frac{3h}{8}\left[f(x_0) + 3f(x_1) + 3f(x_2) + f(x_3)\right] - \frac{3h^5}{80}f^{IV}(\vartheta), \vartheta \in (a, b)$$

- $n = 4; \bar{\alpha} = 4;$

Equação 5.10

$$I = \int_a^b f(x)dx = \frac{2h}{45}\left[7f(x_0) + 32f(x_1) + 12f(x_2) + 32f(x_3) + 7f(x_4)\right]$$
$$- \frac{8h^7}{945}f^{(6)}(\vartheta), \vartheta \in (a, b)$$

- $n = 5; \bar{\alpha} = 5;$

Equação 5.11

$$I = \int_a^b f(x)dx = \frac{5h}{288}\left[19f(x_0) + 75f(x_1) + 50f(x_2) + 50f(x_3) + 75f(x_4) + 19f(x_5)\right]$$
$$-\frac{275h^7}{12096}f^{(6)}(\vartheta), \vartheta \in (a, b)$$

- e assim sucessivamente.

Nessa família, observamos que as fórmulas que usam polinomiais interpolantes de ordem par apresentam termo de erro de truncamento de integração de mesma ordem que as de ordem ímpar. Em vista disso, o esforço computacional é menor, e as fórmulas que resultam do uso de polinomiais de ordens pares são preferidas em detrimento das de ordens ímpares.

Gráfico 5.2 – Integração numérica com polinomial de quarta ordem

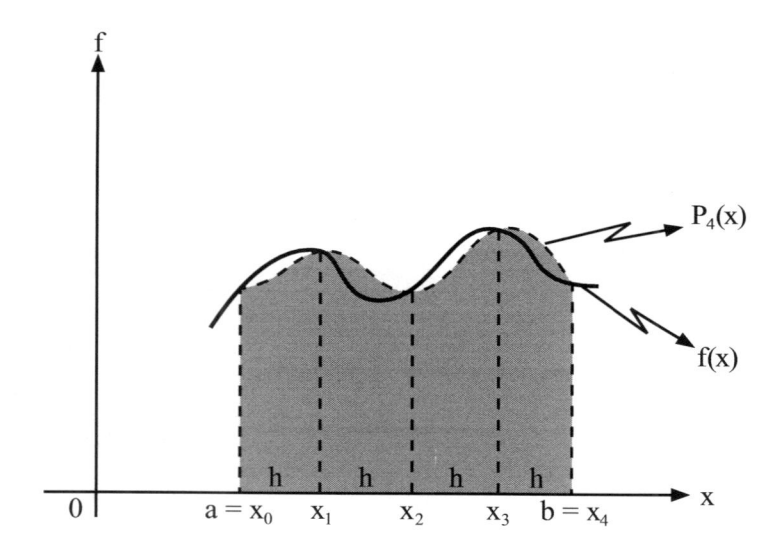

5.1.1.2 Fórmulas de Newton-Cotes abertas

As fórmulas newtonianas de integração numérica em que um ou ambos os extremos de integração não coincidem com pontos-base são chamadas de *fórmulas abertas*. O caso mais simples a considerar é quando a função integrando *f* na Equação 5.1 é aproximada pela função constante, isto é, por polinômio de ordem zero que passa pelo ponto $(x_1, f(x_1))$:

$$h = \frac{b-a}{2}; a \equiv x_0 = x_1 - h \text{ e } b \equiv x_2 = x_1 + h; x = x_0 + \alpha h$$

Com isso, escrevemos:

Equação 5.12

$$I = \int_a^b f(x)dx \approx \int_a^b p_0(x)dx = h\int_0^2 p_0(x_0 + \alpha h)d\alpha = h\int_0^2 f(x_1)d\alpha = 2hf(x_1)$$

A representação geométrica da Equação 5.12 pode ser conferida no Gráfico 5.3, a seguir.

Para restabelecer a igualdade na Equação 5.12, introduzimos o termo de erro de truncamento. Então:

$$I = 2hf(x_1) + h\int_0^2 R_0(x_0 + \alpha h)d\alpha = 2hf(x_1) + h\int_0^2 h(\alpha - 1)f'(\theta)d\alpha$$

Mas:

$$h^2\int_0^2 (\alpha - 1)f'(\theta)d\alpha = 0$$

Como feito anteriormente (ver regra de Simpson), o modo de resolver essa dificuldade é usar o termo de erro da interpolante de uma ordem superior, ou seja, $R_1(x)$. Desse modo:

$$I = 2hf(x_1) + h\int_0^2 h(\alpha - 1)h(\alpha - 2)\frac{f''(\theta)}{2}d\alpha, \theta \in (a, b)$$

Realizando a integração, obtemos a regra aberta de integração numérica que usa um ponto, cuja representação geométrica está no Gráfico 5.3:

Equação 5.13

$$I = 2hf(x_1) + \frac{h^3}{3}f''(\vartheta), \vartheta \in (a, b)$$

Gráfico 5.3 – Interpretação geométrica da fórmula aberta de um ponto

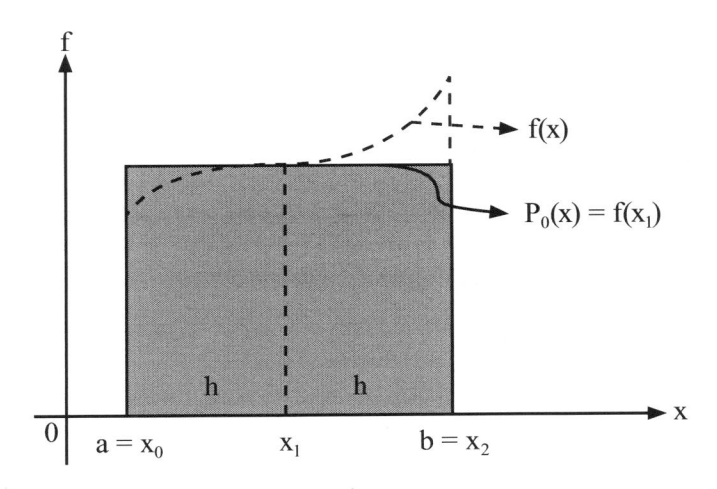

Caso a função integrando na Equação 5.1 seja aproximada por uma polinomial de grau um que passa pelos pontos $(x_1, f(x_1))$ e $(x_2, f(x_2))$, $a \equiv x_0$; $b \equiv x_3$, $x_k = x_0 + kh$, $k = 0, 1, 2, 3$, $x = x_0 + \alpha h$, e $h = \dfrac{(b-a)}{3}$, escrevemos:

$$I = \int_a^b f(x)dx = h\int_0^3 p_1(x_0 + \alpha h)d\alpha + h\int_0^3 R_1(x_0 + \alpha h)d\alpha$$

ou:

$$I = h\int_0^3 \left[f(x_1) + (\alpha - 1)\Delta f(x_1)\right]d\alpha + h^3 \int_0^3 \left[(\alpha-1)(\alpha-2)\dfrac{f''(\theta)}{2!}\right]d\alpha,\ \theta \in (a, b)$$

ou integrando:

■ Equação 5.14

$$I = \dfrac{3h}{2}\left[f(x_1) + f(x_2)\right] + \dfrac{3h^3}{4}f''(\vartheta),\ \vartheta \in (a, b)$$

A Equação 5.14 é **regra de Simpson aberta** e sua representação geométrica pode ser observada no Gráfico 5.4.

Gráfico 5.4 – Representação geométrica da regra de Simpson aberta

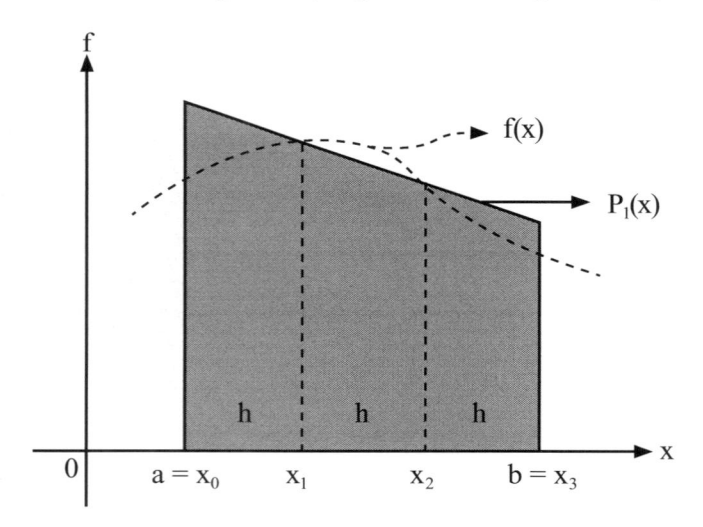

Outras fórmulas abertas podem ser obtidas de modo análogo às anteriores, como descrito na sequência.

Usamos uma polinomial interpolante de ordem n − 2, sendo os n − 1 pontos-base igualmente espaçados de *h*, isto é:

$$x_k = x_0 + kh, k = 1, 2, \ldots, n-1$$

com $a \equiv x_0$ e *b* arbitrário no momento. Então:

■ Equação 5.15

$$I = \int_a^b f(x)dx = \int_a^b p_{(n-2)}(x)dx + \int_a^b R_{(n-2)}(x)dx$$

Fazendo a mudança de variável clássica, obtemos:

■ Equação 5.16

$$I = \int_a^b p_{(n-2)}dx = h\int_0^{\bar{\alpha}} p_{(n-2)}(x_0 + \alpha h)d\alpha + h\int_0^{\bar{\alpha}} R_{(n-2)}(x_0 + \alpha h)d\alpha$$

em que $\bar{\alpha} = \dfrac{(b-x_0)}{h}$.

A polinomial interpolante de ordem n − 2 de diferença finita progressiva que passa pelos pontos-base antes mencionados fica:

■ Equação 5.17

$$p_{(n-2)}(x_0 + \alpha h) = f(x_1) + (\alpha-1)\Delta f(x_1) + (\alpha-1)(\alpha-2)\frac{\Delta^2 f(x_1)}{2!}$$
$$+ (\alpha-1)(\alpha-2)(\alpha-3)\frac{\Delta^3 f(x_1)}{3!}\ldots$$
$$+ (\alpha-1)(\alpha-2)(\alpha-3)\ldots[\alpha-(n-2)]\frac{\Delta^{(n-2)}f(x_1)}{(n-1)!}$$

O respectivo termo de erro de truncamento é:

■ Equação 5.18

$$R_{(n-1)}(x_0 + \alpha h) = h^{(n-1)}(\alpha-1)(\alpha-2)(\alpha-3)\ldots[\alpha-(n-1)]\frac{f^{(n-1)}(\theta)}{(n-1)!}, \theta \in (a, b)$$

Substituindo as Equações 5.17 e 5.18 na 5.16 e realizando as integrações – inclusive do termo do erro de truncamento que apresenta, por vezes, a dificuldade de ser nulo e atuar como nos casos anteriores, ou seja, usar termo de erro de uma polinomial de ordem superior –, encontramos o seguinte:

■ Equação 5.19

$$I_A = h\left[f(x_1)\bar{\alpha} + \Delta f(x_1)\left(\frac{\bar{\alpha}^2}{2} - \bar{\alpha}\right) + \Delta^2 f(x_1)\left(\frac{\bar{\alpha}^3}{6} - \frac{3\bar{\alpha}^2}{4} + \bar{\alpha}\right) + \ldots\right]$$

O correspondente termo de erro de truncamento é:

■ Equação 5.20

$$h\int_0^{\bar{\alpha}} R_{(n-1)}(x_0 + \alpha h)d\alpha = h^n \int_0^{\bar{\alpha}} (\alpha - 1)(\alpha - 2)(\alpha - 3)\ldots\left[\alpha - (n-1)\right]\frac{f^{(n-1)}(\theta)}{(n-1)!}d\alpha,$$
$$\theta \in (x_0, b)$$

Antes de apresentar uma família de fórmulas abertas, vamos entender o significado dos parâmetros que aparecem nessas equações. Assim, temos que o limite superior, *b*, da integral na Equação 5.1 é escolhido para coincidir com um ponto-base, de modo que a integração seja realizada em *m* intervalos de espaçamento *h*, isto é, calculamos a integral entre $a \equiv x_0$ e $b \equiv x_m$. Com isso, $\bar{\alpha} = m$. Além disso, a ordem da polinomial interpolante é $n - 2$, ou seja, $p_{(n-2)}$. Portanto, o menor valor de *n* é dois.

Dito isso, as Equações 5.19 e 5.20 formam uma família de fórmulas abertas de integração numérica, dependendo das escolhas da polinomial interpolante e de $\bar{\alpha}$. Uma família é obtida escolhendo $n = \bar{\alpha}$.

Obtemos a primeira fórmula dessa família escolhendo $\bar{\alpha} = 2$, ou seja, realizamos a integração em $m = 2$ intervalos de espaçamento *h*, usando uma polinomial interpolante de ordem zero que passa pelo ponto-base x_1 e tem os extremos $a = x_0$ e $b = x_2$, resultando na fórmula aberta de um ponto de integração expressa na Equação 5.13.

Escolhendo $\bar{\alpha} = 3$, obtemos a fórmula aberta de Simpson expressa na Equação 5.14.

Para $\bar{\alpha} = 4$, temos:

■ Equação 5.21

$$\int_{x_0}^{x_4} f(x)dx = \frac{4h}{3}\left[2f(x_1) - f(x_2) + 2f(x_3)\right] + \frac{14h^5}{45}f^{IV}(\vartheta), \vartheta \in (x_0, x_4)$$

Para $\bar{\alpha} = 5$, temos:

■ Equação 5.22

$$\int_{x_0}^{x_5} f(x)dx = \frac{5h}{24}\left[11f(x_1) + f(x_2) + f(x_3) + 11f(x_4)\right] + \frac{95h^5}{144}f^{IV}(\vartheta), \vartheta \in (x_0, x_5)$$

Quando $\bar{\alpha}$ é par, as fórmulas envolvem um número par de subintervalos e são exatas se *f* for polinômio de grau $\bar{\alpha} - 1$ ou menor. Quando $\bar{\alpha}$ é ímpar, as fórmulas são exatas se *f* for polinômio de grau $\bar{\alpha} - 2$ ou menor. Para valores pares de $\bar{\alpha}$, o coeficiente da diferença finita $\Delta^{\bar{\alpha}} f(x_1)$ é nulo na Equação 5.20. Então, o erro de truncamento envolve derivada de ordem $\bar{\alpha}$ em vez de envolver derivada de $\bar{\alpha} - 1$, como era esperado. Em razão disso, as fórmulas com $\bar{\alpha}$ ímpar são de uso mais frequente que as de $\bar{\alpha}$ par (Carnahan; Luther; Wilkes, 1969). Uma interpretação geométrica para a Equação 5.22 é ilustrada no Gráfico 5.5.

Gráfico 5.5 – Interpolação geométrica da Equação 5.22

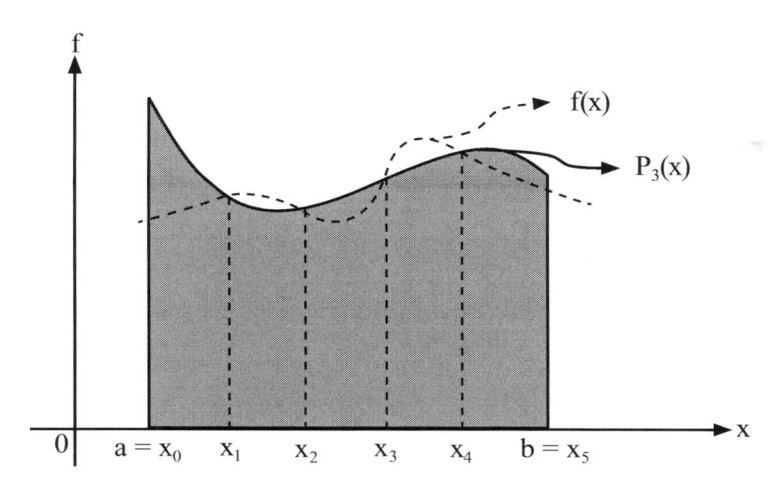

Exercício resolvido 5.1

Calcule $I = \int_0^1 x\sqrt{(x^2 + 1)}\,dx$ usando fórmulas de Newton-Cotes fechadas e abertas indicadas no Quadro 5.1, que apresenta os resultados obtidos para a integral I.

Quadro 5.1 – Cálculo de I

Número de abscissas	Fórmula Newton-Cotes – Equações	Aproximação para a integral I	
		Fórmula fechada	Fórmula aberta
1	5.13		0,559016995
2	5.3 e 5.14	0,707106781	0,576298901
3	5.5 e 5.21	0,608380257	0,610457070
4	5.9 e 5.22	0,609000871	0,610149778
5	5.10	0,609487890	
6	5.11	0,609482562	

O valor correto com nove casas decimais da integral é 0,609475708.

Observe que, nesse caso, a aproximação para a integral melhorou com o aumento do grau da polinomial que interpola a função integrando, o que nem sempre ocorre.

Erro de truncamento nas fórmulas de Newton-Cotes

Observando os termos de erro de truncamento E_{r+1} nas fórmulas de Newton-Cotes e admitindo que $f \in C^{p+1}$ (o que significa que f é uma função contínua com derivadas contínuas até a ordem $p + 1$), percebemos que eles têm a seguinte forma geral:

Equação 5.23

$$E_{r+1} = K_{r+1} \frac{h^{p+2}}{(p+1)!} f^{(p+1)}(\vartheta), \vartheta \in (a, b)$$

em que:

$$p = \begin{cases} r + 1, \text{ se } r \text{ é par} \\ r, \text{ se } r \text{ é ímpar} \end{cases}$$

Observe que r é o grau da polinomial que interpola a função integrando f. A constante K_{r+1} depende apenas de r, ou seja, independe de h e f (Albrecht, 1973).

Definição 5.1

Uma fórmula de Newton-Cotes é de ordem S se o erro E_{r+1} é de ordem S em h, isto é, $E_{r+1} = O(h^S)$.

Pela Definição 5.1, fórmulas de Newton-Cotes são de ordem $p + 2$, em que p é dado como na Equação 5.23. O erro se anula se a função integrando for um polinômio de grau menor ou igual a r. Observe que a regra trapezoidal é de $O(h^3)$, e a regra de Simpson, de $O(h^5)$. A ordem das fórmulas de Newton-Cotes cresce com r, embora as fórmulas com $r = 2j$ e $r = 2j + 1$, $j \in \mathbb{N}$ sejam de mesma ordem.

Contudo, como veremos, a precisão dos resultados obtidos por essas fórmulas não aumenta, necessariamente, com a ordem, como ocorreu no Exercício resolvido 5.1. A precisão pode ser aumentada subdividindo o intervalo [a, b] de integração em subintervalos e aplicando a fórmula simples de maneira repetida. Esse procedimento origina fórmulas de integração denominadas *fórmulas compostas de integração*. A seguir, apresentamos algumas fórmulas compostas de Newton-Cotes.

Regra trapezoidal composta

Uma das maneiras de reduzir o erro de integração que decorre da aproximação da Equação 5.1 pela regra trapezoidal simples consiste em dividir o intervalo [a, b] em subintervalos e aplicar repetidamente a regra simples em cada subintervalo.

Para n aplicações da regra trapezoidal simples, no intervalo [a, b], cada subintervalo $I_j = [x_{j-1}, x_j]$, $j = 1, 2, 3, \ldots, n$, tem amplitude $h = \frac{(b-a)}{n}$, $x_k = x_0 + kh, k = 0, 1, 2, 3, \ldots, n$, com $x_0 = a$ e $x_n = b$. Então, escrevemos:

■ Equação 5.24

$$I = \int_{a \equiv x_0}^{b \equiv x_n} f(x)dx = \int_{x_0}^{x_1} f(x)dx + \int_{x_1}^{x_2} f(x)dx + \ldots + \int_{x_{n-1}}^{x_n} f(x)dx$$

ou seja:

$$I = \frac{h}{2}\left[f(x_0) + f(x_n) + 2\sum_{k=1}^{n-1} f(x_k)\right] - \sum_{j=1}^{n} \frac{h^3}{12} f''(J_j), J_j \in (x_{j-1}, x_j)$$

Uma pequena modificação no termo do erro dessa fórmula pode ser feita, segundo Leithold (1994), se a função $f \in C^2[a, b]$ existe e $\vartheta \in (a, b)$, tal que:

■ Equação 5.25

$$nf''(J) = \sum_{j=1}^{n} f''(J_j), J_j \in (x_{j-1}, x_j)$$

Substtituindo a Equação 5.25 na 5.24, obtemos:

■ Equação 5.26

$$I = \frac{h}{2}\left[f(x_0) + f(x_n) + 2\sum_{k=1}^{n-1} f(x_k)\right] - \frac{(b-a)h^2}{12} f''(\vartheta), \vartheta \in (a, b)$$

A Equação 5.26 é a **regra trapezoidal composta** para *n* aplicações no intervalo de integração [a, b]. A interpretação geométrica dessa regra é ilustrada no Gráfico 5.6.

Gráfico 5.6 – Interpretação geométrica da regra trapezoidal composta

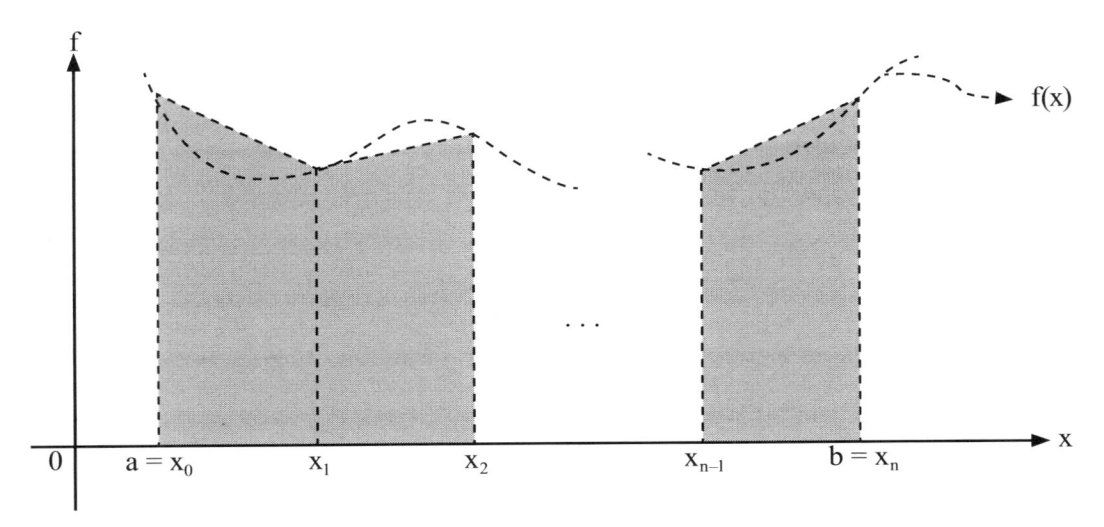

Regra de Simpson composta

Aqui, para *n* aplicações da regra de Simpson no intervalo [a, b], necessitamos de 2n + 1 pontos-base igualmente espaçados de $h = \dfrac{(b-a)}{2n}$, com $a \equiv x_0$ e $b \equiv x_{2n}$. Então, a regra de Simpson é aplicada em cada subintervalo $\left[x_{2j-2}, x_{2j}\right]$, $j = 1, 2, n$, resultando:

Equação 5.27

$$I = \int_{a \equiv x_0}^{b \equiv x_{2n}} f(x)dx = \int_{x_0}^{x_2} f(x)dx + \int_{x_2}^{x_4} f(x)dx + \ldots + \int_{x_{2n-2}}^{x_{2n}} f(x)dx$$

$$I = \frac{h}{3}\left\{f(x_0) + f(x_{2n}) + 4\left[\sum_{\substack{i=1 \\ \Delta_i = 2}}^{2n-1} f(x_{2i-1})\right] + 2\left[\sum_{\substack{j=2 \\ \Delta_j = 2}}^{2n-2} f(x_{2j})\right]\right\} - \frac{(b-a)h^4}{180}f^{IV}(\vartheta)$$

$$\vartheta \in (a, b)$$

A Equação 5.27 é a **regra de Simpson composta** para *n* aplicações, com o termo do erro modificado como na regra trapezoidal composta.

É esclarecedor conferir a interpretação geométrica dessa regra composta, que consta no Gráfico 5.7.

Gráfico 5.7 – Interpretação geométrica da regra de Simpson composta

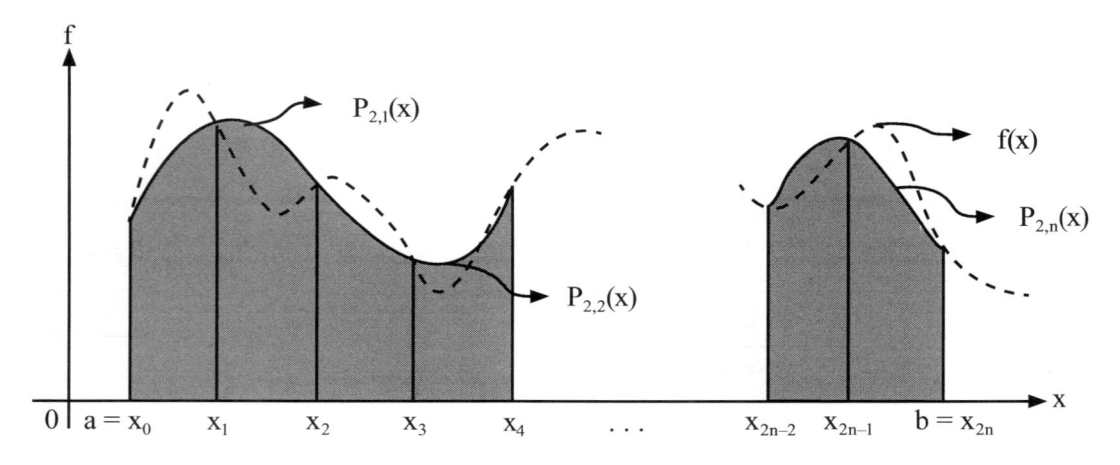

No Gráfico 5.7, $P_{21}, P_{22}, \ldots, P_{2n}$ são as polinomiais de grau dois em cada subintervalo.

Exercício resolvido 5.2

Calcule a integral dada no Exercício resolvido 5.1 por meio das regras trapezoidal e de Simpson para n = 2, 4, 6, 10, 20 e 50 aplicações.

O procedimento para aplicar as regras de integração precisa determinar o número n de pontos de integração, $(x_i, f(x_i))$, $1 \leq i \leq n$; pois, com isso, calculamos o passo de integração h e, por último, aplicamos a regra.

No caso de duas aplicações, temos:

Regra Trapezoidal

n = número de aplicações + 1 = 3; $h = \dfrac{(b-a)}{(\text{número de aplicações})}$, ou seja, $h = \dfrac{1-0}{2} = 0{,}5$.

Desse modo, construímos um quadro de pontos de integração:

$(0, f(0)) = (0, 0); (0{,}5, f(0{,}5)) = (0{,}5, 0{,}559016994); (1, f(1)) = (1, 1{,}414213562)$.

$$I \approx I_T = \frac{h}{2}\left[f(a) + f(b) + 2 \cdot f(a+h)\right] = \frac{0{,}5}{2}\left[f(0) + f(1) + 2 \cdot f(0{,}50)\right]$$
$$= 0{,}633061887$$

Regra de Simpson

n = 2 · (número de aplicações) + 1 = 5

$h = \dfrac{(b-a)}{(2 \cdot \text{número de aplicações})} = 0{,}25$

$(0, f(0)) = (0, 0)$

$(0{,}25, f(0{,}25)) = (0{,}25, 0{,}257694101)$

$(0{,}5, f(0{,}5)) = (0{,}5, 0{,}559016994)$

$(0{,}75, f(0{,}75)) = (0{,}75, 0{,}9375)$

$(1, f(1)) = (1, 1{,}414213562)$

$$I \approx I_T = \frac{h}{3}\{f(0) + f(1) + 4 \cdot [f(0{,}25) + f(0{,}75)] + 2 \cdot f(0{,}5)\}$$
$$= 0{,}609418662$$

Convém observar que, dependendo do número de aplicações, os pontos de integração são usados várias vezes. No Quadro 5.2, há todos os resultados.

Quadro 5.2 – Resultados para $I = \int_0^1 x\sqrt{x^2+1}\,dx$

Número de aplicações da regra	Aproximação para integral	
	Regra trapezoidal	Regra de Simpson
2	0,633061888	0,608380257
4	0,615329470	0,609418663
6	0,612074017	0,609464847
10	0,610410486	0,609474324
20	0,609799339	0,609475623
50	0,609513086	0,609475706

Exercício resolvido 5.3

Calcule a integral $I = \int_0^1 \dfrac{1}{1-\cos(x)+0,25}\,dx$ pela regra de Simpson composta para $n = 2, 4, 10, 16, 20, 50$.

Os resultados obtidos são mostrados no Quadro 5.3.

Quadro 5.3 – Aproximações para $I = \int_0^1 \dfrac{1}{1-\cos(x)+0,25}\,dx$

Aplicações	Aproximação
2	10,23926495
4	8,005243505
10	8,219255334
16	8,356019130
20	8,372142229
50	8,377580241

A regra trapezoidal composta tem ordem $O(h^2)$, e a regra de Simpson composta é $O(h^4)$. Constatamos isso também nos resultados obtidos e ilustrados nos Quadros 5.2 e 5.3.

Seguindo um procedimento análogo ao realizado para as regras trapezoidal e de Simpson, outras regras compostas podem ser obtidas.

Considerações gerais sobre convergência das regras de Newton-Cotes

As fórmulas de Newton-Cotes resultam da integração da Equação 5.1 quando a função integrando é aproximada por polinomial interpolante de grau r, $P_r(x)$ ($r = m$ para fórmulas fechadas e $r = m - 2$ para fórmulas abertas, sendo m o número de subintervalos em que $[a, b]$ é dividido. Isso acarreta o termo de erro de truncamento R_{r+1} ou E_{r+2}, caso r seja ímpar ou par, respectivamente). A questão, agora, é sob quais condições temos a equação a seguir:

Equação 5.28

$$\lim_{r \to \infty} E_{r+1} = 0 \text{ ou } \lim_{r \to \infty} E_{r+2} = 0$$

Em que condições podemos obter fórmulas de qualquer precisão com o simples aumento de *r*?

Para responder a essas questões, devemos lembrar o que tratamos sobre análise do erro na teoria de interpolação, no Capítulo 4, no qual constatamos que nem sempre o aumento do grau da polinomial interpolante implica na diminuição do erro de interpolação. Então, é evidente que a Equação 5.28 não fica garantida com o simples aumento de *r*. Uma condição suficiente é expressa pelo teorema a seguir.

Teorema

Suponha que a função integrando *f* na Equação 5.1 seja contínua em [a, b] e seja $w_k \geq 0$, $0 \leq k \leq r$, sendo w_k pesos nas fórmulas newtonianas. Desse modo, a Equação 5.28 é verificada.

A demonstração desse teorema pode ser vista em Albrecht (1973).

Nem todas as fórmulas de Newton-Cotes satisfazem à hipótese $w_k \geq 0$ para todo *k*. Essa condição é suficiente e, portanto, a Equação 5.28 pode valer para certas funções *f*, mesmo com fórmulas em que alguns pesos w_k sejam negativos.

Delimitação e estimativa para erro de truncamento nas fórmulas de Newton-Cotes: erro de arredondamento

Mais uma vez, delimitar ou estimar o erro de truncamento é importante, pois, desse modo, a aproximação numérica da Equação 5.1 por meio de fórmulas de Newton-Cotes passa a ser confiável. Por exemplo, a delimitação do erro de truncamento para a regra $\frac{3}{8}$ de Simpson é a seguinte:

Equação 5.29

$$|E_4| \leq \frac{3h^5}{80} M_4, \quad M_4 = \max_{x \in [a, b]} |f(x)|$$

Nas regras compostas, trapezoidal e de Simpson, o erro de truncamento é, respectivamente:

Equação 5.30

$$|E_T| \leq \frac{(b-a)}{12} h^2 M_T, \quad M_T = \max_{x \in [a, b]} |f''(x)|$$

Equação 5.31

$$|E_S| \leq \frac{(b-a)}{180}h^4 M_S, \ M_S = \max_{x \in [a,b]} |f^{IV}(x)|$$

De modo geral, o erro de truncamento das fórmulas de Newton-Cotes pode ser assim escrito:

Equação 5.32

$$|E_{r+1}| \leq \left|K_{r+1}\frac{h^{p+2}}{(p+1)!}\right|M, \ M = \max_{x \in [a,b]} |f^{(p+1)}(x)|$$

em que *p* é definido como na Equação 5.23, isto é:

$$p = \begin{cases} r+1, \text{ se } r \text{ é par} \\ r, \text{ se } r \text{ é ímpar} \end{cases}$$

Exercício resolvido 5.4

Pela regra trapezoidal composta para n = 8 aplicações, aproxime a integral $I = \int_0^2 \frac{2x^2}{x^2+1}dx$ e delimite o erro de truncamento da aproximação.

Nesse caso:

$$I \approx I_T = \frac{h}{2}\left\{f(x_0) + f(x_8) + 2\left[\sum_{i=1}^{7}x_i\right]\right\}, \ h = \frac{b-a}{n} = 0{,}25$$

Com isso, resulta:

$$I_T = 1{,}787366737$$

A delimitação do erro de truncamento pode ser feita assim:

$$|E_T| \leq \frac{(b-a)}{12}h^2 M_T, \ M_T = \max_{x \in [a,b]} |f''(x)|$$

ou seja:

$$|E_T| \leq \frac{(2-0)}{12}0{,}25^2 M_T, \ M_T = \max_{x \in [0,2]} \left|\frac{-12x^2+4}{(x^2+1)^3}\right| = 4$$

Operando:

$$|E_T| \leq \frac{(2-0)}{12}0{,}25^2 \cdot 4 < 0{,}042 < 0{,}5 \cdot 10^{-1}$$

isto é, o resultado aproximado tem uma casa decimal de precisão.

Nem sempre é fácil delimitar o erro, pois pode haver dificuldades no cálculo de M. Além disso, em muitos problemas, a expressão analítica de f não é conhecida, o que torna impossível delimitar o erro. Nesse caso, procuramos estimar o erro de truncamento usando as fórmulas de diferenciação numérica (que serão apresentadas no Capítulo 6) para calcular M por meio de procedimento numérico. No caso da regra trapezoidal composta que envolve f'', temos o seguinte:

■ Equação 5.33

$$f''(x) = \frac{f(x+h) - 2f(x) + f(x-h)}{h^2} + O(h^2)$$

Então, uma estimativa para M pode ser obtida do seguinte modo:

■ Equação 5.34

$$M \leq \max_{1 \leq k \leq n} \left| \frac{f(x_{k+1}) - 2f(x_k) + f(x_{k-1})}{h^2} \right|$$

Para outras fórmulas de integração, o procedimento é análogo.

Até o momento, consideramos apenas erro de truncamento que ocorre quando aproximamos a Equação 5.1 pelas fórmulas newtonianas. Porém, além do erro de truncamento, há erro de arredondamento no cálculo dos valores de f, h, e dos próprios pesos w_k, que, às vezes, são números irracionais. Pode, ainda, ocorrer erros nos dados quando os valores funcionais são provenientes de resultados experimentais ou de medidas, por exemplo. Desse modo, temos três fontes de erro. Deixando de lado a última fonte, erro nos dados, escrevemos:

$$I = I_{aprox} + E_A + E_T$$

em que I_{aprox} é o valor aproximado da integral obtido por fórmula de Newton-Cotes; E_A, o erro de arredondamento, e E_T, o erro de truncamento da fórmula.

Como vimos nos Exercícios resolvidos, a expectativa teórica é que, à medida que n, no caso das regras compostas, ou a ordem das regras de integração simples cresçam, o erro de truncamento diminua. No caso das regras simples, como veremos, o aumento da ordem da fórmula nem sempre implica a redução do erro de truncamento. No caso das regras compostas convergentes, o aumento do número de aplicações ocasiona redução desse erro. Essa situação pode ser visualizada no Gráfico 5.8.

Gráfico 5.8 – Erro de truncamento: fórmulas compostas

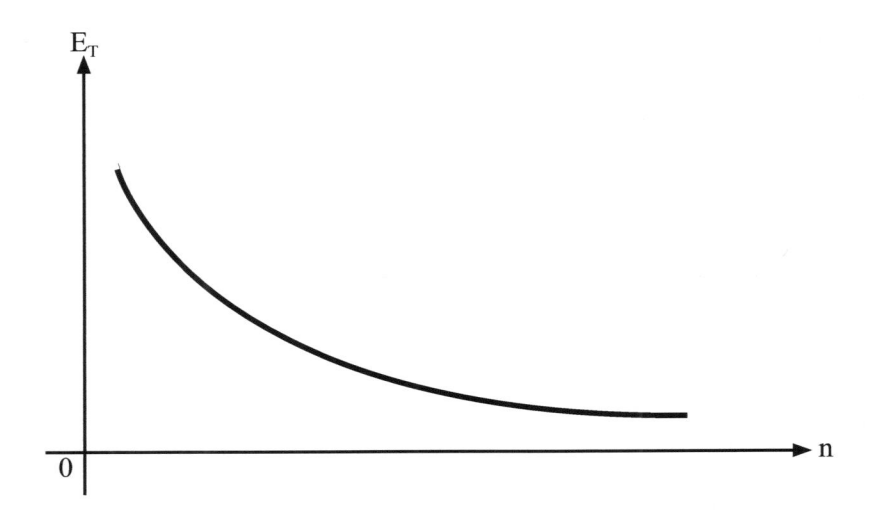

[Gráfico: curva decrescente de E_T em função de n]

Por outro lado, quando *n* cresce, aumentam os cálculos e, consequentemente, aumenta o erro de arredondamento. Observe o Gráfico 5.9.

Gráfico 5.9 – Erro de arredondamento: fórmulas compostas

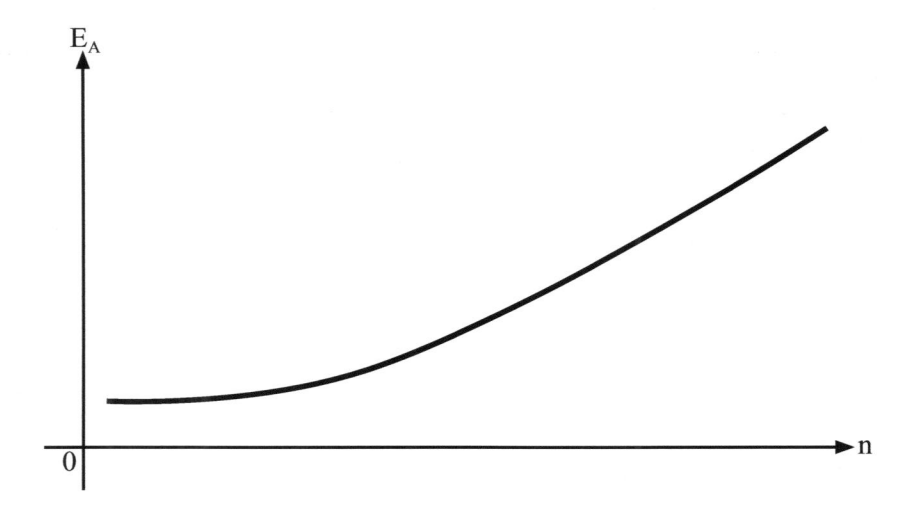

[Gráfico: curva crescente de E_A em função de n]

Considerando os erros de truncamento e arredondamento, o erro total E comporta-se conforme ilustra o Gráfico 5.10.

Gráfico 5.10 – Erro total: fórmulas compostas

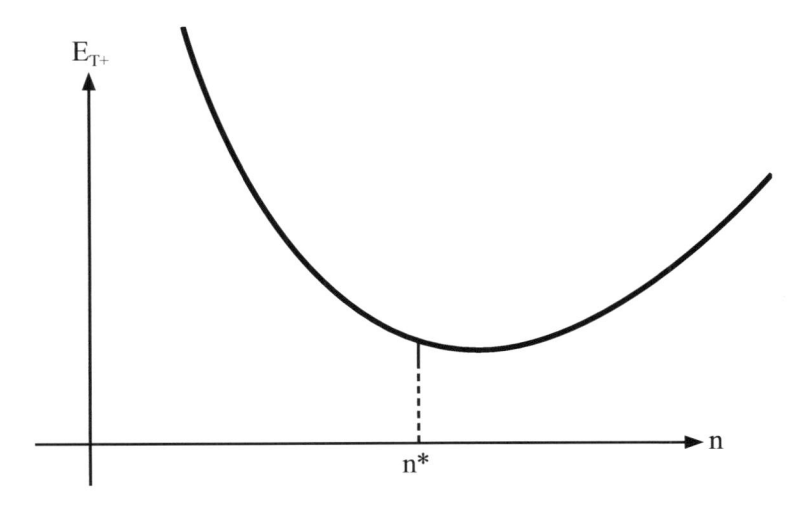

[Gráfico mostrando curva de E_{T+} em função de n, com mínimo em n^*]

Isso significa que, após certo n*, a precisão do resultado no cálculo da integral na Equação 5.1 não aumenta com o crescimento de *n*, tendo em vista os erros de arredondamento. A integração numérica é um processo estável, portanto, em geral, o erro de arredondamento não constitui problema para realizá-la.

Exercício resolvido 5.5

A velocidade instantânea medida em km/h de um avião é $v = 400\text{sen}(t)$. Calcule o espaço percorrido por esse avião após 3h.

Observe que $v(0) = 0$; $v(1) = 336.5883939$; $v(3) = 56.44800324$. Da Física, sabemos que:

$$v = \frac{dx}{dt}$$

Então, o espaço percorrido *x* depois de 3 horas é calculado por:

$$x = \int_0^3 400\text{sen}(t)dt$$

Aproximando a integral pela regra trapezoidal composta, com $h = 0,25$, obtemos:

$$x \approx x_T = \frac{h}{2}\{v(0) + v(3) + 2[v(0,25) + v(0,5) + v(0,75) + v(1) + v(1,25) + v(1,5)$$
$$+ v(1,75) + v(2) + v(2,25) + v(2,5) + v(2,75)]\}$$
$$= 791,8468564\,\text{km}$$

Exercício resolvido 5.6

Suponha que a temperatura f(t) em graus Fahrenheit *t* horas após a meia noite seja expressa por:

$$f(t) = 60 - 15 \cdot \text{sen}\left[\frac{\pi(8-t)}{12}\right]$$

Calcule a temperatura média entre 8 e 18 horas.
Primeiramente, vamos observar o Gráfico 5.11.

Gráfico 5.11 – Função *f*

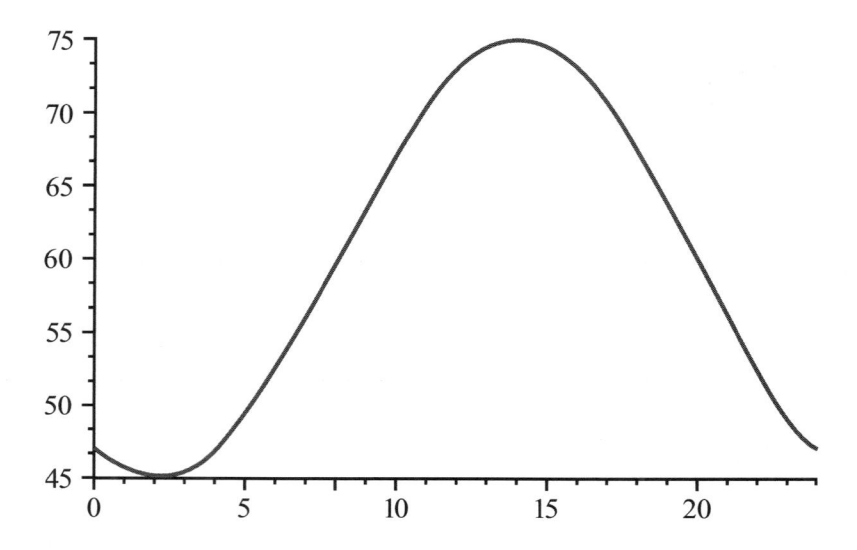

Do cálculo diferencial e integral, o valor médio de uma função *f* em um intervalo [a, b] é calculado por:

$$v_m = \frac{1}{(b-a)} \int_a^b f(x)dx$$

Então, a temperatura média, T_m, no caso, fica:

$$T_m = \frac{1}{(18-8)} \int_8^{18} f(t)dt$$

Usando a regra de Simpson composta para $n = 10$ aplicações, $h = 0,5$, sendo $f(t) = 60 - 15 \cdot \text{sen}\left(\frac{\pi(8-t)}{12}\right)$:

$$T_m = 0,1 \cdot \frac{0,5}{3}\{f(8) + f(18) + 4[f(8,5) + f(9,5) + f(10,5) + f(11,5) + f(12,5) + f(13,5)$$
$$+ f(14,5) + f(16,5) + f(17,5)] + 2[f(9) + f(10) + f(11) + f(12) + f(13)$$
$$+ f(14) + f(15) + f(16) + f(17)]\}$$

ou seja:

$$T_m = 70,69°F$$

Exercício resolvido 5.7

Para a situação dada no Exercício resolvido 5.5, calcule o erro máximo cometido no cálculo aproximado pela regra trapezoidal composta.

O erro de truncamento E_T para a regra trapezoidal composta é:

$$|E_T| = \left|-\frac{(b-a)}{12}h^2 f''(\vartheta)\right|, \vartheta \in (a,b)$$

Então, o erro máximo será calculado do seguinte modo:

$$|E_t| \leq \frac{(3-0)}{12}h^2 M$$

em que:

$$M = \max_{t \in [a,b]}|f''(t)|$$

Como $f(t) = v(t) = 400\text{sen}(t)$, temos que $f'(t) = 400\cos(t)$ e $f''(t) = -400\text{sen}(t)$, $t \in [0,3]$.

Desse modo:

$$M = \max_{t \in [0,3]}|-400\text{sen}(t)| = 400$$

Assim, o erro máximo é:

$$M = \frac{3}{12}0,25^2 \cdot 400 = 6,25 \text{ km}$$

Exercício resolvido 5.8

Usando a regra trapezoidal, calcule o comprimento da curva definida pela função $f(x) = \dfrac{300}{x^6 - 1}$, em que a variável x pertence ao intervalo $[2, 4]$.

Do cálculo diferencial e integral, temos que o comprimento da curva, no exemplo, é calculado por:

$$L_C = \int_2^4 \sqrt{1 + \left[f'(x)\right]^2}\, dx$$

Calculando a derivada de f, temos:

$$f'(x) = \dfrac{-1800x^5}{\left(x^6 - 1\right)^2}$$

Então, o comprimento da curva fica:

$$L_C = \int_2^4 \sqrt{1 + \dfrac{3240000x^{10}}{\left(x^6 - 1\right)^4}}\, dx$$

A função integrando é:

$$g(x) = \sqrt{1 + \dfrac{3240000x^{10}}{\left(x^6 - 1\right)^4}}$$

Com $h = 0,5$, a regra trapezoidal fornece a seguinte aproximação para o comprimento da curva:

$$L_C \approx \dfrac{0,5}{2}\left\{g(2) + g(4) + 2\left[g(2,5) + g(3) + g(3,5)\right]\right\}$$

ou seja:

$$L_C \approx 6,6243$$

Observe o Gráfico 5.12.

Gráfico 5.12 – Função f

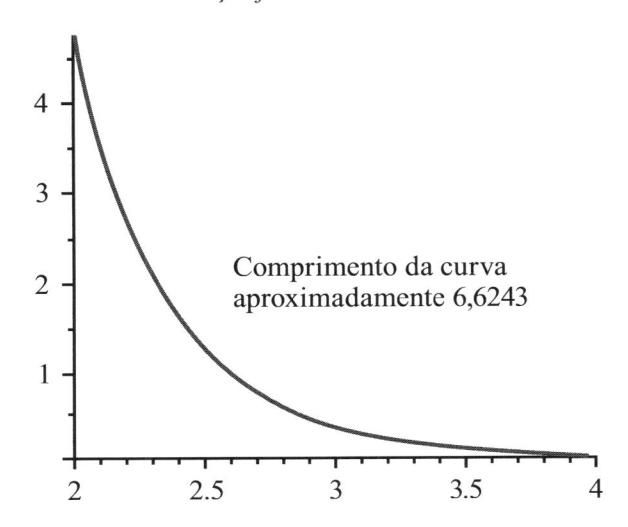

Comprimento da curva aproximadamente 6,6243

Exercício resolvido 5.9

Calcule o volume do sólido representado na Figura 5.1.

Figura 5.1 – Representação do sólido (pense em uma garrafa ou moringa)

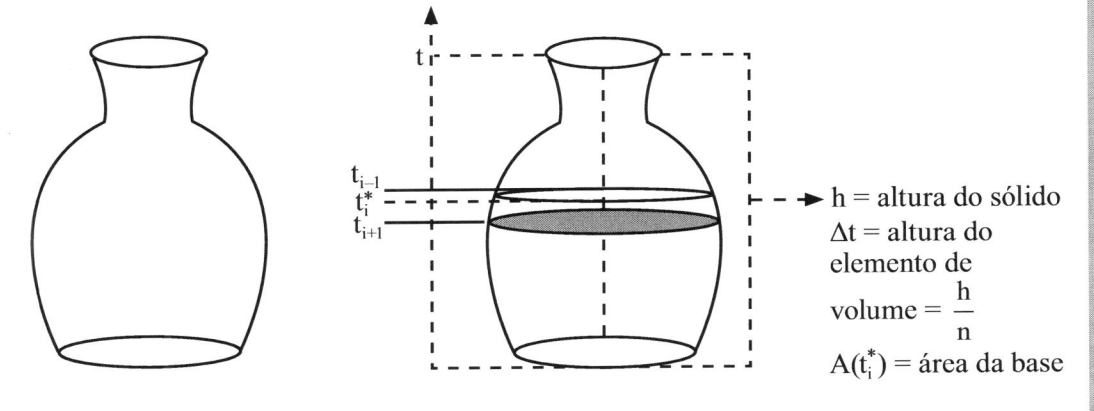

h = altura do sólido
Δt = altura do elemento de volume = $\dfrac{h}{n}$
$A(t_i^*)$ = área da base

A ideia aqui é a mesma utilizada para o cálculo de áreas (o elemento de área é um retângulo – a soma das áreas dos retângulos sob o gráfico da função fornece uma aproximação para a área sob a curva). Nesse caso, tomamos um elemento de volume (área da base multiplicada pela altura) que tem como volume:

$$A\left(t_i^*\right) \cdot \Delta t$$

Uma aproximação para o volume do sólido pode ser calculada por:

$$V = \sum_{i=1}^{n} A(t_i^*) \Delta t$$

Quando *n* tende ao infinito, o volume fica:

$$V = \lim_{n \to \infty} \sum_{i=1}^{n} A(t_i^*) \Delta t = \int_0^h A(t) dt$$

Com base nessa ideia, vamos calcular o volume de um cone circular de raio R e altura h, como mostra a Figura 5.2.

Figura 5.2 – Representação de cone de raio R e de seu corte transversal

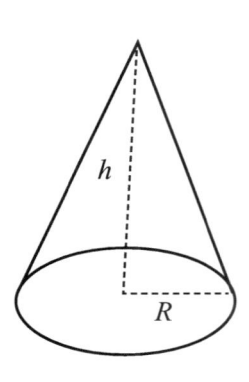

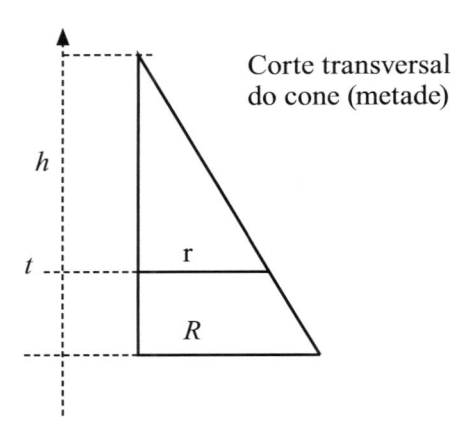

Nesse caso, temos:

$$V_c = \int_0^h A_{base}(t) dt$$

em que a área da base é igual a πr^2, sendo *r* uma função da variável *t*.

Por semelhança de triângulos, escrevemos:

$$\frac{R}{h} = \frac{r}{h-t} => r(t) = \frac{R}{h}(h-t)$$

Então:

$$V_c = \int_0^h \pi \frac{R^2}{h^2}(h-t)^2 dt$$

Resolvendo a integral por meio do cálculo diferencial e integral, obtemos:

$$V_c = \frac{\pi r^2 h}{3}$$

que é o volume do cone, conforme conhecemos da geometria.

Exercício resolvido 5.10

Calcule a área da região limitada pelas curvas $y = \cos(x)$ e $y = \ln(x + 1)$ do Gráfico 5.13.

Gráfico 5.13 – Funções $y = \ln(x + 1)$ e $y = \cos(x)$ no intervalo $[0, 3]$

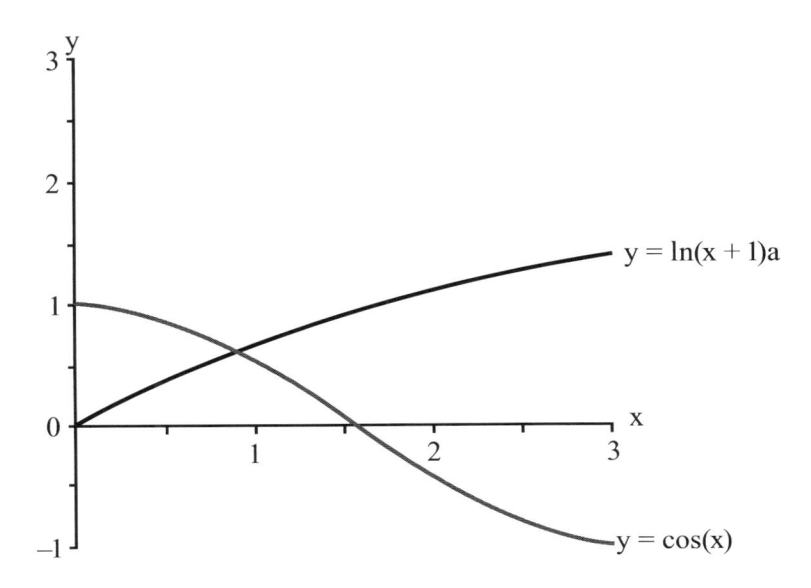

Queremos calcular a área da região compreendida entre as curvas, o eixo das ordenadas e o ponto de interseção das curvas, como representado no Gráfico 5.14.

Gráfico 5.14 – Área da região que se deseja calcular

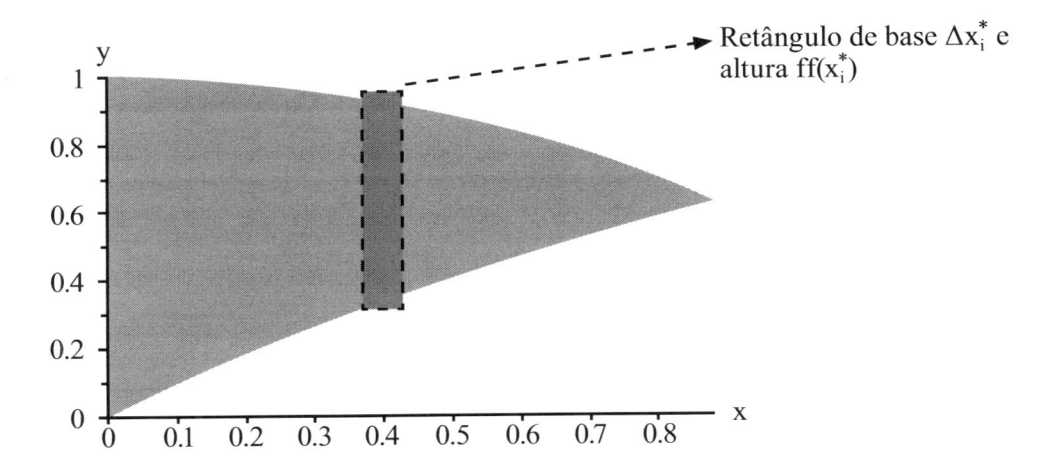

Retângulo de base Δx_i^* e altura $ff(x_i^*)$

Primeiramente, precisamos obter o ponto de intersecção entre as curvas, isto é, precisamos da abscissa em que $\cos(x) = \ln(x + 1)$.

Para isso, usamos o **método das aproximações** (visto no Capítulo 2) com a seguinte equação de recorrência:

$$x = \text{arc}\{\cos[\ln(x+1)]\}$$

que origina a equação de atualização:

$$x_{n+1} = \text{arc}\{\cos[\ln(x_n + 1)]\}, n = 0, 1, 2, \ldots$$

Escolhendo $x_0 = 0{,}8$, próximo da abscissa de interseção, como indicado no Gráfico 5.14, calculamos: $x_1 = 0{,}9390772306$; $x_{10} = 0{,}8826734941$. Então, a área da região será calculada por:

$$A = \int_0^{0,88} [\cos(x) - \ln(x)] dx$$

Tomamos para o limite superior de integração, que é x_{10}, o valor com duas casas decimais, que é 0,88. Vamos calcular o valor de A numericamente. Nesse caso, é mais conveniente usar como elemento de área o retângulo, como consta no Gráfico 5.14, isto é, um retângulo de base Δx e altura = $ff(x_i^*) = \cos(x_i^*) - \ln(x_i^*)$.

Sendo x_i^* um ponto entre x_{i-1} e x_i, $i = 1, \ldots, n$, então uma aproximação para A fica:

$$A \approx \sum_{i=1}^{n} ff(x_1) \Delta x_i$$

Escolhendo n = 16, isto é, considerando a soma de 16 retângulos de base $\Delta x_i = \Delta x$ e altura $ff(x_i)$, $i = 1 \ldots 16$, temos:

$$\begin{aligned}
A \approx{} & 0.055[(ff(0) + ff(0.055) + ff(0.11) + ff(0.165) + ff(0.22) + ff(0.275) \\
& + ff(0.33) + ff(0.385) + ff(0.44) + ff(0.495) + ff(0.55) \\
& + ff(0.605) + ff(0.66) + ff(0.715) + ff(0.77) + ff(0.825) + ff(0.88)] \\
={} & 0.4915332957
\end{aligned}$$

6

Solução numérica de equações diferenciais ordinárias e derivação numérica

Equações diferenciais formam o arcabouço das formulações locais da engenharia e das ciências em geral. Há duas classes de equações diferenciais: (1) ordinárias; (2) parciais. As **ordinárias** surgem quando as formulações envolvem apenas uma variável independente, e as **parciais** envolvem mais de uma variável independente.

Neste texto, que consideramos um primeiro curso de cálculo numérico, tratamos das equações diferenciais ordinárias (EDOs) e de como resolvê-las numericamente. Nesse sentido, veremos conceitos novos, elaborados e amplos.

Uma EDO geral é expressa na forma a seguir.

Equação 6.1

$$F\left(x, y, \frac{dy}{dx}, \frac{d^2y}{dx^2}, \ldots, \frac{d^ny}{dx^n}\right) = 0$$

Nessa expressão, temos:

- x – variável independente;
- y – variável dependente;
- $\frac{dy}{dx}$ – primeira derivada da variável dependente;
- $\frac{d^2y}{dx^2}$ – derivada de segunda ordem da variável dependente;
- e assim sucessivamente até $\frac{d^ny}{dx^n}$ – derivada de ordem n da variável dependente.

A maior ordem de derivada da variável dependente presente na Equação 6.1 indica a **ordem** da EDO (Kreider; Kuller, 1966).

Para estudar uma EDO, aplicamos o teorema da função implícita na Equação 6.1 e obtemos:

■ Equação 6.2

$$\frac{d^n y}{dx^n} = G\left(x, y, \frac{dy}{dx}, \frac{d^2 y}{dx^2}, \ldots, \frac{d^{n-1} y}{dx^{n-1}}\right)$$

Neste capítulo, nosso desafio é determinar uma função y que satisfaça a Equação 6.2, acompanhada de n condições do seguinte tipo:

■ Equação 6.3

$$y(x_0) = c_0, y'(x_1) = c_1, \ldots, y^{(n-1)}(x_{n-1}) = c_{n-1}$$

É importante notar que as ordens de derivadas envolvidas nas condições devem ser menores que a ordem da EDO. Também é necessário verificar se as abscissas em que as condições são especificadas são ou não iguais: se forem iguais, isto é, $x_0 = x_1 = \ldots = x_{n-1}$, o problema é dito de *valor inicial*; caso contrário, é denominado de *valor no contorno*. Em cada abscissa, há apenas uma condição. A solução da EDO, com as condições assim estipuladas, é uma função y que admite derivada de ordem n em um intervalo da reta real, contendo as abscissas das condições, e satisfaz a Equação 6.2 e as condições da Equação 6.3.

Encontrar uma solução analítica que satisfaça a Equação 6.2 e as condições da Equação 6.3, na maioria dos casos, não é uma tarefa fácil. Porém, se a EDO é linear, há uma teoria bem desenvolvida que, na maioria dos casos, conduz a uma solução para o problema. Se for não linear, cada equação traz em si dificuldades ocasionadas em razão da teoria focada em grupos de operadores diferenciais específicos. Nesses problemas, que são muitos, a solução numérica é de grande valia.

Vamos conferir alguns exemplos simples que demonstram essas dificuldades.

Considere a EDO a seguir.

■ Equação 6.4

$$y'(x) = x^2 + y^2$$

Essa EDO é de primeira ordem, não linear. A não linearidade provém do termo y^2.

FIQUE ATENTO!

Sempre que o operador diferencial envolve termos não lineares da variável dependente, como potências, radicais, funções transcendentais, multiplicação de variável dependente e suas derivadas, o operador diferencial da EDO é não linear.

Apesar da aparência simples, a solução dessa EDO não pode ser expressa por funções elementares: polinomiais, trigonométricas, logarítmicas, exponenciais.

Observe, agora, outra EDO.

Equação 6.5

$$y'(x) = 1 - 2xy$$

Essa EDO é de primeira ordem, linear, a coeficientes variáveis. É fácil verificar que sua solução pode ser assim escrita:

Equação 6.6

$$y(x) = e^{-x^2} \int_0^x e^{t^2} dt$$

Todavia, a integral do lado direito da Equação 6.6 não tem solução em termos de funções reais elementares. Uma alternativa é resolver numericamente a integral.

No problema mais geral, no contexto prático, os coeficientes da EDO, muitas vezes, são funções definidas por valores funcionais dados ou medidos. Daí a relevância do tratamento numérico de EDO.

Note que as Equações 6.2 e 6.3 não são problemas numéricos. Então, para uma solução numérica, a primeira providência é escolher um método que o transforme em um problema numérico. São esses métodos que apresentaremos na sequência, mas, como existem muitos, escolhemos alguns que julgamos serem clássicos, robustos, estáveis, sobejamente testados e usados em problemas relevantes da ciência e da engenharia. Apesar do foco restrito, abordaremos de modo bastante completo como usá-los para resolver numericamente uma EDO.

6.1 Solução numérica de EDO de primeira ordem: problema de valor inicial

Uma EDO de primeira ordem a valor inicial é expressa por:

Equação 6.7

$$\begin{cases} \dfrac{dy}{dx} = f(x,y) \\ y(x_0) = y_0 \end{cases}$$

em que a função f é assim definida: $f:(a,b) \times (-\infty, +\infty) \to R$, e $y: I = [a, b] \to R$.

O problema na Equação 6.7 é denominado *problema de Cauchy*. As questões de existência, unicidade e estabilidade da solução desse problema estão expostas em Sperandio, Mendes e Silva (2014) e demonstradas em Atkinson (1978). Neste texto, admitiremos sempre que a EDO em estudo tenha solução, seja única e estável.

Com isso esclarecido, passamos à solução numérica da EDO na Equação 6.7[1].

Já vimos que o problema como está na Equação 6.7 não é numérico. Por isso, vamos discretizar o intervalo I = [a, b] para o qual desejamos a solução, conforme segue:

1. Dividimos I = [a, b] em *n* subintervalos $\left[x_k, x_{k+1}\right]$, $0 \leq k \leq (n-1)$, de mesma amplitude $h = x_{k+1} - x_k$, sendo $x_0 \equiv a$ e $x_n \equiv b$.
2. Usamos um método numérico de EDO para determinar uma aproximação da solução em cada abscissa $x_i = x_0 + i_h$, $0 \leq i \leq n$. Daqui para a frente, adotamos a seguinte notação:

> y_i é o valor aproximado de $y(x)$ na abscissa x_i, ou seja, $y_i \approx y(x_i)$.

Desse modo, a resposta é fornecida na forma de um quadro de valores funcionais, como podemos ver no Gráfico 6.1.

Gráfico 6.1 – Solução numérica de EDO

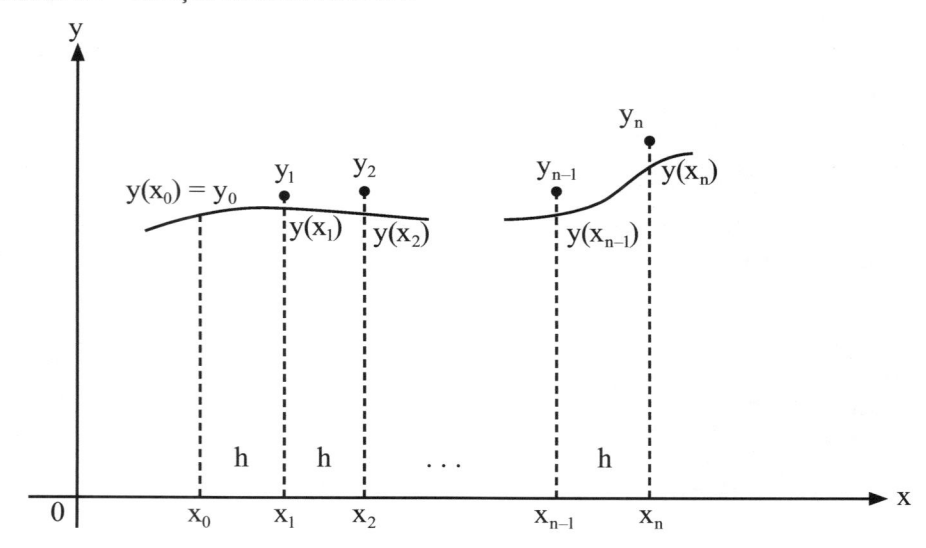

Todos os procedimentos numéricos são construídos para a solução de uma EDO de primeira ordem – problema de valor inicial. Para ser resolvida numericamente, uma EDO de ordem superior *n* precisa ser reduzida a um sistema de primeira ordem.

---

1 Ver Gear (1971).

Fique atento!

Segundo Strang (2009), os sistemas de primeira ordem englobam todos os sistemas de difusão; já os sistemas de segunda ordem tratam de sistemas acelerados. Adiante mostraremos como é feita tal redução.

Os métodos clássicos para solução numérica da Equação 6.7 podem ser agrupados em:

- **Método de passo simples** – a aproximação y_{k+1} é obtida com base apenas em y_k.
- **Método de passo múltiplo explícito** – y_{k+1} é obtida usando aproximações anteriores: $y_k, y_{k-1}, ..., y_{k-s+1}$. É denominado *implícito* quando usa aproximações anteriores e até y_{k+1}.

A seguir, apresentaremos alguns **métodos de passo simples**.

6.1.1 Expansão de *y* em série de Taylor

Suponha que a função *f* na Equação 6.7 tenha derivada de todas as ordens que precisarmos. Então, é possível expandir a função *y* em torno da abscissa $x = x_0$ em série de Taylor[2] para obter a solução *y* na abscissa $x = x_0 + h$. Note que, por ora, falamos em solução, e não em aproximação.

A série de Taylor, assim, fica:

■ Equação 6.8

$$y(x_0 + h) = y(x_0) + (x - x_0)y'(x_0) + (x - x_0)^2 \frac{y''(x_0)}{2!} + (x - x_0)^3 \frac{y'''(x_0)}{3!} + ...$$

A Equação 6.8 conta com infinitos termos, e começa a ter significado de cálculo numérico quando se apresenta truncada e é completada com o termo do erro local de truncamento da série infinita, ou seja:

■ Equação 6.9

$$y(x_0 + h) = y(x_0) + (x - x_0)y'(x_0) + (x - x_0)^2 \frac{y''(x_0)}{2!} +$$
$$+ (x - x_0)^3 \frac{y'''(x_0)}{3!} + ... + (x - x_0)^{n-1} \frac{y^{(n-1)}(x_0)}{(n-1)!} + E_n(x_0 + h)$$

em que:

---

2 Ver Leithold (1994).

Equação 6.10

$$E_n(x_0 + h) = (x - x_0)^n \frac{y^{(n)}(\theta)}{(n)!}, \theta \in (x_0, x_0 + h)$$

As Equações 6.9 e 6.10 podem ser assim rescritas para facilitar nossos propósitos:

Equação 6.11

$$y(x_1) = y(x_0) + hy'(x_0) + h^2 \frac{y''(x_0)}{2!} + h^3 \frac{y'''(x_0)}{3!} + \ldots + h^{n-1} \frac{y^{(n-1)}(x_0)}{(n-1)!} + E_n(x_1)$$

Equação 6.12

$$E_n(x_1) = h^n \frac{y^{(n)}(\theta)}{(n)!}, \theta \in (x_0, x_1)$$

Perceba que não temos como calcular $E_n(x_1)$, assim como não podemos somar a série infinita. Então, o modo de usar a série de Taylor deve ser modificado, truncando-a após os termos iniciais, os três primeiros, por exemplo. Quando desprezamos o termo do erro, determinamos uma aproximação, e não a solução da EDO na nova abscissa x_1, isto é:

Equação 6.13

$$y(x_1) \approx y_1 = y(x_0) + hy'(x_0) + h^2 \frac{y''(x_0)}{2!}$$

O erro de truncamento local fica:

Equação 6.14

$$E_3(x_1) = h^3 \frac{y'''(\theta)}{(3)!}, \theta \in (x_0, x_1)$$

O erro de truncamento é dito *local* porque ocorre quando passamos da abscissa x_0 para a x_1. Ao longo de um intervalo, ele é somado com os das outras passagens de uma abscissa a outra, até chegar ao final do intervalo em que desejamos a solução numérica da EDO. Ao longo do intervalo, pode haver propagação desse erro, deixando-o fora de controle. Nesse sentido, adotamos estratégias para controlá-lo, com a finalidade de manter boa precisão global na solução numérica da EDO em estudo.

Uma das dificuldades para usar as Equações 6.13 e 6.14 é o cálculo das derivadas presentes nas fórmulas. A primeira derivada é direta:

Equação 6.15

$$y'(x_0) = \frac{dy(x_0)}{dx} = f(x_0, y(x_0))$$

A derivada de segunda ordem é mais trabalhosa no cálculo, como constatamos em:
$y'(x_0) = f'(x_0, y(x_0))$.

No entanto, essa derivada é de uma função implícita e seu cálculo é do seguinte modo:

Equação 6.16

$$\frac{df(x, y(x))}{dx} = \frac{\partial f}{\partial x} + \frac{\partial f}{\partial y}\frac{dy}{dx} = \frac{\partial f}{\partial x} + f(x, y(x))\frac{df}{dy}$$

A derivada de terceira ordem é a derivada da Equação 6.16, que apresenta três funções, um produto e soma de derivadas de funções implícitas. Dependendo da função $f(x, y(x))$, esses cálculos podem ser proibitivos, ao menos manualmente.

Exercício resolvido 6.1

Retendo os três primeiros termos da série de Taylor, calcule a solução aproximada da EDO em $x = 2,1$:

$$\begin{cases} y'(x) = x + y(x) \\ y(2) = 2 \end{cases}$$

Identificando a EDO com a teoria do método, temos:

$$x_0 = 2;\ x_1 = 2,1 \therefore h = 0,1;\ f(x, y(x)) = x + y(x)$$

A série de Taylor com o termo do erro de truncamento local fica:

$$y(x_1) = y(x_0 + h) = y(x_0) + h\frac{dy(x_0)}{dx} + \frac{h^2}{2!}\frac{d^2y(x_0)}{dx^2} + \frac{h^3}{3!}\frac{d^3y(\theta)}{dx^3},\ \theta \in (x_0, x_1)$$

ou, retirando o termo do erro:

$$y(x_1) \approx y_1 = y(x_0) + h\frac{dy(x_0)}{dx} + \frac{h^2}{2!}\frac{d^2y(x_0)}{dx^2}$$

ou, ainda:

$$y(2,1) \approx y_1 = y(2) + 0,1\frac{dy(2)}{dx} + \frac{0,1^2}{2}\frac{d^2y(2)}{dx^2}$$

As derivadas são:

$$\frac{dy(x)}{dx} = f(x, y(x)) = x + y(x) \therefore \frac{dy(2)}{dx} = f(2, y(2)) = 2 + 2 = 4$$

$$\frac{d^2y(x)}{dx^2} = \frac{df(x, y(x))}{dx} = 1 + \frac{dy(x)}{dx} = 1 + x + y(x) \therefore \frac{d^2y(2)}{dx^2} = 1 + 2 + 2 = 5$$

Substituindo os valores calculados das derivadas na expressão de $y(2,1) \approx y_1$, temos:

$$y(2,1) \approx y_1 = 2 + 0,1 \cdot 4 + 0,05 \cdot 5 \therefore y(2,1) \approx y_1 = 2,65$$

que é a solução numérica da EDO na abscissa $x = 2,1$.

O termo do erro de truncamento local nesse exemplo é:

$$R_3(x_1) = h^3 \frac{y'''(\theta)}{(3)!}, \theta \in (x_0, x_1)$$

ou seja, se a terceira derivada tiver comportamento satisfatório no intervalo, dizemos que ele é um termo da ordem h^3. Expressamos isso da seguinte forma:

■ Equação 6.17

$$|R_3(x_1)| = Ch^3, \text{ ou ainda, } |R_3(x_1)| = O(h^3)$$

sendo $C > 0$ uma constante.

Esse conceito pode ser estendido até a ordem *n*. Contudo, é preciso notar que, da abscissa x_0 à x_1, com exceção dos erros de arredondamento, o erro só ocorre em razão do truncamento, pois até os dados são exatos. Isso não prevalece se desejamos a solução numérica em um intervalo estipulado. Nesse caso, repetimos o procedimento em cada subintervalo de amplitude ou passo *h*. Por exemplo, para passar de $x_1 = 2,1$ para $x_2 = 2,2$, haverá novo erro de truncamento local, o qual será afetado também pela aproximação da solução ocorrida no passo anterior, isto é, $y(2,1) \approx y_1$. Portanto, a cada passo, o erro de truncamento local se acumula, a ponto de, no m-ésimo passo, não ser mais da ordem inicial $O(h^n)$. Ao erro de truncamento acumulado, denominamos *erro de truncamento global*.

6.1.2 Método de Euler

Vamos truncar a Equação 6.11 após os dois primeiros termos, obtendo:

■ Equação 6.18

$$y_1 = y(x_0) + hf(x_0, y(x_0))$$

Desse modo, calculamos uma solução numérica aproximada, y_1 para y em x_1. Repetindo o mesmo argumento, encontramos uma aproximação numérica de y para o subintervalo $[x_1, x_2]$ seguinte:

■ Equação 6.19

$$y_2 = y_1 + hf(x_1, y_1)$$

A Equação 6.19 tem diferenças significativas na forma quando comparada com a Equação 6.18, a saber:

- y_1 é um valor aproximado de y em x_1, ao passo que $y(x_0)$ é um valor exato dado;
- na Equação 6.19, a função f é calculada com argumentos aproximados, já na Equação 6.18, é calculada com argumentos exatos. Isso é importante porque f é uma inclinação e qualquer perturbação é ampliada quando se trata de inclinação (leia-se derivada).

Apesar disso, repetimos a ideia e passamos de um subintervalo ao seguinte, $[x_k, x_{k+1}]$, calculando:

■ Equação 6.20

$$y_{k+1} = y_k + hf(x_k, y_k)$$

A Equação 6.20 expressa o **método de Euler**.
É instrutivo averiguar a geometria desse método, confira o Gráfico 6.2.

Gráfico 6.2 – Geometria do método de Euler

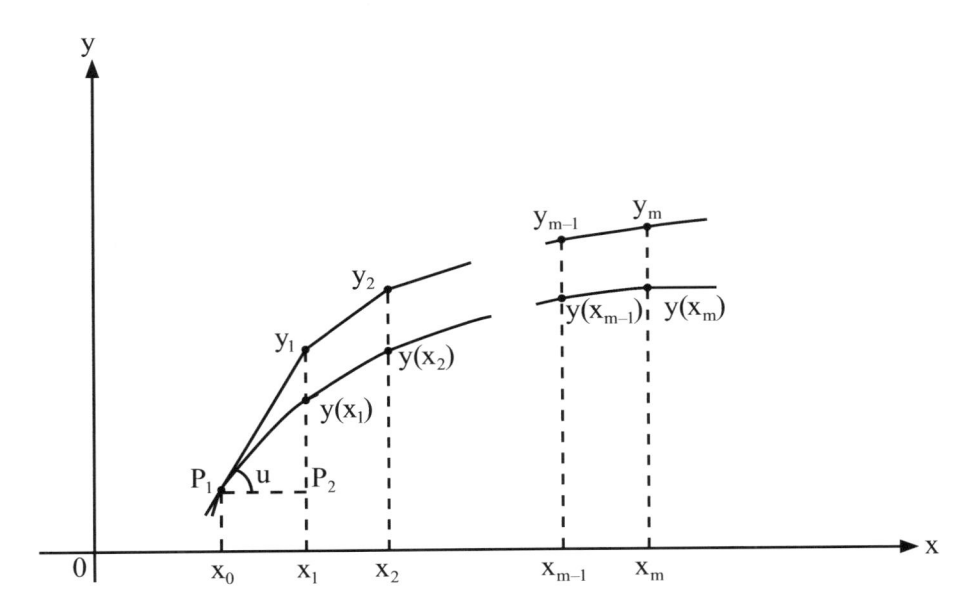

Pelo ponto $P_1 = (x_0, y(x_0))$, traçamos uma reta tangente à curva solução da EDO, com inclinação igual a $f(x_0, y(x_0))$, e determinamos o ponto de intercessão dela com a reta vertical, que passa pela abscissa x_1. A ordenada do ponto de intercessão é y_1, pois:

$$\frac{y_1 - y(x_0)}{h} = \frac{dy(x_0)}{dx} = f(x_0, y(x_0))$$

ou, ainda:

$$y_1 = y(x_0) + hf(x_0, y(x_0))$$

que é o método de Euler no primeiro subintervalo. O mesmo raciocínio é repetido em todos os subintervalos $[x_k, x_{k+1}]$, $k = 0, 1, 2, \ldots (n-1)$.

Exercício resolvido 6.2

Considere a seguinte EDO:

$$\begin{cases} \dfrac{dy}{dx} = -y(x) + x + 2 \\ y(0) = 2 \end{cases}$$

Calcule $y(0,5)$, pelo método de Euler, $h = 0,1$ e compare com a solução exata. Nesse problema, identificamos:

$$f(x, y(x)) = -y(x) + x + 2, x_0 = 0, y(x_0) = y(0) = 2$$

A fórmula indicial do método de Euler fica:

$$y_{k+1} = y_k + hf(x_k, y_k), k = 0, 1, 2, 3, 4, 5$$

ou seja:

$$y_{k+1} = y_k + h(-y_k + x_k + 2), k = 0, 1, 2, 3, 4$$

Operando:

$k = 0$
$$y_1 = y_0 + 0,1 \cdot (-y_0 + x_0 + 2) = 2 + 0,1 \cdot (-2 + 0 + 2) = 2,0000$$

$k = 1$
$$y_2 = y_1 + 0,1 \cdot (-y_1 + x_1 + 2) = 2,0000 + 0,1 \cdot (-2,0000 + 0,1 + 2) = 2,0100$$

$k = 2$
$$y_3 = y_2 + 0,1 \cdot (-y_2 + x_2 + 2) = 2,0100 + 0,1 \cdot (-2,0100 + 0,2 + 2) = 2,0290$$

k = 3
$$y_4 = y_3 + 0{,}1 \cdot (-y_3 + x_3 + 2) = 2{,}0290 + 0{,}1 \cdot (-2{,}0290 + 0{,}3 + 2) = 2{,}0561$$

k = 4
$$y_5 = y_4 + 0{,}1 \cdot (-y_4 + x_4 + 2) = 2{,}0561 + 0{,}1 \cdot (-2{,}0561 + 0{,}4 + 2) = 2{,}0905$$

Resumindo:

Quadro 6.1 – Solução numérica da EDO em [0, 0,5], h = 0,1 por Euler

k	x_k	y_k
0	0	2
1	0,1	2,0000
2	0,2	2,0100
3	0,3	2,0290
4	0,4	2,0561
5	0,5	2,0905

A solução analítica da equação é:

$$y(x) = e^{-x} + x + 1 \text{ e } y(0{,}5) = 2{,}10653$$

A seguir, trazemos dois exemplos com informações sobre a potencialidade do método de Euler de gerar solução numérica de uma EDO com eficiência computacional e precisão nos resultados.

Exercício resolvido 6.3

Considere a EDO a seguir:

$$\begin{cases} \dfrac{dy}{dx} = y(x) \\ y(0) = 1 \end{cases}$$

Use h = 0,1 e calcule, pelo método de Euler, uma aproximação para y(1,5).
Identificamos:

$$x_0 = 0;\ y(x_0) = y(0) = 1;\ f(x, y(x)) = y$$

Então, a expressão indicial do método fica:

$$y_{k+1} = y_k + hf(x_k, y_k) = y_k + 0{,}1 y_k = y_k(1 + 0{,}1) = 1{,}1 \cdot y_k,\ 0 \leq k \leq 14$$

k = 0
$$y_1 = 1{,}1 \cdot y_0 = 1{,}1 \cdot 1 = 1{,}1$$

$k = 1$

$y_2 = 1{,}1 \cdot y_1 = 1{,}1 \cdot 1{,}1 = 1{,}21$

e assim sucessivamente até k = 14. Veja o Quadro 6.2.

Quadro 6.2 – Solução numérica da EDO em [0, 1,5], h = 0,1 por Euler

k	x_k	y_k
0	0	1
1	0,1	1,1
2	0,2	1,21
3	0,3	1,331
4	0,4	1,4641
5	0,5	1,61051
6	0,6	1,771561
7	0,7	1,9487171
8	0,8	2,14358881
9	0,9	2,357947691
10	1,0	2,593742760
11	1,1	2,853116706
12	1,2	3,138428377
13	1,3	3,452271214
14	1,4	3,797498336
15	1,5	4,177248169

Note que os resultados se distanciam dos valores da solução exata $y(x) = e^x$. Particularmente, o valor exato com oito casas decimais é $y(1{,}5) = 4{,}48168907$, enquanto o valor aproximado é $y_{15} = 4{,}177248169$, que não tem nenhuma casa decimal correta.

Com pequena alteração na expressão da EDO e adotando o mesmo procedimento, o comportamento do método muda por completo.

Agora, observe o Exercício resolvido 6.4.

Exercício resolvido 6.4

Considere a EDO que segue:

$$\begin{cases} \dfrac{dy}{dx} = -y(x) \\ y(0) = 1 \end{cases}$$

Use h = 0,1 e calcule, pelo método de Euler, uma aproximação para y(1,5).
Identificamos:

$x_0 = 0;\ y(x_0) = y(0) = 1;\ f(x, y(x)) = -y$

$y_{k+1} = y_k + hf(x_k, y_k) = y_k - 0{,}1y_k = y_k(1 - 0{,}1) = 0{,}9 \cdot y_k,\ 0 \leq k \leq 14$

$k = 0 : y_1 = 0{,}9 \cdot y_0 = 0{,}9 \cdot 1 = 0{,}9$

$k = 1 : y_2 = 0{,}9 \cdot y_1 = 0{,}9 \cdot 0{,}9 = 0{,}81$

e assim sucessivamente até k = 14. Observe o Quadro 6.3.

Quadro 6.3 – Solução numérica da EDO em [0, 1,5], h = 0,1 por Euler

K	X_k	y_k
0	0	1
1	0,1	0,9
2	0,2	0,81
3	0,3	0,729
4	0,4	0,6561
5	0,5	0,59049
6	0,6	0,531441
7	0,7	0,4782969
8	0,8	0,43046721
9	0,9	0,387420489
10	1,0	0,34867844
11	1,1	0,313810596
12	1,2	0,282429536
13	1,3	0,254186582
14	1,4	0,228767924
15	1,5	0,225891132

A solução exata da EDO é $y(x) = e^{-x}$ e, com oito casas decimais, temos $y(1{,}5) = 0{,}22313016$. A solução numérica gerada pelo método de Euler fornece o resultado aproximado, $y_{15} = 0{,}225891132$. Portanto, para essa EDO, o valor aproximado é compatível e tem duas casas decimais corretas, pois:

$$|y_{15} - y(1{,}5)| = 0{,}2760972 \cdot 10^{-2} < 0{,}5 \cdot 10^{-2}$$

Esse comportamento errático tem relação com o que é nomeado *estabilidade* do método de aproximação. Esse conceito é importante, mas demanda tempo de estudo para contemplar uma profundidade que forneça subsídios para escolha de um método de solução numérica de EDO eficiente computacionalmente e robusto, no sentido de servir à ampla classe de problemas com resultados precisos.

Para orientação, um método de aproximação é tanto mais estável para resolução numérica de EDO quanto mais abrangente for sua região de estabilidade, permitindo que o valor do passo *h* não precise ser muito pequeno. Essa região é demarcada no plano complexo x × iy. No caso do método de Euler, ela é demarcada por um círculo de centro no ponto (–1, 0) e raio unitário. Observe o Gráfico 6.3.

Gráfico 6.3 – Região de estabilidade do método de Euler

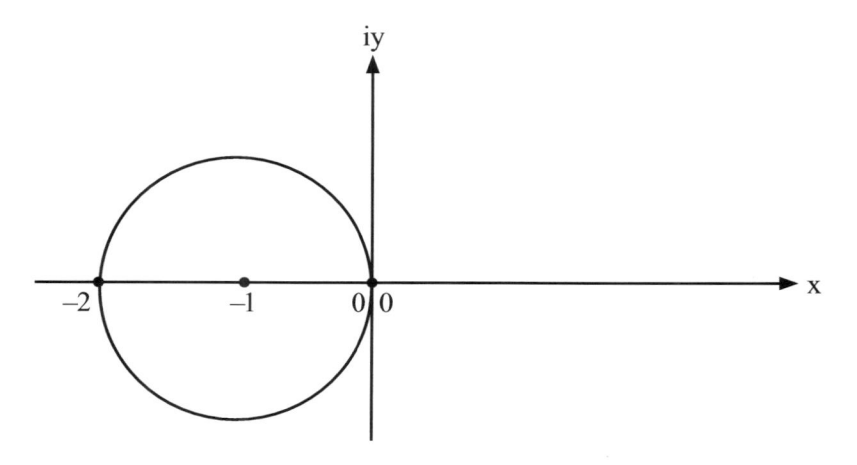

A região de estabilidade do método de aproximação é construída analisando a condição de convergência da sequência $\{y_k\}$ gerada pelo método aplicado a uma equação de referência, que é expressa por:

■ Equação 6.21

$$\frac{dy}{dx} = \rho y$$

A região de estabilidade é demarca no local em que a sequência é limitada, ou seja, $y_k \to 0$ quando $x_k \to \infty$.

Com isso, podemos constatar que, para a EDO do Exercício resolvido 6.3, o método de Euler não é estável, pois $\rho h > 0$ é um ponto fora da região de estabilidade. Já no Exercício resolvido 6.4, $\rho h < 0$, portanto está no interior da região de estabilidade.

6.1.3 Métodos de Runge-Kutta

Os métodos de Runge-Kutta (RK) são clássicos e muito usados sempre que um novo problema de EDO surge na prática das ciências e da engenharia. Esses métodos geram valores aproximados de solução numérica de EDO, que são equivalentes aos fornecidos pela série de Taylor, porém não precisam do cálculo de derivadas, mesmo quando consideramos termos de ordens superiores de *h* nesta última série. Em cada ordem, há uma família de métodos com eficiências computacionais análogas.

Todos os métodos RK têm algoritmo indicial na seguinte forma:

■ Equação 6.22

$$y_{k+1} = y_k + h\varnothing(x_k, y_k, h)$$

Por analogia com o método de Euler, a função $\varnothing(x_k, y_k, h)$ é uma aproximação para $f(x, y(x))$, que é uma inclinação. Esse é o princípio de raciocínio para desenvolvimento de todos os métodos RK.

6.1.3.1 RK de segunda ordem (RK 2)

Já dissemos que, em cada ordem, há uma família de métodos dependentes do modo como a inclinação $\varnothing(x_k, y_k, h)$ é calculada.

Inicialmente, vamos apresentar um método RK cuja inclinação $\varnothing(x_k, y_k, h)$ é calculada pela média aritmética entre as inclinações $f(x_k, y_k)$ e $f(x_{k+1}, y^*_{k+1})$, isto é:

■ Equação 6.23

$$\varnothing(x_k, y_k, h) = \frac{f(x_k, y_k) + f(x_{k+1}, y^*_{k+1})}{2}$$

em que $y^*_{k+1} = y_k + hf(x_k, y_k)$ (método de Euler) funciona como uma previsão para y_{k+1}.

Substituindo a Equação 6.23 na 6.22, obtemos:

■ Equação 6.24

$$y_{k+1} = y_k + h\frac{f(x_k, y_k) + f(x_{k+1}, y^*_{k+1})}{2}$$

Podemos acessar a ordem do método na Equação 6.24 expandindo a função a duas variáveis $f(x, y(x))$ em série de Taylor em torno do ponto (x_k, y_k) para obter y_{k+1} e constatar que há coincidência entre o valor y_{k+1} calculado pela Equação 6.24 e o valor y_{k+1} obtido pela expansão em série de Taylor de y em torno do ponto x_k, bem como truncamento após os três primeiros termos da série. Assim, estão presentes os termos constante h, h^2; logo, há igualdade da Equação 6.24 com a série de Taylor truncada após o terceiro termo. Por isso, o método na Equação 6.24 é denominado *método de Runge-Kutta de segunda ordem* (RK 2). Muitas vezes, a Equação 6.24 é apresentada na seguinte forma:

■ Equação 6.25

$$\begin{cases} k = 0, 1, 2, 3, \ldots, \\ K_1 = f(x_k, y_k) \\ y^*_{k+1} = y_k + hk_1 \\ K_2 = f(x_{k+1}, y^*_{k+1}) \\ y_{k+1} = y_k + \frac{h}{2}(K_1 + K_2) \end{cases}$$

Exercício resolvido 6.5

Considere a seguinte EDO:

$$\begin{cases} \dfrac{dy}{dx} = -y(x) + x + 2 \\ y(0) = 2 \end{cases}$$

Calcule $y(0,5)$ pelo método RK 2, com $h = 0,1$, e compare com a solução aproximada pelo método de Euler e com a solução exata.

Nesse problema, identificamos:

$$f(x, y(x)) = -y(x) + x + 2, x_0 = 0, y(x_k, y_k) = y(0) = y_0 = 2$$

A fórmula indicial do método RK 2 fica:

$k = 0, 1, 2, 3, 4$
$K_1 = f(x_k, y_k) = -y_k + x_k + 2$
$y_{k+1}^* = y_k + hK_1$
$K_2 = f(x_{k+1}, y_{k+1}^*)$
$y_{k+1} = y_k + \dfrac{h}{2}(K_1 + K_2)$

Operando:

$k = 0$
$K_1 = -y_0 + x_0 + 2 = -2 + 0 + 2 = 0$
$y_1^* = y_0 + hk_1 = 2 + 0 = 2$
$K_2 = f(x_1, y_1^*) = -2 + 0,1 + 2 = 0,1$
$y_1 = y_0 + \dfrac{h}{2}(K_1 + K_2) = 2 + \dfrac{0,1}{2}(0 + 0,1) = 2,005$
$k = 1$
$K_1 = -y_1 + x_1 + 2 = -2,005 + 0,1 + 2 = 0,095$
$y_2^* = y_1 + hk_1 = 2,005 + 0,1 \cdot 0,095 = 2,0145$
$K_2 = f(x_2, y_2^*) = -2,0145 + 0,2 + 2 = 0,1855$
$y_2 = y_1 + \dfrac{h}{2}(K_1 + K_2) = 2,005 + \dfrac{0,1}{2}(0,095 + 0,1855) = 2,0190$

O mesmo procedimento continua até $k = 4$. Observe o Quadro 6.4 completo.

Quadro 6.4 – Solução numérica da EDO em [0, 0,5], h = 0,1 por RK 2

k	0	1	2	3	4	5
x_k	0	0,1	0,2	0,3	0,4	0,5
y_k	2	2,005	2,0190	2,0412	2,0708	2,1071

Comparando em termos absolutos as soluções, obtemos:

$$\left| y_{5_{RK2}} - y(0,5) \right| = |2,1071 - 2,1065| = 0,5693 \cdot 10^{-3} < 0,5 \cdot 10^{-2}$$

Isso indica que o resultado gerado pelo método RK 2 é correto até a segunda casa decimal.

A precisão em termos absolutos do resultado obtido por Euler e a solução exata fica:

$$\left| y_{5_{Euler}} - y(0,5) \right| = |2,0905 - 2,1065| = 0,016 = 0,16 \cdot 10^{-1} < 0,5 \cdot 10^{-1}$$

ou seja, o resultado gerado por Euler é correto até a primeira casa decimal.

Família de métodos RK 2

No desenvolvimento de solução para um problema, a abordagem, em geral, segue assim: se desejamos generalizar e abstrair um modo, é necessário averiguar a geometria, variar parâmetros e tirar proveito das características do problema. No presente caso de método numérico para solução aproximada de EDO, estamos percorrendo esse caminho.

Vamos generalizar o modo de obter a função inclinação $\varnothing(x_k, y_k, h)$. Sempre ajuda o processo imaginar que constantes presentes no problema podem assumir valores diferentes e, assim, tornar o procedimento mais eficiente. Com essa ideia, observando a Equação 6.24, percebemos que existem várias constantes. Então, a generalização começa pela proposta de uma função inclinação do tipo que segue:

■ Equação 6.26

$$\varnothing(x_k, y_k, h) = a_1 f(x_k, y_k) + a_2 f\left(x_k + b_1 h, y_k + b_2 h f(x_k, y_k)\right)$$

É possível notar que as funções inclinação nas Equações 6.25 e 6.27 são análogas. Escolhendo:

■ Equação 6.27

$$\begin{cases} a_1 = a_2 = 1/2 \\ b_1 = b_2 = 1 \end{cases}$$

obtemos a Equação 6.24, cuja propriedade relevante é sua coincidência com a série de Taylor para solução da EDO, truncada após os três primeiros termos da série.

O passo seguinte da generalização é determinar valores para as constantes da Equação 6.26, de modo que o método seja equivalente à série de Taylor até o termo de h^2, favorecendo e simplificando os cálculos e aumentando a eficiência computacional, bem como reduzindo erros de arredondamento do método.

Quando igualamos o método RK 2 com a função inclinação generalizada, como na Equação 6.26, com a série de Taylor até os termos em h^2, obtemos o seguinte sistema de equações:

Equação 6.28

$$\begin{cases} a_1 + a_2 = 1 \\ a_1 b_1 = 1/2 \\ a_2 b_2 = 1/2 \end{cases}$$

Note que as constantes na Equação 6.27 satisfazem a Equação 6.28.

Apenas para firmar o conceito de família de método RK 2, um outro conjunto de constantes usado é o seguinte:

Equação 6.29

$$\begin{cases} a_1 = 0 \text{ e } a_2 = 1/2 \\ b_1 = b_2 = 1/2 \end{cases}$$

A Equação 6.29 origina o método de Euler modificado:

Equação 6.30

$$\begin{cases} k \geq 0 \\ y^*_{k+1/2} = y_k + \dfrac{h}{2} f(x_k, y_k) \\ y_{k+1} = y_k + h f\left(x_{k+\frac{1}{2}}, y^*_{k+\frac{1}{2}} \right) \end{cases}$$

O sistema na Equação 6.28 é não linear com quatro incógnitas e só três equações. Isso é o que torna possível uma família de métodos RK 2. Para resolver esse sistema, arbitramos convenientemente uma incógnita e calculamos as outras. Isso foi feito para obter tanto as constantes na Equação 6.27 quanto na 6.29.

Para encerrarmos o RK 2, trazemos uma consideração sobre os erros de truncamento local e global, bem como sobre estabilidade do método.

A concordância do método com a série de Taylor da solução da EDO, em torno de um ponto que não seja aproximado, até após o terceiro termo, leva a erro de truncamento local da ordem de h^3, ou seja, $E_{TL_{RK2}} = O(h^3)$. Entretanto, pode ser demonstrado[3] que o erro de truncamento global é da ordem de h^2, isto é, $E_{TG_{RK2}} = O(h^2)$.

Trataremos da estabilidade junto com a dos outros métodos RK.

6.1.3.2 RK de terceira ordem (RK 3)

Continuando o processo de generalização do qual falamos anteriormente, apresentamos, agora, o RK 3, partindo de uma expressão para a função inclinação, escrita por analogia com a da família RK 2, conforme segue:

■ Equação 6.31

$$\varnothing(x_k, y_k, h) = a_1 K_1 + a_2 K_2 + a_3 K_3$$

sendo:

■ Equação 6.32

$$K_1 = f(x_k, y_k)$$
$$K_2 = f(x_k + b_1 h, y_k + b_1 h K_1)$$
$$K_3 = f(x_k + b_2 h, y_k + b_3 h K_2 + (b_2 - b_3) h K_1)$$

Como fizemos para o RK 2, para determinação dos parâmetros a_1, a_2, a_3 e b_1, b_2, b_3, expandimos K2 e K3 em série de Taylor em torno do ponto (x_k, y_k) e os substituímos na Equação 6.31, fatorando termos de mesma potência do passo h. Por outro lado, expandimos y em série de Taylor em torno de x_k, para obter y_{k+1}. Em seguida, comparamos as duas expressões segundo as potências em h com a finalidade de serem termos de h^3. Desse procedimento, resulta o seguinte sistema de equações:

■ Equação 6.33

$$\begin{cases} a_1 + a_2 + a_3 = 1 \\ a_2 b_1 + a_3 b_2 = 1/2 \\ a_2 b_1^2 + a_3 b_2^2 = 1/3 \\ a_3 b_1 b_2 = 1/6 \end{cases}$$

Esse sistema é não linear e tem seis incógnitas e quatro equações. Portanto, para resolvê-lo, arbitramos apropriadamente duas incógnitas e calculamos as outras. Muitos conjuntos de parâmetros podem ser usados, porém o que melhor se ajusta com um algoritmo eficiente computacionalmente e tem erro de arredondamento reduzido é o seguinte:

---

3 Ver Sperandio; Mendes; Silva (2014).

$$\begin{cases} a_1 = \dfrac{1}{6}, a_2 = \dfrac{4}{6}, a_3 = \dfrac{1}{6} \\ b_1 = \dfrac{1}{2}, b_2 = 1, b_3 = 2 \end{cases}$$

Com essas constantes, um dos RK 3 mais usado na prática fica:

Equação 6.34

$$\begin{cases} k = 0, 1, 3, \ldots \\ K_1 = f(x_k, y_k) \\ K_2 = f\left(x_k + \dfrac{h}{2}, y_k + \dfrac{hK_1}{2}\right) \\ K_3 = f(x_k + h, y_k + 2hK_2 - hK_1) \\ y_{k+1} = y_k + \dfrac{h}{6}(K_1 + 4K_2 + K_3) \end{cases}$$

O procedimento usado para obter a família de métodos RK 3 leva a métodos que são equivalentes à série de Taylor, em torno de um ponto exato, retendo termos até o de h^3. Desse modo, o erro de truncamento local é da ordem de h^4, isto é, $E_{TL_{RK3}} = O(h^4)$, e o erro de truncamento global é $E_{TG_{RK3}} = O(h^3)$.

A região de estabilidade do RK 3 na Equação 6.34 será exposta adiante, junto com as dos outros métodos RK.

6.1.3.3 RK de quarta ordem (RK 4)

A família de métodos RK 4 é obtida usando o mesmo procedimento geral empregado para o RK 3. Um dos métodos RK 4 mais usado na prática, inclusive por sua eficiência computacional e potencialidade de obter resultados com elevada precisão, mesmo quando aplicado a problemas complexos, é o seguinte:

Equação 6.35

$$\begin{cases} k = 0, 1, 2, 3, \ldots \\ K_1 = f(x_k, y_k) \\ K_2 = f\left(x_k + \dfrac{h}{2}, y_k + \dfrac{hK_1}{2}\right) \\ K_3 = f(x_k + h/2, y_k + hK_2/2) \\ K_4 = f(x_k + h, y_k + hK_3) \\ y_{k+1} = y_k + \dfrac{h}{6}(K_1 + 2K_2 + 2K_3 + K_4) \end{cases}$$

Equação 3.65 é o algoritmo indicial de um dos RK 4.

Exercício resolvido 6.6

Considere a seguinte EDO:

$$\begin{cases} \dfrac{dy}{dx} = -y(x) + x + 2 \\ y(0) = 2 \end{cases}$$

Calcule y(0,5) pelo método RK 4 na Equação 6.35 com h = 0,1 e compare com a solução exata.

Nesse problema, identificamos:

$$f(x, y(x)) = -y(x) + x + 2,\ x_0 = 0,\ y(x_0) = y(0) = y_0 = 2$$

A fórmula indicial do método RK 4 para esse problema fica:

$$\begin{cases} k = 0, 1, 2, 3, 4 \\ k_1 = f(x_k, y_k) = -y_k + x^k + 2 \\ k_2 = f\left(x_k + \dfrac{0,1}{2}, y_k + \dfrac{0,1 K_1}{2}\right) = -\left(y_k + \dfrac{0,1 K_1}{2}\right) + x_k + \dfrac{0,1}{2} \\ k_3 = f\left(x_k + \dfrac{h}{2}, y_k + \dfrac{h K_2}{2}\right) = -\left(y_k + \dfrac{0,1 K_2}{2}\right) + x_k + \dfrac{0,1}{2} \\ k_4 = f(x_k + h, y_k + h K_3) = -(y_k + h K_3) + x_k + 0,1 + 2 \\ y_{k+1} = y_k + \dfrac{h}{6}(K_1 + 2K_2 + 2K_3 + K_4) \end{cases}$$

Operando, temos:

$$k = 0$$

$$K_1 = -y_k + x_k + 2 = -y_0 + x_0 + 2 = -2 + 0 + 2 = 0$$

$$K_2 = -\left(y_0 + \dfrac{0,1 K_1}{2}\right) + x_0 + \dfrac{0,1}{2} + 2 = -(2 + 0) + 0 + 0,05 + 2 = 0,05$$

$$K_3 = -\left(y_0 + \dfrac{0,1 \cdot 0,05}{2}\right) + x_0 + \dfrac{0,1}{2} + 2 = 0,0475$$

$$K_4 = -(y_0 + 0,1 K_3) + x_0 + 0,1 + 2 = -(2 + 0,1 \cdot 0,0475) + 0 + 0,1 + 2$$

$$= 0,09525$$

$$y_1 = y_0 + \dfrac{0,1}{6}(K_1 + 2K_2 + 2K_3 + K_4)$$

$$= 2 + \dfrac{0,1}{6}(0 + 2 \cdot 0,05 + 2 \cdot 0,0475 + 0,09525)$$

$$= 2,004838$$

$k = 1$

$K_1 = -y_1 + x_1 + 2 = -2{,}004838 + 0{,}1 + 2 = 0{,}09516$

$K_2 = -\left(y_1 + \dfrac{0{,}1 K_1}{2}\right) + x_1 + \dfrac{0{,}1}{2} + 2$

$\quad = -\left(2{,}004838 + \dfrac{0{,}1 \cdot 0{,}09516}{2}\right) + 0{,}1 + 0{,}05 + 2$

$\quad = 0{,}140404$

$K_3 = -\left(y_1 + \dfrac{0{,}1 \cdot 0{,}140404}{2}\right) + 0{,}1 + \dfrac{0{,}1}{2} + 2$

$\quad = -(2{,}004838 + 0{,}007018) + 0{,}1 + 0{,}05 + 2$

$\quad = 0{,}13814$

$K_4 = -(y_1 + 0{,}1 K_3) + x_1 + 0{,}1 + 2$

$\quad = -(2{,}004838 + 0{,}1 \cdot 0{,}13814) + 0{,}1 + 0{,}1 + 2$

$\quad = 0{,}181348$

$y_2 = y_1 + \dfrac{0{,}1}{6}(K_1 + 2K_2 + 2K_3 + K_4)$

$\quad = 2{,}004838 + \dfrac{0{,}1}{6}(0{,}09516 + 2 \cdot 0{,}140404 + 2 \cdot 0{,}13814 + 0{,}181348)$

$\quad = 2{,}018731$

Isso é continuado até k = 4, resultando no Quadro 6.5.

Quadro 6.5 – Solução numérica da EDO em [0, 0,5], h = 0,1 por RK 4

k	X_k	y_k
0	0	2
1	0,1	2,004838
2	0,2	2,018731
3	0,3	2,040818
4	0,4	2,070320
5	0,5	2,106531

$$\left|y_{5_{RK4}} - y(0{,}5)\right| = |2{,}106531 - 2{,}10653067| = 0{,}33 \cdot 10^{-6} < 0{,}5 \cdot 10^{-6}$$

Regiões de estabilidade dos métodos RK

Para analisar a estabilidade desses métodos, aplicamos o procedimento indicial do método para resolver numericamente a Equação 6.21, de referência, e, assim, obter a condição para que a sequência gerada pelo método seja limitada, ou seja, $y_k \to 0$ quando $x_k \to \infty$.

Fazendo isso para o método RK 2, a região de estabilidade é o conjunto de números complexos ρh que satisfazem a seguinte condição:

Equação 6.36

$$\left|1 + \rho h + \frac{(\rho h)^2}{2}\right| \leq 1$$

O Gráfico 6.4 mostra essa região no plano complexo.

Gráfico 6.4 – Região de estabilidade do RK 2

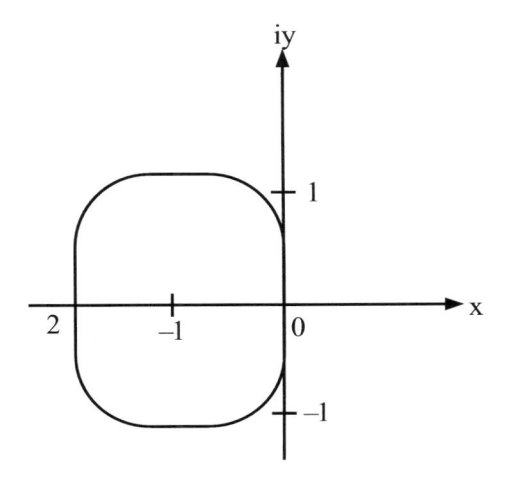

Fazendo os mesmos passos para o RK 3 e para o RK 4, as regiões de estabilidade desses métodos são expressas, respectivamente, pelas condições[4] a seguir.

Equação 6.37

$$\left|1 + \rho h + \frac{(\rho h)^2}{2} + \frac{(\rho h)^3}{6}\right| \leq 1$$

Equação 6.38

$$\left|1 + \rho h + \frac{(\rho h)^2}{2} + \frac{(\rho h)^3}{6} + \frac{(\rho h)^4}{24}\right| \leq 1$$

---

4 Ver Bellomo; Preziosi (1994).

O Gráfico 6.5 apresenta o plano complexo da região de estabilidade do RK 3. O ponto em que o contorno da região intercepta o eixo x, em $x = -2,5$, e o eixo iy, em $y = \pm\sqrt{3}$, indica que a região tem parte no semiplano positivo.

Gráfico 6.5 – Região de estabilidade do RK 3

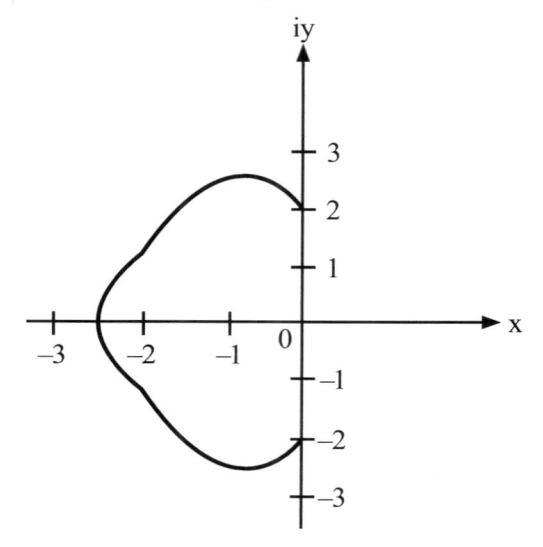

O Gráfico 6.6, por sua vez, traz o plano complexo da região de estabilidade do RK 4. O contorno da região intercepta o eixo x, em $x = -2,79$, e o eixo iy, em $y = \pm 2\sqrt{2}$, o que significa que a região tem parte no semiplano positivo.

Gráfico 6.6 – Gráfico da região de estabilidade do RK 4

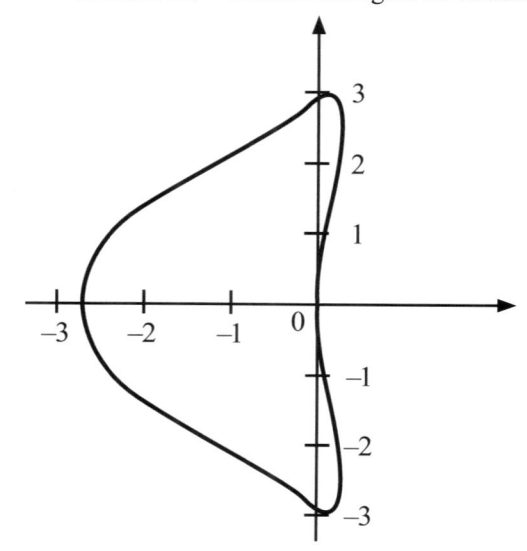

Para finalizar a abordagem dos métodos RK, trataremos de modos de usá-los eficientemente. Primeiro, o acentuado uso do RK 4 tem vários motivos, um deles é que sua região de estabilidade tem partes no semiplano positivo, além de ela ser mais ampla do que as dos RK 2 e RK 3. Segundo, quando usamos um método, imaginamos que, reduzindo o tamanho do passo h, os resultados automaticamente melhorarão de precisão. Entretanto, isso não é completamente verdade, pois, com a redução de h, os erros de arredondamento podem aumentar e prevalecer sobre os de truncamento, causando descontrole no procedimento numérico em uso.

Assim, o desejável é que o passo h seja adaptado automaticamente pelo procedimento numérico computacional. Mas isso não é possível em razão de não conhecermos o valor exato de y. O que é feito na prática, quando o problema de precisão surge, é uma estimativa para o erro.

Uma maneira de estimar o erro é, para passar de uma abscissa a outra, calcular duas aproximações, por exemplo: (1) $y_{k+1_{RK3}}$ e (2) $y_{k+1_{RK4}}$. A primeira, calculada pelo RK 3, coincide com os quatro primeiros da série de Taylor e tem erro de truncamento $O(h^4)$; a segunda é calculada pelo RK 4, que coincide com os cinco primeiros termos da série de Taylor e tem erro de truncamento $O(h^5)$.

Concluímos que, se essas aproximações forem subtraídas entre si, obteremos uma estimativa para o erro de truncamento de RK 3, isto é:

■ Equação 6.39

$$E_{k+1_{RK3}} = y_{k+1_{RK4}} - y_{k+1_{RK3}}, k \geq 0$$

Essa estimativa serve para adaptar o passo h. Caso seja maior do que uma tolerância especificada pelo usuário, ele será reduzido, e o cálculo para passar de k para $k + 1$, repetido. Em geral, essa redução é pela metade, objetivando favorecer a análise dos resultados.

6.1.4 Métodos de passo múltiplo

Dizemos que um método para solução numérica de EDO é de passo múltiplo se a cada passo o procedimento numérico necessitar de valores calculados antes ou até de valor do passo corrente para prosseguir. Desse modo, caso o método precise de s valores: $y_k, y_{k-1}, ..., y_{k-(s-1)}$ para dar o passo, ele é dito de passo s. Por exemplo, em $s = 2$, precisamos de dois valores: y_k, y_{k-1}; $s = 3$: y_k, y_{k-1}, y_{k-2}, e assim por diante. Esses métodos não são autoiniciáveis.

A natureza dos métodos de passo múltiplo está na reinterpretação da EDO de primeira ordem, como uma equação integral obtida integrando a EDO na Equação 6.7 de ambos os lados, ou seja:

Equação 6.40

$$\int_{x_0}^{x} \frac{dy(t)}{dt}dt = \int_{x_0}^{x} f(t,y(t))dt$$

Integrando o lado esquerdo da Equação 6.40, temos:

Equação 6.41

$$y(x) - y(x_0) = \int_{x_0}^{x} f(t,y(t))dt$$

ou, ainda:

Equação 6.42

$$y(x) = y(x_0) + \int_{x_0}^{x} f(t,y(t))dt$$

Partindo da Equação 6.42, obtemos:

Equação 6.43

$$y(x_1) = y(x_0) + \int_{x_0}^{x_1} f(t,y(t))dt$$
$$y(x_2) = y(x_1) + \int_{x_1}^{x_2} f(t,y(t))dt$$
$$\vdots$$
$$y(x_{k+1}) = y(x_k) + \int_{x_k}^{x_{k+1}} f(t,y(t))dt$$

A dificuldade em usar a Equação 6.43 é o cálculo da integral presente no lado direito. O modo de transpor tal dificuldade é interpolar *f* por um polinômio de ordem *r* e calcular uma aproximação para a integral, usando j + 1 subintervalos, de modo a obter y_{k+1}, ou seja:

Equação 6.44

$$y_{k+1} = y_{k-j} + \int_{x_{k-j}}^{x_{k+1}} P_r(x)dx$$

6.1.4.1 Métodos de passo múltiplo explícito

Os procedimentos numéricos explícitos para solução de uma EDO usam polinômios interpolantes de diferença finita retroativa, pois estamos em x_k e precisamos de valores funcionais em abscissas, igualmente espaçadas, anteriores.

Dispondo de r + 1 valores funcionais $f_k, f_{k-1}, f_{k-2}, ..., f_{k-r}$ nas abscissa igualmente espaçadas $x_k, x_{k-1}, x_{k-2}, ..., x_{k-r}$, construímos o polinômio de diferença finita retroativa de ordem r, $P_r(x)$, trocamos a variável independente x por α, definindo $x = x_k + \alpha h$, substituímos isso na Equação 6.44 e realizamos a integração de um polinômio, o que é sempre fácil.

O tratamento geral da interpolação e da integração pode ser visto em Carnahan, Luther e Wilkes (1969). Neste texto, apresentamos só as fórmulas mais usadas, cujas expressões resultam do procedimento resumido anteriormente para escolhas do número de subintervalos e da ordem da polinomial a seguir.

Método com j = 0, r = 3

Equação 6.45

$$y_{k+1} = y_k + h\left[f_k + \frac{1}{2}\nabla f_k + \frac{5}{12}\nabla^2 f_k + \frac{3}{8}\nabla^3 f_k\right]$$

$$E_{T_{local}} = \frac{251}{720}h^5 f^{(4)}(\theta, y(\theta))$$

Note que esse método tem $O(h^5)$, usa polinomial de terceira ordem e realiza a integração em um intervalo.

Método com j = 1, r = 1

Equação 6.46

$$y_{k+1} = y_{k-1} + h\left[2f_k + 0 \cdot \nabla f_k\right]$$

$$E_{T_{local}} = \frac{1}{3}h^3 f^{(2)}(\theta, y(\theta))$$

Esse método tem $O(h^3)$ e usa polinomial de primeira ordem na integração feita em dois subintervalos.

Método com j = 3, r = 3

Equação 6.47

$$y_{k+1} = y_{k-3} + h\left[4f_k - 4\nabla f_k + \frac{8}{3}\nabla^2 f_k + 0 \cdot \nabla^3 f_k\right]$$

$$E_{T_{local}} = \frac{14}{45}h^5 f^{(4)}(\theta, y(\theta))$$

Veja que o método tem erro de truncamento O(h⁵), usa polinomial de terceira ordem e integra quatro subintervalos.

Método com j = 5, r = 5

Equação 6.48

$$y_{k+1} = y_{k-5} + h\left[6f_k - 12\nabla f_k + 15\nabla^2 f_k - 9\nabla^3 f_k + \frac{33}{10}\nabla^4 f_k + 0 \cdot \nabla^5 f_k\right]$$

$$E_{T_{local}} = \frac{41}{140} h^7 f^{(6)}(\theta, y(v))$$

Esse método tem erro de truncamento O(h⁷), usa polinomial de ordem 5 e integra em seis subintervalos.

As fórmulas nas Equações 6.45 a 6.48 podem ser escritas somente em função de valores funcionais da função *f*, usando as definições de diferenças finitas retroativas pertinentes. Assim, ficamos com:

Método com j = 0, r = 3

Equação 6.49

$$y_{k+1} = y_k + \frac{h}{24} \cdot \left[55f_k - 59f_{k-1} + 37f_{k-2} - 9f_{k-3}\right]$$

$$E_{T_{local}} = O(h^5)$$

Método com j = 1, r = 1

Equação 6.50

$$y_{k+1} = y_{k-1} + 2h \cdot f_k, \quad E_{T_{local}} = O(h^3)$$

Método com j = 3, r = 3

Equação 6.51

$$y_{k+1} = y_{k-3} + \frac{4h}{3}\left[2f_k - f_{k-1} + 2f_{k-2}\right], \quad E_{T_{LOCAL}} = O(h^5)$$

Método com j = 5, r = 5

Equação 6.52

$$y_{k+1} = y_{k-5} + \frac{3h}{10}\left[11f_k - 14f_{k-1} + 26f_{k-2} - 14f_{k-3} + 11f_{k-4}\right]$$

$$E_{T_{local}} = O(h^7)$$

Com essa reformulação, os métodos de passo múltiplo explícito precisam apenas de valores funcionais apropriados para passarem de subintervalo a subintervalo.

Exercício resolvido 6.7

Considere a mesma EDO do Exercício resolvido 6.6:

$$\begin{cases} \dfrac{dy}{dx} = -y(x) + x + 2 \\ y(0) = 2 \end{cases}$$

Calcule y(0,5) pelo método de passo múltiplo com j = 0, r = 3 h = 0,1 e compare com a solução exata.

Nesse problema, identificamos:

$$f(x, y(x)) = -y(x) + x + 2, \ x_0 = 0, \ y(x_0) = y(0) = y_0 = 2$$

Sabemos que esse método não é autoiniciável, então, usamos um método de passo simples compatível com a ordem do método de passo múltiplo, $O(h^5)$, ou seja, RK 4. Vamos usar resultados parciais do Exercício resolvido 6.6 para construir o quadro de valores da função f e iniciar o método com j = 0, r = 3, expresso na Equação 6.49. No Quadro 6.6, os valores em destaque foram calculados pelo método.

Quadro 6.6 – Solução numérica da EDO em [0, 0,5], h = 0,1 pelo método de passo múltiplo j = 0, r = 3

k	x_k	y_k	f_k
0	0	2	0
1	0,1	2,004838	0,095162
2	0,2	2,018731	0,181269
3	0,3	2,040818	0,259182
4	0,4	**2,070322**	**0,329680**
	0,5	**2,106536**	

k = 3

$$y_4 = y_3 + \frac{h}{24} \cdot \left[55f_3 - 59f_2 + 37f_1 - 9f_0\right]$$

$$y_4 = 2{,}040818 + \frac{0{,}1}{24}[55 \cdot 0{,}259182 - 59 \cdot 0{,}181269 + 37 \cdot 0{,}095162 - 9 \cdot 0]$$

$$= 2{,}070323$$

k = 4

$$y_5 = y_4 + \frac{h}{24} \cdot \left[55f_4 - 59f_3 + 37f_2 - 9f_1\right]$$

$$y_5 = 2{.}070322 + \frac{0{,}1}{24} \cdot [55 \cdot 0{,}329680 - 59 \cdot 0{,}259182 + 37 \cdot 0{,}181269 - 9 \cdot 0{,}095162]$$

$$= 2{,}106536$$

Esse resultado tem quatro casas decimais corretas.

6.1.4.2 Métodos de passo múltiplo implícito: métodos previsores corretores

Utilizamos a mesma nomenclatura e procedimento de desenvolvimento dos métodos de passo múltiplo explícito para obter os métodos de passo múltiplo implícito. A diferença é que, nos métodos implícitos, a polinomial de ordem *r* de diferença finita retroativa é escrita tendo como abscissa inicial de interpolação x_{k+1}, em vez de x_k.

Os métodos implícitos, também chamados de *métodos previsores corretores*, mais usados – e já escritos com valores funcionais da função *f* – são os apresentados a seguir.

Método j = 0, r = 1

Equação 6.53

$$y_{k+1} = y_k + \frac{h}{2}\left[f_{k+1} + f_k\right], E_{T_{local}} = O(h^3)$$

Método j = 0, r = 3

Equação 6.54

$$y_{k+1} = y_k + \frac{h}{24}\left[9f_{k+1} + 19f_k - 5f_{k-1} + f_{k-2}\right], E_{T_{local}} = O(h^5)$$

Método j = 1, r = 3

Equação 6.55

$$y_{k+1} = y_{k-1} + \frac{h}{3}\left[f_{k+1} + 4f_k + f_{k-1}\right], E_{T_{local}} = O(h^5)$$

Método j = 3, r = 5

Equação 6.56

$$y_{k+1} = y_{k-3} + \frac{2h}{45}\left[7f_{k+1} + 32f_k + 12f_{k-1} + 32f_{k-2} + 7f_{k-1}\right], E_{T_{local}} = O(h^7)$$

Quando o número de subintervalos de integração (j + 1) é par, as fórmulas assim encontradas são de ordens superiores às obtidas com um número ímpar de integração de subintervalos. Por isso, são preferidas.

O modo de operação com esses métodos para passar da abscissa x_k para x_{k+1} é o seguinte:

1. Usamos um método explícito, de mesma ordem do método implícito em uso, para "prever" o valor de y_{k+1};
2. Usamos o método implícito para "corrigir" o valor de y_{k+1}.

Procedendo dessa maneira, os principais métodos previsores corretores são os descritos a seguir[5].

Método do ponto médio

Equação 6.57

Previsor: $y_{k+1} = y_{k-1} + 2h \cdot f_k, E_{T_{LOCAL}} = O(h^3)$

Corretor: $y_{k+1} = y_k + \frac{h}{2}\left[f_{k+1} + f_k\right], E_{T_{LOCAL}} = O(h^3)$

Método de Milne de quarta ordem

Equação 6.58

Previsor: $y_{k+1} = y_{k-3} + \frac{4h}{3}\left[2f_k - f_{k-1} + 2f_{k-2}\right], E_{T_{LOCAL}} = O(h^5)$

Corretor: $y_{k+1} = y_{k-1} + \frac{h}{3}\left[f_{k+1} + 4f_k + f_{k-1}\right], E_{T_{LOCAL}} = O(h^5)$

Método de Milne de sexta ordem

Equação 6.59

Previsor: $y_{k+1} = y_{k-5} + \frac{3h}{10}\left[11f_k - 14f_{k-1} + 26f_{k-2} - 14f_{k-3} + 11f_{k-4}\right], E_{T_{LOCAL}} = O(h^7)$

Corretor: $y_{k+1} = y_{k-3} + \frac{2h}{45}\left[7f_{k+1} + 32f_k + 12f_{k-1} + 32f_{k-2} + 7f_{k-1}\right], E_{T_{LOCAL}} = O(h^7)$

---

5   Ver Sperandio; Mendes; Silva (2014).

Os métodos previsores corretores também não são autoiniciáveis. Nos primeiros subintervalos, precisamos usar um método de passo simples de ordem compatível com os de passo múltiplo. Nos métodos de Milne, a ordem a que o nome se refere diz respeito à ordem do erro de truncamento global. A seguir, mostramos o modo de operação dos métodos previsores corretores por meio de um Exercício resolvido.

Exercício resolvido 6.8

Considere a mesma EDO do Exercício resolvido 6.7:

$$\begin{cases} \dfrac{dy}{dx} = -y(x) + x + 2 \\ y(0) = 2 \end{cases}$$

Calcule $y(0,5)$ pelo método de Milne de quarta ordem e compare com a solução exata. Nesse problema, identificamos:

$$f(x, y(x)) = -y(x) + x + 2, \ x_0 = 0, \ y(x_0) = y(0) = y_0 = 2$$

Sabemos que o método em questão não é autoiniciável. Então, usamos um método de passo simples compatível com a ordem do método de passo múltiplo $O(h^5)$, ou seja, RK 4. Vamos usar resultados parciais do Exercício resolvido 6.6 para construir o quadro de valores da função f e iniciar o método expresso na Equação 6.58a. Nesse quadro, os valores em destaque foram calculados pelo seguinte método previsor corretor:

Previsor: $y_{k+1} = y_{k-3} + \dfrac{4h}{3}\left[2f_k - f_{k-1} + 2f_{k-2}\right]$

Corretor: $y_{k+1} = y_{k-1} + \dfrac{h}{3}\left[f_{k+1} + 4f_k + f_{k-1}\right]$

Considere o Quadro 6.6 de valores funcionais calculados por RK 4 para iniciar o método previsor.

Constatamos, com base no método previsor, que até x_3 os valores foram calculados por RK 4. Observe o Quadro 6.7.

Quadro 6.7 – Solução numérica da EDO em [0, 0,5], h = 0,1 pelo método de Milne de quarta ordem

k	x_k	y_k	f_k
0	0	2	0
1	0,1	2,004838	0,095162
2	0,2	2,018731 (*)	0,181269 (*)
3	0,3	2,040819 (*)	0,259182 (*)
4	0,4	**2,070320 (**)**	**0,329680 (**)**
5	0,5	2,106532(**)	**0,393474 (**)**

Com esses valores, aplicamos o método de Milne. Usando a fórmula corretora, temos:

k = 1, corretor:
$$y_2 = y_0 + \frac{0{,}1}{3}\left[f_2 + 4f_1 + f_0\right] = 2 + \frac{0{,}1}{3}[0{,}181269 + 4 \cdot 0{,}095162 + 0]$$
$$= 2{,}018731$$

k = 2, corretor:
$$y_3 = y_1 + \frac{0{,}1}{3}\left[f_3 + 4f_2 + f_1\right]$$
$$= 2{,}004838 + \frac{0{,}1}{3}[0{,}259182 + 4 \cdot 0{,}181269 + 0{,}095162] = 2{,}040819$$

k = 3
Previsor: $y_4 = y_0 + \frac{4 \cdot 0{,}1}{3}\left[2f_3 - f_2 + 2f_1\right]$
$$= 2 + \frac{4 \cdot 0{,}1}{3}[2 \cdot 0{,}259182 - 0{,}181269 + 2 \cdot 0{,}095162] = 2{,}070323$$

Corretor: $y_4 = y_2 + \frac{0{,}1}{3}\left[f_4 + 4f_3 + f_2\right]$
$$= 2{,}018731 + \frac{0{,}1}{3}[0{,}329680 + 4 \cdot 0{,}259182 + 0{,}181269]$$
$$= 2{,}070320$$

k = 4
Previsor: $y_5 = y_1 + \frac{4 \cdot 0{,}1}{3}\left[2f_4 - f_3 + 2f_2\right]$
$$= 2{,}004838 + \frac{4 \cdot 0{,}1}{3}[2 \cdot 0{,}329680 - 0{,}259182 + 2 \cdot 0{,}181269]$$
$$= 2{,}106526$$

Corretor: $y_5 = y_3 + \frac{0{,}1}{3}\left[f_5 + 4f_4 + f_3\right]$
$$= 2{,}040819 + \frac{0{,}1}{3}[0{,}393474 + 4 \cdot 0{,}32968 + 0{,}259182]$$
$$= 2{,}106532$$

No Quadro 6.7, temos os valores sem sinalização – calculados por RK 4; (*) o valor calculado pelo método corretor; e (**) o valor calculado pelo método previsor corretor. O resultado tem cinco casas decimais corretas em comparação com o valor exato.

Até o momento, abordamos apenas EDO de primeira ordem, mas há muitos problemas relevantes na física, na engenharia e nas ciências em geral que são de ordens superiores – segunda, quarta etc. –, bem como sistemas de EDO de valores iniciais. Na sequência, trataremos de solução numérica de EDO de valores iniciais, de ordem superior a um.

6.2 Solução numérica de EDO de ordem n: problema de valor inicial

Anteriormente, conferimos métodos para solução numérica de EDO de primeira ordem – problema de valor inicial. Nesta seção, vamos verificar aqueles métodos para EDO de ordem n. Para tanto, precisamos reduzir a EDO ou o sistema de EDO de ordens superiores a sistemas de EDO de primeira ordem. Feito isso, aplicamos um método de solução numérica de EDO de primeira ordem para cada equação do sistema reduzido e resolvemos simultaneamente o procedimento.

6.2.1 Técnica de redução de EDO de ordem n a sistema de primeira ordem

Considere a EDO de ordem n na Equação 6.2, repetida a seguir, com as condições iniciais:

■ Equação 6.60

$$\begin{cases} \dfrac{d^n y}{dx^n} = G\left(x, y, \dfrac{dy}{dx}, \dfrac{d^2 y}{dx^2}, \ldots, \dfrac{d^{n-1} y}{dx^{n-1}}\right) \\ y(x_0) = c_0;\; y'(x_0) = c_1;\; y''(x_0) = c_2; \ldots;\; y^{(n-1)}(x_0) = c_{n-1} \end{cases}$$

Inicialmente, definimos $(n-1)$ novas variáveis dependentes do modo seguinte:

■ Equação 6.61

$$\begin{cases} \dfrac{dy}{dx} = y_1 \\ \dfrac{dy_1}{dx} = y_2 \\ \dfrac{dy_2}{dx} = y_3 \\ \quad \vdots \\ \dfrac{dy_{n-2}}{dx} = y_{n-1} \\ \dfrac{dy_{n-1}}{dx} = G\left(x, y, \dfrac{dy}{dx}, \dfrac{d^2 y}{dx^2}, \ldots, \dfrac{d^{n-1} y}{dx^{n-1}}\right) \end{cases}$$

As condições iniciais ficam:

■ Equação 6.62

$$y(x_0) = c_0;\; y_1(x_0) = c_1;\; y_2(x_0) = c_2; \ldots;\; y_{n-1}(x_0) = c_{n-1}$$

A teoria matemática de EDO demonstra que o sistema das Equações 6.61 e 6.62 é equivalente à EDO de ordem *n* e às condições iniciais na Equação 6.60.

Exercício resolvido 6.9

Reduza a EDO de segunda ordem de valor inicial indicado a seguir a um sistema de EDO de primeira ordem:

$$\begin{cases} y'' - 3y' + 2y = 0 \\ y(0) = -1; \; y'(0) = 0 \end{cases}$$

Definindo uma nova variável dependente, obtemos duas EDO de primeira ordem e as condições iniciais, como segue:

$$\begin{cases} \dfrac{dy}{dx} = f(x, y, z) = z \\ \dfrac{dz}{dx} = g(x, y, z) = -2y + 3z \\ y(0) = -1; \; z(0) = 0 \end{cases}$$

Exercício resolvido 6.10

Para o sistema reduzido do Exercício resolvido 6.9, determine uma aproximação para $y(1)$ pelo método RK 4.

Começamos organizando os cálculos, associando cada variável dependente a um conjunto de parâmetros do método, como segue:

$$y(x) \to K_1(x,y,z); K_2(x,y,z); K_3(x,y,z); K_4(x,y,z); f(x,y,z)$$
$$z(x) \to L_1(x,y,z); L_2(x,y,z); L_3(x,y,z); L_4(x,y,z); g(x,y,z)$$

Continuando, aplicamos o RK 4 para a primeira equação como se a segunda não existisse, e vice-versa:

$$k = 0, 1, 2, 3, \ldots$$
$$K_2 = f\left(x_k + \frac{h}{2}, y_k + \frac{hK_1}{2}, z_k + \frac{hL_1}{2}\right)$$
$$K_3 = f\left(x_k + \frac{h}{2}, y_k + \frac{hK_2}{2}, z_k + \frac{hL_2}{2}\right)$$
$$K_4 = f\left(x_k + h, y_k + hK_3, z_k + hL_3\right)$$
$$y_{k+1} = y_k + \frac{h}{6}\left(K_1 + 2K_2 + 2K_3 + K_4\right)$$
$$L_1 = g(x_k, y_k, z_k)$$

$$L_2 = g\left(x_k + \frac{h}{2}, y_k + \frac{hK_1}{2}, z_k + \frac{hL_1}{2}\right)$$

$$L_3 = g\left(x_k + \frac{h}{2}, y_k + \frac{hK_2}{2}, z_k + \frac{hL_2}{2}\right)$$

$$L_4 = g(x_k + h, y_k + hK_3, z_k + hL_3)$$

$$z_{k+1} = z_k + \frac{h}{6}(L_1 + 2L_2 + 2L_3 + L_4)$$

Para o procedimento numérico, ordenamos e definimos os parâmetros do método do seguinte modo:

$k = 0, 1, 2, 3, 4, 5, 6, 7, 8, 9$

$K_1 = f(x_k, y_k, z_k) = z_k$

$L_1 = g(x_k, y_k, z_k) = -2y_k + 3z_k$

$$K_2 = f\left(x_k + \frac{h}{2}, y_k + \frac{hK_1}{2}, z_k + \frac{hL_1}{2}\right) = z_k + \frac{hL_1}{2}$$

$$L_2 = g\left(x_k + \frac{h}{2}, y_k + \frac{hK_1}{2}, z_k + \frac{hL_1}{2}\right) = -2\left(y_k + \frac{hK_1}{2}\right) + 3\left(z_k + \frac{hL_1}{2}\right)$$

$$K_3 = f\left(x_k + \frac{h}{2}, y_k + \frac{hK_2}{2}, z_k + \frac{hL_2}{2}\right) = z_k + \frac{hL_2}{2}$$

$$L_3 = g\left(x_k + \frac{h}{2}, y_k + \frac{hK_2}{2}, z_k + \frac{hL_2}{2}\right) = -2\left(y_k + \frac{hK_2}{2}\right) + 3\left(z_k + \frac{hL_2}{2}\right)$$

$$K_4 = f(x_k + h, y_k + hK_3, z_k + hL_3) = z_k + hL_3$$

$$L_4 = g(x_k + h, y_k + hK_3, z_k + hL_3) = 2(y_k + hK_3) + 3(z_k + hL_3)$$

$$y_{k+1} = y_k + \frac{h}{6}(K_1 + 2K_2 + 2K_3 + K_4)$$

$$z_{k+1} = z_k + \frac{h}{6}(L_1 + 2L_2 + 2L_3 + L_4)$$

Agora, é só operar; em cada passo k, temos que calcular essas dez expressões.

$k = 0$

$K_1 = z_0 = 0$

$L_1 = -2y_0 + 3z_0 = -2(-1) + 0 = 2$

$K_2 = z_0 + \dfrac{hL_1}{2} = 0 + \dfrac{0,1 \cdot 2}{2} = 0,1$

$L_2 = -2\left(y_0 + \dfrac{hK_1}{2}\right) + 3\left(z_0 + \dfrac{hL_1}{2}\right)$

$\quad = -2\left(-1 + \dfrac{0,1 \cdot 0}{2}\right) + 3\left(0 + \dfrac{0,1 \cdot 2}{2}\right)$

$\quad = 2,3$

$$K_3 = f\left(x_k + \frac{h}{2}, y_k + \frac{hK_2}{2}, z_k + \frac{hL_2}{2}\right) = z_0 + \frac{0,1 \cdot 2,3}{2}$$
$$= 0,115$$

$$L_3 = -2\left(y_0 + \frac{0,1K_2}{2}\right) + 3\left(z_0 + \frac{hL_2}{2}\right) = -2\left(-1 + \frac{0,1 \cdot 0,1}{2}\right) + 3\left(0 + \frac{0,1 \cdot 2,3}{2}\right)$$
$$= 2,335$$

$$K_4 = z_k + hL_3 = 0 + 0,1 \cdot 2,335 = 0,2335$$
$$L_4 = -2(y_0 + hK_3) + 3(z_0 + hL_3)$$
$$= -2(-1 + 0,1 \cdot 0,115) + 3(0 + 0,1 \cdot 2,335)$$
$$= 2,6775$$

$$y_1 = y_0 + \frac{0,1}{6}(K_1 + 2K_2 + 2K_3 + K_4)$$
$$= -1 + \frac{0,1}{6}(0 + 2 \cdot 0,1 + 2 \cdot 0,115 + 0,2335)$$
$$= -0,988942$$

$$z_1 = z_0 + \frac{0,1}{6}(L_1 + 2L_2 + 2L_3 + L_4)$$
$$= 0 + \frac{0,1}{6}(2 + 2 \cdot 2,3 + 2 \cdot 2,335 + 2,6775)$$
$$= 0,232458$$

$k = 1$
$K_1 = z_1 = 0,232458$
$L_1 = -2y_1 + 3z_1 = -2(-0,988942) + 3 \cdot 0,232458 = 2,675258$
$$K_2 = z_1 + \frac{0,1L_1}{2} = 0,232458 + \frac{0,1 \cdot 2,675258}{2} = 0,3662209$$
$$L_2 = -2\left(y_1 + \frac{0,1K_1}{2}\right) + 3\left(z_1 + \frac{0,1L_1}{2}\right)$$
$$= -2\left(-0,988942 + \frac{0,1 \cdot 0,232458}{2}\right) + 3\left(0,232458 + \frac{0,1 \cdot 2,675258}{2}\right)$$
$$= 3,053301$$

$$K_3 = z_1 + \frac{0,1L_2}{2} = 0,232458 + \frac{0,1 \cdot 3,053301}{2} = 0,385123$$
$$L_3 = -2\left(y_1 + \frac{0,1K_2}{2}\right) + 3\left(z_1 + \frac{0,1L_2}{2}\right)$$

$$= -2\left(-0{,}988942 + \frac{0{,}1 \cdot 0{,}3662209}{2}\right) + 3\left(0{,}232458 + \frac{0{,}1 \cdot 3{,}053301}{2}\right)$$
$$= 3{,}096631$$

$$K_4 = z_1 + 0{,}1L_3 = 0{,}232458 + 0{,}1 \cdot 3{,}096631 = 0{,}542121$$
$$L_4 = -2(y_1 + 0{,}1K_3) + 3(z_1 + 0{,}1L_3)$$
$$= -2(-0{,}988942 + 0{,}1 \cdot 0{,}385123) + 3(0{,}232458 + 0{,}1 \cdot 3{,}096631)$$
$$= 3{,}527223$$

$$y_2 = y_1 + \frac{0{,}1}{6}(K_1 + 2K_2 + 2K_3 + K_4)$$
$$= -0{,}988942 + \frac{0{,}1}{6}(0{,}232458 + 2 \cdot 0{,}3662209$$
$$+ 2 \cdot 0{,}385123 + 0{,}542121)$$
$$= 0{,}950988$$

$$z_2 = z_k + \frac{0{,}1}{6}(L_1 + 2L_2 + 2L_3 + L_4)$$
$$= 0{,}232458 + \frac{0{,}1}{6}(2{,}675258 + 2 \cdot 3{,}053301$$
$$+ 2 \cdot 3{,}096631 + 3{,}527223)$$
$$= 0{,}540830$$

O procedimento numérico pode ser continuado até k = 9, resultando:

$$y_{10} = 1{,}952329; \quad z_{10} = 9{,}341219$$

A solução exata: $y(x) = e^{2x} - 2e^x$ fornece:

$$y(1) = 1{,}195249$$

Com esses valores, temos:

$$|y(1) - y_{10}| = |1{,}195249 - 1{,}1952329| = 0{,}0000161 < 0{,}5 \cdot 10^{-4}$$

Portanto, a solução aproximada tem quatro casas decimais corretas.

6.3 Derivação numérica: aproximação por diferenças finitas

Considere uma função *y* definida por pontos cujas abscissas são igualmente espaçadas, formando uma malha:

■ Equação 6.63

$$G \equiv \{(x_i, y_i), 0 \leq i \leq n, x_{k+1} = x_k + h, 0 \leq k \leq n-1$$

Nosso objetivo é o desenvolvimento de fórmulas para cálculo aproximado de derivadas e acesso à ordem do erro de truncamento presente na aproximação.

Sabemos que o cálculo numérico de derivadas é um procedimento sensível a erros tanto de arredondamento quanto de truncamento, pois há tendência de amplificação desses erros no passo a passo da malha. Na prática, o procedimento é usado principalmente para aproximação de derivadas de funções definidas por valores funcionais ou para aproximação de derivada em equações diferenciais, que abordaremos adiante.

Para o desenvolvimento das fórmulas com acesso à ordem do erro de truncamento, Carnahan, Luther e Wilkes (1969) empregam derivadas de polinômios interpolantes. Neste texto, usamos desenvolvimento em série de Taylor; procedimento geral em função de diferenças finitas pode ser visto em Salvadori e Baron (1966).

Admitindo que a função *y* tem derivadas de todas as ordens, sua série de Taylor, em torno da abscissa *x*, para calcular o valor da função *y* na vizinhança $(x + h)$, isto é, $y(x + h)$, fica:

■ Equação 6.64

$$y(x+h) = y(x) + hDy(x) + \frac{h^2}{2!}D^{(2)}y(x) + \frac{h^3}{3!}D^3y(x) + \ldots$$

Usando a malha na Equação 6.63 e embutindo a aproximação para $x = x_i$ na Equação 6.64, obtemos:

■ Equação 6.65

$$y_{i+1} = y_i + hDy_i + \frac{h^2}{2!}D^{(2)}y_i + \frac{h^3}{3!}D^{(3)}y_i + \ldots$$

Apenas para lembrar a nomenclatura adotada nas Equações 6.65 e 6.64, temos que:

■ Equação 6.66

$$y_i \approx y(x_i), \ y_{i+1} \approx y(x_{i+1}), \ Dy_i = \frac{dy(x_i)}{dx}, \ D^{(2)}y_i = \frac{d^{(2)}y(x_i)}{dx^2}$$

6.3.1 Diferenciação numérica de diferenças finitas progressivas

Estamos prontos para aproximar derivadas e ter acesso à ordem do erro de truncamento, manuseando expressões apropriadas da série de Taylor. Vamos, ainda, fazer um paralelo com os operadores de diferenças finitas, começando pelo operador progressivo. Para isso, precisamos, inicialmente, da seguinte expansão:

■ Equação 6.67

$$y_{i+1} = y_i + hDy_i + \frac{h^2}{2!}D^{(2)}y_i + \frac{h^3}{3!}D^{(3)}y_i + \ldots$$

Então, temos:

$$y_{i+1} - y_i = hDy_i + \frac{h^2}{2!}D^{(2)}y_i + \frac{h^3}{3!}D^{(3)}y_i + \ldots$$

ou, ainda:

■ Equação 6.68

$$Dy_i = \frac{y_{i+1} - y_i}{h} + O(h) = \frac{\Delta y_i}{h} + O(h)$$

Para determinar a derivada segunda de diferença finita progressiva, primeiro fazemos o desenvolvimento seguinte:

■ Equação 6.69

$$y_{i+2} = y_i + 2hDy_i + 2h^2 D^{(2)}y_i + \frac{4h^3}{3}D^{(3)}y_i + \ldots$$

Em seguida, calculamos: $y_{i+2} - 2y_{i+1}$, ou seja:

$$y_{i+2} - 2y_{i+1} = y_i + 2hDy_i + 2h^2 D^{(2)}y_i + \frac{4h^3}{3}D^{(3)}y_i + \ldots$$
$$-2\left(y_i + hDy_i + \frac{h^2}{2!}D^{(2)}y_i + \frac{h^3}{3!}D^{(3)}y_i + \ldots\right)$$
$$= -y_i + h^2 D^{(2)}y_i + h^3 D^{(3)}y_i + \ldots$$

ou, ainda:

■ Equação 6.70

$$D^2 y_i = \frac{1}{h^2}\left(y_i - 2y_{i+1} + y_{i+2}\right) + O(h) = \frac{\Delta^2 y_i}{h^2} + O(h)$$

Procedendo de modo análogo, determinamos as derivadas de terceira e quarta ordens, e assim sucessivamente:

■ Equação 6.71

$$D^3 y_i = \frac{1}{2h^3}\left(-y_i + 3y_{i+1} - 3y_{i+2} + y_{i+3}\right) + O(h) = \frac{\Delta^3 y_i}{h^3} + O(h)$$

■ Equação 6.72

$$D^4 y_i = \frac{1}{h^4}\left(y_i - 4y_{i+1} + 6y_{i+2} - 4y_{i+3} + y_{i+4}\right) + O(h) = \frac{\Delta^4 y_i}{h^4} + O(h)$$

É importante notar que todas essas aproximações são da ordem de h, isto é, $O(h)$. No entanto, podemos desenvolver fórmulas cujas ordens sejam $O(h^2)$, com ganho de precisão, mas pouco mais de esforço computacional. O modo de fazer isso e encontrar a fórmula para primeira derivada é compor o desenvolvimento de y_{i+1} com o de y_{i+2}, anulando o termo em h^2. Desse modo, encontramos:

■ Equação 6.73

$$Dy_i = \frac{1}{2h}\left(-3y_i + 4y_{i+1} - y_{i+2}\right) + O(h^2)$$

Analogamente, encontramos:

$$D^2 y_i = \frac{1}{h^2}\left(2y_i - 5y_{i+1} + 4y_{i+2} - y_{i+3}\right) + O(h^2)$$

$$D^3 y_i = \frac{1}{2h^3}\left(-5y_i + 18y_{i+1} - 24y_{i+2} + 14y_{i+3} - 3y_{i+4}\right) + O(h^2)$$

$$D^4 y_i = \frac{1}{h^4}\left(3y_i + 14y_{i+1} - 26y_{i+2} + 24y_{i+3} + 11y_{i+4} - 2y_{i+5}\right) + O(h^2)$$

6.3.2 Diferenciação numérica de diferenças finitas retroativas

O desenvolvimento segue o mesmo raciocínio usado para a obtenção das fórmulas de diferenças finitas progressivas. Assim, temos o conjunto de fórmulas seguinte:

■ Equação 6.74

$$Dy_i = \frac{y_i - y_{i-1}}{h} + O(h) = \frac{\nabla y_i}{h} + O(h)$$

$$D^2 y_i = \frac{1}{h^2}\left(y_i - 2y_{i-1} + y_{i-2}\right) + O(h) = \frac{\nabla^2 y_i}{h^2} + O(h)$$

$$D^3 y_i = \frac{1}{h^3}\left(y_i - 3y_{i-1} + 3y_{i-2} - y_{i-3}\right) + O(h) = \frac{\nabla^3 y_i}{h^3} + O(h)$$

$$D^4 y_i = \frac{1}{h^4}\left(y_i - 4y_{i-1} + 6y_{i-2} - 4y_{i-3} + y_{i-4}\right) + O(h) = \frac{\nabla^4 y_i}{h^4} + O(h)$$

As fórmulas de ordens superiores são do seguinte modo:

■ Equação 6.75

$$Dy_i = \frac{1}{2h}\left(3y_i - 4y_{i-1} + y_{i-2}\right) + O(h^2)$$

$$D^2 y_i = \frac{1}{h^2}\left(2y_i - 5y_{i-1} + 4y_{i-2} - y_{i-3}\right) + O(h^2)$$

$$D^3 y_i = \frac{1}{2h^3}\left(5y_i - 18y_{i-1} + 24y_{i-2} - 14y_{i-3} + 3y_{i-4}\right) + O(h^2)$$

$$D^4 y_i = \frac{1}{h^4}\left(3y_i - 14y_{i-1} + 26y_{i-2} - 24y_{i-3} + 11y_{i-4} - 2y_{i-5}\right) + O(h^2)$$

6.3.3 Diferenciação numérica de diferenças finitas centrais

Essas fórmulas, normalmente, são preferidas tanto para calcular derivadas quanto para aproximar os operadores diferenciais de EDO de valor no contorno. Um dos motivos é a ordem das fórmulas concomitante com o esforço computacional; outro é a centralidade das abscissas, o quer dizer que o procedimento avança com pontos subsequentes e antecedentes. Isso conduz a uma melhor precisão.

As fórmulas são as seguintes:

■ Equação 6.76

$$Dy_i = y_{i+1} - y_{i-1} + O(h^2)$$

$$D^2 y_i = \frac{1}{h^2}\left(y_{i+1} - 2y_i + y_{i-1}\right) + O(h^2)$$

$$D^3 y_i = \frac{1}{2h^3}\left(y_{i+2} - 2y_{i+1} + 2y_{i-1} - y_{i-2}\right) + O(h^2)$$

$$D^4 y_i = \frac{1}{h^4}\left(y_{i+2} - 4y_{i+1} + 6y_i - 4y_{i-1} + y_{i-2}\right) + O(h^2)$$

Note que o erro de truncamento é $O(h^2)$, mas o esforço computacional para calcular a derivada é menor que o das outras fórmulas com erro de truncamento de mesma ordem, por exemplo, $O(h^2)$.

6.4 EDO de valores no contorno: aproximação por diferenças finitas

O uso de diferenças finitas para aproximação de EDO de valores no contorno é o fundamento do método desse tipo de aproximação. Resumimos o método de modo geral assim:

1. Estabelecemos uma malha:

■ Equação 6.77

$$G \equiv \{(x_i, y_i), 0 \leq i \leq n, x_{k+1} = x_k + h, 0 \leq k \leq n-1\}$$

no intervalo em que a EDO está definida.

2. Aproximamos derivadas da EDO por diferenças finitas em uma abscissa genérica $x = x_i$ da malha.
3. Colocamos todos os termos e coeficientes variáveis na mesma abscissa em que as derivadas foram aproximadas por diferenças finitas.
4. Aproximamos as condições de contorno por diferenças finitas ou, se for o caso, colocamos as condições nos pontos de contorno.

Estudamos esse procedimento no contexto de uma EDO clássica de segunda ordem, a coeficientes variáveis e condições de contorno genéricas, não misturadas, assim definida:

■ Equação 6.78

$$\begin{cases} \dfrac{d}{dx}\left[p(x)\dfrac{dy}{dx}\right] + q(x)y(x) = f(x), x \in (a, b) \\ \alpha_1 y(a) + \beta_1 \dfrac{dy(a)}{dx} = \gamma_1 \\ \alpha_2 y(b) + \beta_2 \dfrac{dy(b)}{dx} = \gamma_2 \end{cases}$$

Apesar da EDO na Equação 6.78 ser linear, é a coeficientes variáveis, e isso leva, muitas vezes, ao uso de métodos para aproximar sua solução.

É oportuno dizer que existem muitas maneiras de usar diferenças finitas para essa equação. Podemos derivar o primeiro termo da EDO, ficando assim:

$$\begin{cases} \left[p(x)\dfrac{d^2 y}{dx^2}\right] + \dfrac{dp(x)}{dx}\dfrac{dy}{dx} + q(x)y(x) = f(x), x \in (a, b) \\ \alpha_1 y(a) + \beta_1 \dfrac{dy(a)}{dx} = \gamma_1 \\ \alpha_2 y(b) + \beta_2 \dfrac{dy(b)}{dx} = \gamma_2 \end{cases}$$

Todavia, para fazer isso, precisamos saber se a função *p* é derivável no intervalo (a, b). Por isso, esse procedimento não é recomendável.

O modo que adotamos é aproximar o termo como derivada do produto da função *p* pela derivada de *y*, como veremos adiante.

Seguindo as etapas comentadas anteriormente, temos:

1. Estabelecimento de malha no intervalo [a, b].

   Isso é feito pela partição do intervalo [a, b], assim:

$$G : a \equiv x_0 < x_{1/2} < x_1 < x_{3/2} < x_2 < \cdots < x_{(n-1)/2} < x_n \equiv b$$

em que o passo da malha é $h = x_{k+1} - x_k$, e as abscissas, chamadas de *pontos nodais*, são:

Equação 6.79

$$x_k = x_0 + kh, k = 0, 1, 2, \ldots, (n-1)$$
$$x_j = x_0 + jh, j = \frac{1}{2}, \frac{3}{2}, \ldots, \frac{(2n-1)}{2}$$

Observe que na malha existem pontos nodais intermediários, justamente para possibilitar o uso de diferenças centrais.

2. Aproximação das derivadas por diferenças finitas centrais no ponto nodal $x = x_k$.

Equação 6.80

$$\frac{d}{dx}\left[p(x)\frac{dy}{dx}\right]_k \approx \frac{p\left(x_{k+\frac{1}{2}}\right)Dy\left(x_{k+\frac{1}{2}}\right) - p\left(x_{k-\frac{1}{2}}\right)Dy(x)_{k-\frac{1}{2}}}{h}$$

sendo *D* o operador diferencial, ou seja, $D = \frac{d}{dx}$.

As derivadas na Equação 6.80 novamente são aproximadas por diferenças finitas centrais, resultando:

Equação 6.81

$$Dy\left(x_{k+\frac{1}{2}}\right) = \frac{y(x_{k+1}) - y(x_k)}{h}$$
$$Dy\left(x_{j-\frac{1}{2}}\right) = \frac{y(x_k) - y(x_{k-1})}{h}$$

Substituindo a Equação 6.2 na 6.80 e colocando os demais termos da EDO também em $x = x_k$, $k = 1, 2, 3, \ldots, (n-1)$, obtemos a seguinte aproximação:

Equação 6.82

$$\frac{1}{h^2}\left\{-p\left(x_{k-\frac{1}{2}}\right)y_{k-1} + \left[p\left(x_{k-\frac{1}{2}}\right) + p\left(x_{k+\frac{1}{2}}\right)\right]y_k - p\left(x_{k+\frac{1}{2}}\right)y_{k+1}\right\}$$
$$+ q(x_k)y_k = f(x_k)$$

Essa é a equação de diferença que precisamos resolver. O método mais usado para resolvê-la é o de colocação.

3. Colocação da equação de diferença na Equação 6.82 significa calcular os termos da equação em cada ponto nodal interno $k = 1, 2, 3, \ldots, (n-)$ da malha estabelecida no item 1. Fazendo isso, obtemos um sistema de equações algébricas lineares (a EDO é linear):

Equação 6.83

$$\begin{cases} k = 1 \\ \left\{-p\left(x_{\frac{1}{2}}\right)y_0 + \left[p\left(x_{\frac{1}{2}}\right) + p\left(x_{\frac{3}{2}}\right)\right]y_1 - p\left(x_{\frac{3}{2}}\right)y_2\right\} + h^2 q(x_1)y_1 = h^2 f(x_1) \\ k = 2 \\ \left\{-p\left(x_{\frac{3}{2}}\right)y_1 + \left[p\left(x_{\frac{3}{2}}\right) + p(x_2)\right]y_2 - p(x_2)y_3\right\} + h^2 q(x_2)y_2 = h^2 f(x_2) \\ \vdots \\ k = n-1 \\ \left\{-p\left(x_{n-\frac{3}{2}}\right)y_{n-2} + \left[p\left(x_{n-\frac{3}{2}}\right) + p\left(x_{n-\frac{1}{2}}\right)\right]y_{n-1} - p\left(x_{n-\frac{1}{2}}\right)y_n\right\} + \\ + h^2 q(x_{n-1})y_{n-1} = h^2 f(x_{n-1}) \end{cases}$$

Constatamos que esse sistema tem $(n-1)$ equações e $(n+1)$ incógnitas. Para ter solução, precisamos das condições de contorno.

4. Incorporação das condições de contorno:

- **Condições do tipo Dirichlet** – Nesse tipo de condição de contorno, é especificado o valor de *y* no ponto $x = a \equiv x_0$, isto é, $y(a)$ ou $x = b \equiv x_n$, $y(b)$, ou, ainda, nos dois pontos. Caso seja nos dois pontos de contorno, então, no problema geral, temos que fazer: $\beta_1 = \beta_2 = 0$. Em seguida, substituímos o valor fazendo: $y_0 = y(a)$ e $y_n = y(b)$.

- **Condições do tipo Neumann** – Esse tipo de condição de contorno envolve derivada. Como a EDO é de segunda ordem, a derivada só pode ser de primeira ordem. Mesmo assim, precisamos ter cautela com as aproximações. Elas precisam ter, sempre que possível, a mesma ordem das aproximações usadas nas derivadas da EDO. Se isso não ocorrer, há perturbação na solução numérica na vizinhança do contorno. Para amenizar essas perturbações, recomendamos o uso de fórmulas que tenham a mesma ordem das aproximações das derivadas da EDO. Além disso, no ponto de contorno em que a condição de Neumann é especificada, o valor de *y* não é especificado. Da teoria de equações diferenciais ordinárias, em cada ponto de contorno, vinculamos apenas uma condição. Nesse caso, colocamos a equação de diferença inclusive no ponto de contorno. Ao fazer isso, em geral, surge a necessidade de adicionar um ponto fictício, fora do intervalo em que a EDO está definida, para possibilitar a aproximação da derivada da condição, com fórmula de mesma ordem de erro de truncamento das usadas na EDO.

Para exemplificar, considere o caso em que, na Equação 6.78, $\beta_1 = 0$ e $\alpha_2 = 0$. Nesse caso, temos condição de Dirichlet em $x = x_0 = a$ e condição de Neumann no ponto nodal $x = x_n = b$, ou seja:

■ Equação 6.84

$$y(a) = \gamma_1 / \alpha_1 \quad (A)$$

$$\frac{dy(b)}{dx} = \gamma_2 / \beta_2 \quad (B)$$

Incorporamos a condição na Equação 6.84A fazendo, na equação de diferença:

■ Equação 6.85

$$y_n = y(b) = \gamma_1 / \alpha_1$$

Para incorporação da Equação 6.84B, precisamos aproximar a derivada usando fórmula de ordem $O(h^2)$. Essa mesma ordem é usada na aproximação das derivadas da EDO. A mais usada é a de diferença finita central. Logo, aproximando a Equação 6.84B por diferença central, obtemos:

■ Equação 6.86

$$\left. \frac{dy(b)}{dx} \approx \frac{dy}{dx} \right|_b = \frac{y_{n+1} - y_{n-1}}{2h} = \gamma_2 / \beta_2$$

A Equação 6.86 junto à Equação 6.83, de diferença, colocada no ponto $x = x_n = b$ quando $k = n$, isto é:

■ Equação 6.87

$$\left\{-p\left(x_{n-\frac{1}{2}}\right)y_{n-1} + \left[p\left(x_{n-\frac{1}{2}}\right) + p\left(x_{n+\frac{1}{2}}\right)\right]y_n - p\left(x_{n+\frac{1}{2}}\right)y_{n+1}\right\}$$

$$+ h^2 q(x_n) y_n = f(x_n)$$

completam o sistema algébrico linear, que, agora, tem $(n+1)$ equações e $(n+1)$ incógnitas.

Exercício resolvido 6.11

Resolva a EDO de valor no contorno seguinte:

■ Equação 6.88

$$\begin{cases} \dfrac{d^2 y}{dx^2} + (1 + x^2) y = -1, \ x \in [0, 1] \\ \left.\dfrac{dy}{dx}\right|_0 = 0; \ y(1) = 0 \end{cases}$$

Desejamos aproximações para: $y(0), y(0,25), y(0,5), y(0,75)$.

Inicialmente, vamos analisar um pouco esse problema. Trata-se de uma EDO de segunda ordem, linear, a coeficiente variável, não homogênea, definida no intervalo (0, 1). Ela é de valor no contorno em razão das condições serem em pontos distintos. No contorno esquerdo $x = 0$, temos a condição de Neumann homogênea e, no outro extremo, temos a condição de Dirichlet, também homogênea.

1. Estabelecimento de malha:

■ Equação 6.89

$$\begin{cases} G: 0 \equiv x_0 < x_1 < x_2 < x_3 < x_4 \equiv 1 \\ x_j = x_0 + j\,0{,}25, \ j = 0, 1, 2, 3, 4 \end{cases}$$

2. Aproximação da EDO por diferenças finitas:

Em um ponto interno genérico $x = x_k$, fazendo as aproximações, obtemos a equação de diferença:

■ Equação 6.90

$$(y_{k-1} - 2y_k + y_{k+1}) + h^2(1 + x_k^2) y_k = -h^2$$

3. Colocação da Equação 6.90, de diferença:

Nesse item, observamos o tipo das condições de contorno; no qual há condição de Neumann, a equação de diferença tem que ser colocada. No caso, em $x = 0$, temos condição de Neumann, então a equação de diferença precisa ser colocada naquele ponto também:

$$(y_{-1} - 2y_0 + y_1) + h^2(1 + x_0^2)y_0 = -h^2$$
$$(y_0 - 2y_1 + y_2) + h^2(1 + x_1^2)y_1 = -h^2$$
$$(y_1 - 2y_2 + y_3) + h^2(1 + x_2^2)y_2 = -h^2$$
$$(y_2 - 2y_3 + y_4) + h^2(1 + x_3^2)y_3 = -h^2$$

Esse sistema tem quatro equações e seis incógnitas. Precisamos incorporar as condições de contorno.

4. Incorporação das condições de contorno:

Em $x = x_0 = 0$, temos condição de Neumann:

Equação 6.91

$$\left.\frac{dy}{dx}\right|_{x=0} \approx \frac{y_1 - y_{-1}}{2h} = 0 \therefore y_{-1} = y_1$$

Em $x = x_4 = 1$, temos condição de Dirichlet:

Equação 6.92

$$y(1) = y_4 = 0$$

Ao todo, temos seis equações e seis incógnitas. Entretanto, vamos incorporar diretamente as Equações 6.91 e 6.92 na 6.90, resultando:

Equação 6.93

$$(-2y_0 + 2y_1) + h^2(1 + x_0^2)y_0 = -h^2$$
$$(y_0 - 2y_1 + y_2) + h^2(1 + x_1^2)y_1 = -h^2$$
$$(y_1 - 2y_2 + y_3) + h^2(1 + x_2^2)y_2 = -h^2$$
$$(y_2 - 2y_3) + h^2(1 + x_3^2)y_3 = -h^2$$

A Equação 6.93 é um sistema de quatro equações e quatro incógnitas, expresso matricialmente do seguinte modo:

$$\begin{bmatrix} -1,9375 & 2 & 0 & 0 \\ 1 & -1,9336 & 1 & 0 \\ 0 & 1 & -1,9219 & 1 \\ 0 & 0 & 1 & -1,9023 \end{bmatrix} \begin{Bmatrix} y_0 \\ y_1 \\ y_2 \\ y_3 \end{Bmatrix} = \begin{Bmatrix} -0,0625 \\ -0,0625 \\ -0.0625 \\ -0.0625 \end{Bmatrix}$$

Note que a matriz dos coeficientes desse sistema é de banda, mais especificamente tridiagonal. É interessante constatar que, mesmo se tivéssemos malha mais refinada, o sistema continuaria tridiagonal.

Resolvendo, obtemos:

$y(0) \approx y_0 = 0,9419$
$y(0,25) \approx y_1 = 0,8812$
$y(0,5) \approx y_2 = 0,6994$
$y(0,75) \approx y_3 = 0,4005$

Como a matriz dos coeficientes é tridiagonal, para solução do sistema, usamos um algoritmo específico para esse tipo de matriz[6].

A solução analítica da EDO, em consideração, é obtida por série de potências e, conforme Botha e Pinder (1983), é:

$$y(x) = 0,932054 - 0,966027x^2 + 0,002831x^4 + 0,032107x^6 - 0,00624x^8 - 0,00350x^1$$

Comparando as soluções em série e aproximadas por diferença finita, temos os resultados indicados no Quadro 6.8.

Quadro 6.8 – Comparação entre soluções numéricas obtidas por série de potencias e diferenças finitas

x	Solução série	Solução diferença finita	Erro absoluto
0	0,9321	0,9449	$1,28 \cdot 10^{-2}$
0,25	0,8717	0,8812	$9,5 \cdot 10^{-3}$
0,50	0,6912	0,6994	$8,2 \cdot 10^{-3}$
0,75	0,3952	0,4005	$5,3 \cdot 10^{-3}$

Note que há certa perturbação na vizinhança de x = 0, em razão do ponto fictício introduzido para aproximação da condição de Neumann.

6.5 Aplicações de EDO

Em geral, as EDO surgem do entendimento diferencial e de derivada. Isso é bem apropriado ao engenheiro, já que os conceitos de cinemática e dinâmica, bem como os princípios da mecânica, embasam naturalmente EDO de movimento. As leis e as equações da termodinâmica, constitutivas, da eletricidade e do eletromagnetismo e da mecânica

---

6 Ver Carnahan; Luther; Wilkes (1969).

dos sólidos e dos fluidos modelam muitos problemas da realidade em que vivemos. As primeiras aplicações são importantes para mostrar como aparecem EDO e a modelagem que fazemos.

Os exemplos que apresentamos quase sempre envolvem EDO que apresentam solução analítica. Por isso, não é necessário resolvê-las numericamente. Porém, a solução numérica é interessante para trabalhar com números, dados e comportamentos de EDO que, muitas vezes, surpreendem pelo tamanho e pela sensibilidade com variações nos dados e potencialidade dos métodos em obter estimativas da solução mesmo quando o comportamento da EDO apresenta grandes variações repentinas.

6.5.1 EDO de primeira ordem

Nessa seção, exploraremos aplicações de EDO de primeira ordem por meio de diferentes tipos de problemas presentes no cotidiano.

Problemas de crescimento ou decaimento

Denominamos *N(t)* a função da quantidade de certa substância em crescimento ou decaimento em relação ao tempo. A razão de variação da quantidade de substância com o tempo nada mais é que a derivada dN(t)/dt. Nessa derivada, temos: *N* – variável dependente, *t* – variável independente. Assim, precisamos relacionar tal derivada com a quantidade de substância, o que quer dizer que precisamos modelar essa relação. Uma relação usual é admitir que a razão de variação da quantidade de sustância com o tempo é proporcional à quantidade de substância existente, ou seja:

Equação 6.94

$$\frac{dN}{dt} \approx N$$

isto é:

Equação 6.95

$$\frac{dN}{dt} = kN$$

em que *k* é uma constante de proporcionalidade.

Convém notar que a Equação 6.95 requer que a função N seja diferenciável, por isso, contínua. Todavia, essa mesma equação pode modelar problemas populacionais que são discretos e, mesmo assim, fornecerem boas estimativas.

Exercício resolvido 6.12

Uma pessoa coloca R$ 20.000,00 em uma conta poupança que paga juros compostos continuamente de 5% ao ano. Com base nessa informação, calcule a quantia existente na conta poupança após três anos.

Denotamos: N(t) – saldo da conta em qualquer tempo t, logo, $N(0) = 20.000,00$. Além disso, o crescimento do capital inicial com o tempo é proporcional à quantia aplicada e acumulativa. A constante de proporcionalidade é a taxa paga, ou seja, k = 0,06. A Equação 6.95, dessa forma, fica:

Equação 6.96

$$\frac{dN}{dt} = 0,05N, \ N(0) = 20.000$$

Essa EDO de primeira ordem, de valor inicial, é fácil de ser resolvida analiticamente. No entanto, bastasse que a taxa de juros fosse variável e, de modo mais geral, dada em forma de valores discretos, o problema seria bem mais difícil de resolver. Entretanto, uma abordagem numérica não teria grandes dificuldades para levar em conta todos os tipos de variações e mesmo de relação entre a derivada da quantidade e a própria quantidade.

Com a finalidade de aplicar métodos numéricos para resolver EDO, vamos usar, nesse problema, o método RK 2, com h = 1 ano. O algoritmo completo é:

Equação 6.97

$$\begin{cases} k = 0, 1, 2 \\ k_1 = f(t_k, N_k) = 0,05 N_k \\ k_2 = f(t_k + h, N_k + 1 \cdot k_1) = N_k + 1 \cdot k_1 \\ N_{k+1} = N_k + \frac{1}{2}(k_1 + k_2) \end{cases}$$

Operando com a Equação 6.97, temos:

$k = 0$

$k_1 = f(t_0, N_0) = 0,05 N_0 = 0,05 \cdot 20000 = 1000$

$k_2 = f(t_0 + h, N_0 + 1 \cdot k_1) = 0,05(N_0 + 1 \cdot k_1) = 0,05 \cdot (20000 + 1 \cdot 1000) = 1050$

$N_1 = N_0 + \frac{1}{2}(k_1 + k_2) = 20000 + 0,5 \cdot (1000 + 1050) = 21025$

k = 1
$$k_1 = f(t_1, N_1) = 0,05 N_1 = 0,05 \cdot 21025 = 1051,25$$
$$k_2 = 0,05 \cdot (21025 + 1 \cdot 1051,25) = 1103,8125$$
$$N_2 = N_1 + \frac{1}{2}(k_1 + k_2) = 21025 + 0,5 \cdot (1051,25 + 1103,8125) = 22102,53125$$

k = 2
$$k_1 = f(t_1, N_1) = 0,05 N_1 = 0,05 \cdot 21025 = 1051,25$$
$$k_2 = 0,05 \cdot (21025 + 1 \cdot 1051,25) = 1103,8125$$
$$N_2 = N_1 + \frac{1}{2}(k_1 + k_2) = 21025 + 0,5 \cdot (1051,25 + 1103,8125) = 22102,53125$$

Portanto, ao final de três anos, a quantia seria de R$23.235,29.

Problemas de temperatura e calor

Esses problemas são modelados pela lei de resfriamento (ou aquecimento) de Newton aplicada a estados em que a variação da temperatura de um corpo é proporcional à diferença entre a temperatura do corpo e a temperatura do meio vizinho que o circunda. Denotando:

- T – temperatura do corpo, a varável dependente (ou variável de estado);
- t – variável independente;
- k – constante positiva de proporcionalidade;
- T_m – temperatura do meio.

Matematicamente, expressamos a lei de Newton do seguinte modo:

$$\frac{dT}{dt} \infty - k(T - T_m)$$

ou:

Equação 6.98

$$\frac{dT}{dt} = -k(T - T_m)$$

ou seja:

Equação 6.99

$$\frac{dT}{dt} + kT = kT_m$$

O sinal negativo na expressão da lei na Equação 6.98 torna a derivada negativa, indicando processo de resfriamento, no qual $T < T_m$. Quando a derivada é positiva, $T < T_m$, o que indica que o processo é de aquecimento.

Exercício resolvido 6.13

Uma barra de metal à temperatura de 100°F é colocada em uma câmara a 0°F. Supondo que a constante de proporcionalidade é $k = 0{,}035\,\text{min}^{-1}$, calcule a temperatura da barra depois de 10 minutos.

O modelo da Equação 6.99 é diretamente escrito assim:

Equação 6.100

$$\frac{dT}{dt} = -0{,}035T,\; T(0) = 100$$

Pela generalidade do método numérico, vamos resolver a Equação 6.100 por Euler, ou seja:

$$T_{k+1} = T_k + h \cdot f(t_k, T_k) = T_k - h \cdot 0{,}035 T_k,\; k = 0, 1, 2, 3, \ldots$$

Escolhemos o passo h como $h = 1\,\text{min}$, o algoritmo indicial de Euler fica:

$$T_{k+1} = T_k + h \cdot f(t_k, T_k) = T_k - h \cdot 0{,}035 T_k,\; k = 0, 1, 2, 3, \ldots, 9$$

Operando, temos:

$k = 0$
$T_1 = T_0 + hf(t_0, T_0) = T_0 - h \cdot 0{,}035 T_0 = 100 - 1 \cdot 0{,}035 \cdot 100 = 96{,}5$

$k = 1$
$T_2 = T_1 + h \cdot f(t_1, T_1) = T_1 - h \cdot 0{,}035 T_1 = 93{,}12$

$k = 2$
$T_3 = T_2 + h \cdot f(t_2, T_2) = T_2 - h \cdot 0{,}035 T_2 = 89{,}86$

$k = 3$
$T_4 = T_3 + h \cdot f(t_3, T_3) = T_3 - h \cdot 0{,}035 T_3 = 86{,}72$

$k = 4$
$T_5 = T_4 + h \cdot f(t_4, T_4) = T_4 - h \cdot 0{,}035 T_4 = 83{,}68$

$k = 5$
$T_6 = T_5 + h \cdot f(t_5, T_5) = T_5 - h \cdot 0{,}035 T_5 = 80{,}75$

$k = 6$
$T_7 = T_6 + h \cdot f(t_6, T_6) = T_6 - h \cdot 0{,}035 T_6 = 77{,}93$

$k = 7$
$T_8 = T_7 + h \cdot f(t_7, T_7) = T_7 - h \cdot 0{,}035 T_7 = 75{,}20$

$k = 8$
$T_9 = T_8 + h \cdot f(t_8, T_8) = T_8 - h \cdot 0{,}035 T_8 = 72{,}57$

$k = 9$
$T_{10} = T_9 + h \cdot f(t_9, T_9) = T_9 - h \cdot 0{,}035 T_9 = 70{,}03$

Portanto, a temperatura da barra após 10 minutos na sala é $T(1) \approx T_{10} = 0370{,}03\ °F$.

Problemas de queda livre de corpos

Considere um corpo de massa *m* caindo verticalmente sob ação da gravidade e da resistência do ar, supostamente proporcional à velocidade do corpo. Suponhamos, ainda, que tanto a massa quanto a gravidade permaneçam constantes durante todo o percurso do corpo. Apenas por comodidade, escolhemos o eixo vertical orientado positivamente para baixo.

A modelagem tem início com aplicação da segunda lei de Newton, cuja expressão matemática é:

Equação 6.101

$$\vec{F} = m \frac{d\vec{v}}{dt}$$

em que $\vec{F}$ é resultante das forças que atuam no corpo e $\vec{v}$ é a velocidade, ambas no tempo *t*.

Da modelagem posta, o corpo está sob ação de duas forças: (1) da gravidade, identificada pelo peso do corpo cujo módulo é calculado por: $w = mg$, direção vertical e para baixo; e (2) da resistência do ar, calculada por $-k\vec{v}$, $k \geq 0$, com sinal negativo para indicar que a força de resistência do ar tem orientação oposta à da velocidade. Assim, escrevemos:

Equação 6.102

$$m\vec{g} - k\vec{v} = \frac{d\vec{v}}{dt}$$

ou seja:

Equação 6.103

$$\frac{d\vec{v}}{dt} + \frac{k}{m}\vec{v} = \vec{g}$$

A Equação 6.103 é a do movimento do corpo.

Exercício resolvido 6.14

Uma barra de aço pesando 2 lb é deixada cair de uma altura de 3000 ft. Ao cair, a barra encontra resistência do ar numericamente igual a v/8, em que a velocidade *v* é medida em ft/s. Suponha g = 32ft/s² e calcule por RK 2:

a. estimativas da velocidade da barra nos primeiros 10 segundos;
b. o deslocamento em 1 segundo.

Adotando o eixo vertical *y* orientado positivamente para baixo com origem na posição inicial da barra, a equação que modela essa queda é a 6.103, porém como o problema é unidimensional (o movimento ocorre somente segundo o eixo vertical *y*), escrevemos:

$$\frac{dv}{dt} + \frac{k}{m}v = g$$

Identificando os parâmetros, a constante k = 1/8. A massa *m* é calculada assim:

$$w = mg \rightarrow 2 = m32, m = \frac{1}{16}\text{slug}$$

Então, a equação fica:

$$\frac{dv}{dt} = -2v + 32, v(0) = 0$$

O algoritmo indicial do RK 2 para essa equação é:

$$k = 0, 1, 2, 3, 4, 5, 6, 7, 8, 9$$
$$k_1 = f(t_k, v_k) = -2v_k + 32$$
$$k_2 = f(t_{k+1}, v_k + hk_1) = -2 \cdot (v_k + hk_1) + 32$$
$$v_{k+1} = v_k + \frac{h}{2}(k_1 + k_2)$$

Operando, obtemos:

$$k = 0$$
$$k_1 = f(t_0, v_0) = -2v_0 + 32 = -2 \cdot 0 + 32 = 32$$
$$k_2 = f(t_1, v_0 + hk_1) = -2 \cdot (v_0 + 0{,}1 \cdot k_1) + 32 = -6{,}4 + 32 = 25{,}6$$
$$v_1 = v_0 + \frac{h}{2}(k_1 + k_2) = 0 + 0{,}05 \cdot (32 + 25{,}6) = 2{,}88$$
$$k = 1$$

$$k_1 = -2v_1 + 32 = -2 \cdot 2,88 + 32 = 26,24$$
$$k_2 = -2 \cdot (v_1 + 0,1 \cdot k_1) + 32 = 20,992$$
$$v_2 = v_1 + \frac{h}{2}(k_1 + k_2) = 2,88 + 0,05 \cdot (26,24 + 20,992) = 5,2416$$

Os demais resultados são indicados no Quadro 6.9.

Quadro 6.9 – Solução numérica da EDO em [0, 1, 0], h = 0,1 por RK 2

t_k	v_k
0	0
0,1	2,88
0,2	5,2416
0,3	7,178112
0,4	8,76605184
0,5	10,06816251
0,6	11,13589326
0,7	12,01143247
0,8	12,72937463
0,9	13,3180872
1,0	13,80008315

Portanto, $v(1,0) \approx v_{10} = 13,8001$ ft/s.

Para estimar o deslocamento $y(t)$, sabemos que:

$$\frac{dy}{dt} = v, \, y(0) = 0$$

O algoritmo indicial do RK 2 para essa equação fica:

$$k = 0, 1, 2, 3, 4, 5, 6, 7, 8, 9$$
$$k_1 = f(t_k, v_k) = v_k$$
$$k_2 = f(t_{k+1}, v_k + hk_1) = v_k + hk_1$$
$$y_{k+1} = y_k + \frac{h}{2}(k_1 + k_2)$$

Escolhendo h = 0,1 para coincidir os tempos e ter as velocidades calculadas, temos:

$$k = 0$$
$$k_1 = f(t_0, v_0) = v_0 = 0$$
$$k_2 = f(t_1, v_0 + hk_1) = v_0 + 0,1 \cdot 0 = 0$$
$$y_1 = y_0 + \frac{0,1}{2}(k_1 + k_2) = 0$$

$$k = 1$$
$$k_1 = f(t_1, v_1) = v_1 = 2,88$$
$$k_2 = f(t_1, v_1 + hk_1) = v_1 + 0,1 \cdot 2,88 = 2,88 + 0,1 \cdot 2,88 = 3,168$$
$$y_2 = y_1 + \frac{0,1}{2}(k_1 + k_2) = 0 + 0,05 \cdot (2,88 + 3,168) = 0,3024$$

Os resultados são indicados no Quadro 6.10.

Quadro 6.10 – Solução numérica da EDO dy/dt = v, y(0) = 0, [0, 1, 0], h = 0,1 por RK 2

t_k	v_k	y_k
0	0	0
0,1	2,88	0
0,2	5,2416	0,3024
0,3	7,178112	0,852768
0,4	8,76605184	1,6064706
0,5	10,05818251	2,526906043
0,6	11,13589326	3,584063107
0,7	12,01143247	4,753331899
0,8	12,72937463	6,014532309
0,9	13,3180872	7,351116645
1,0	13,80008315	8,749515801

Portanto, decorrido 1 segundo, o deslocamento percorrido pela barra de aço é $y(1,0) \approx y_{10} = 8,75$ ft.

6.5.2 EDO de ordens superiores

Nessa seção, exploraremos aplicações de EDO de ordens superiores por meio de diferentes tipos de problemas presentes no cotidiano.

Problemas de molas

O sistema de mola mais simples consiste em uma massa presa na parte inferior de uma mola suspensa verticalmente pela parte superior em um suporte rígido. É o clássico problema massa-mola, base de vibrações de sistemas gerais. O suporte encontra-se, inicialmente, na posição de equilíbrio, em repouso. A massa é colocada em movimento por um dos seguintes meios:

- deslocando a massa da posição de equilíbrio;
- provendo a massa de uma força dependente do tempo, isto é, F(t).

Nos exemplos, supomos que a força restauradora da mola segue a lei de Hook, ou seja, a força restauradora da mola é proporcional à extensão ou à contração sofrida por essa mola, ou seja, F = –kl, em que *k* é a constante de proporcionalidade ou, ainda, constante de mola. Desse modo, é uma relação linear. Existem outros tipos de relações entre força restauradora de mola e deslocamento, o que influi decisivamente no comportamento do sistema, por vezes, dificultando a resolução.

Nos Exercícios resolvidos a seguir, escolhemos o eixo vertical orientado positivamente para baixo e sua origem no centro de gravidade da massa em repouso na posição de equilíbrio. Supomos que a massa da mola é desprezível e que a resistência do ar, quando presente, é proporcional à velocidade da massa da bola. Desse modo, em um tempo arbitrário, existem três forças atuando no sistema: (1) F(t) medida na direção vertical positiva; (2) força restauradora da mola calculada pela lei de Hook, isto é, $F_r = -ky$, k > 0; e (3) força devido à resistência do ar, calculada por $F_{ar} = -a\dot{x}$, a > 0, sendo *a* a constante de proporcionalidade. Note que F_r atua sempre para retorno do sistema à posição de equilíbrio. Por sua vez, F_{ar} é sempre no sentido oposto ao da velocidade.

Com essas considerações, a segunda lei de Newton, após simplificações algébricas, fornece:

■ Equação 6.104

$$\ddot{y} + \frac{a}{m}\dot{y} + \frac{k}{m}y = \frac{F(t)}{m}$$

A força da gravidade não aparece explicitamente na Equação 6.104 em razão de termos escolhido como origem do movimento a posição de equilíbrio do sistema mola-massa, compensando, assim, a força da gravidade.

Supondo que o sistema inicia o movimento em t = 0, com uma velocidade inicial v_0 partindo de uma posição x_0, então a EDO na Equação 6.104 tem duas condições iniciais:

■ Equação 6.105

$$x(0) = x_0 \text{ e } \dot{x} = v_0$$

Exercício resolvido 6.15

Uma mola é fixa em um suporte e suspende uma bola de aço que pesa 128 lb na outra extremidade. A mola é distendida 2 ft de seu comprimento natural com o peso da bola. O sistema é colocado em movimento com velocidade inicial nula, deslocando a bola 6 in acima da posição de equilíbrio. Despreze a resistência do ar e calcule a posição da bola em t = 0,5s usando RK 4.

Lembre-se das considerações feitas anteriormente sobre o modelo. Então, na Equação 6.104, temos que a = 0, F(t) = 0. Calculamos a constante da mola assim:

$$F_r = -ky$$

ou:

$$-128 = -k(2) \rightarrow k = 64 \text{lb/ft}$$

Obtemos a massa da seguinte forma:

$$w = mg \rightarrow m = \frac{128}{32} = 4 \text{slugs}$$

O modelo diferencial na Equação 6.104 fica:

■ Equação 6.106

$$\ddot{y} + 16y = 0$$

As condições iniciais na Equação 6.105 são:

$$y(0) = -\frac{1}{2}\text{ft}; \dot{y} = 0$$

Para usar o RK 4, precisamos transformar a EDO de segunda ordem na Equação 6.106 em um sistema de duas equações de primeira ordem:

$$\begin{cases} \dot{y} = z \\ \dot{z} = -16y \\ y(0) = -0,5; z(0) = 0 \end{cases}$$

Então, o algoritmo indicial do método RK 4 para o sistema é:

$$k = 0, 1, 2, 3, 4$$
$$k_1 = f(t_k, y_k, z_k) = z_k$$
$$l_1 = g(t_k, y_k, z_k) = -16 \cdot y_k$$
$$k_2 = f(t_k + h/2, y_k + h \cdot k_1/2, z_k + h \cdot l_1/2) = z_k + h \cdot l_1/2$$
$$l_2 = g(t_k + h/2, y_k + h \cdot k_1/2, z_k + h \cdot l_1/2) = -16 \cdot (y_k + h \cdot k_1/2)$$
$$k_3 = f(t_k + h/2, y_k + h \cdot k_2/2, z_k + h \cdot l_2/2) = z_k + h \cdot l_2/2$$
$$l_3 = f(t_k + h/2, y_k + h \cdot k_2/2, z_k + h \cdot l_2/2) = -16 \cdot \left(y_k + h \cdot \frac{k_2}{2}\right)$$
$$k_4 = f(t_k + h, y_k + h \cdot k_3, z_k + h \cdot l_3) = z_k + h \cdot l_3$$
$$l_4 = f(t_k + h, y_k + h \cdot k_3, z_k + h \cdot l_3) = -16 \cdot (y_k + h \cdot k_3)$$

$$y_{k+1} = y_k + \frac{h}{2}(k_1 + 2 \cdot k_2 + 2 \cdot k_3 + k_4)$$
$$z_{k+1} = z_k + \frac{h}{2}(l_1 + 2 \cdot l_2 + 2 \cdot l_3 + l_4)$$

Operando, obtemos:

$k = 0$

$k_1 = f(t_0, y_0, z_0) = z_0 = 0$

$l_1 = g(t_0, y_0, z_0) = -16 \cdot y_0 = -16 \cdot (-0,5) = 8$

$k_2 = f(t_0 + h/2, y_0 + h \cdot k_1/2, z_0 + h \cdot l_1/2) = z_0 + h \cdot \frac{l_1}{2} = 0 + 0,1 \cdot \frac{8}{2} = 0,4$

$l_2 = g(t_0 + h/2, y_0 + h \cdot k_1/2, z_0 + h \cdot l_1/2) = -16 \cdot \left(y_0 + h \cdot \frac{k_1}{2}\right) = 8$

$k_3 = f(t_0 + h/2, y_0 + h \cdot k_2/2, z_0 + h \cdot l_2/2) = z_0 + h \cdot \frac{l_2}{2} = 0 + 0,1 \cdot \frac{8}{2} = 0,4$

$l_3 = g\left(t_0 + \frac{h}{2}, y_0 + h \cdot \frac{k_2}{2}, z_k + h \cdot \frac{l_2}{2}\right) = -16 \cdot \left(y_0 + h \cdot \frac{k_2}{2}\right)$

$= -16 \cdot \left(-0,5 + 0,1 \cdot \frac{0,4}{2}\right) = 7,68$

$k_4 = f(t_0 + h, y_0 + h \cdot k_3, z_k + h \cdot l_3) = z_0 + h \cdot l_3 = 0,1 \cdot 7,68 = 0,768$

$l_4 = g(t_0 + h, y_0 + h \cdot k_3, z_0 + h \cdot l_3) = -16 \cdot (y_0 + h \cdot k_3)$

$= -16 \cdot (-0,5 + 0,1 \cdot 0,4) = 7,36$

$y_1 = y_0 + \frac{h}{2}(k_1 + 2 \cdot k_2 + 2 \cdot k_3 + k_4)$

$= -0,5 + \frac{0,1}{2}(0 + 2 \cdot 0,4 + 2 \cdot 0,4 + 0,768) = -0,3816$

$z_1 = z_0 + \frac{h}{2}(l_1 + 2 \cdot l_2 + 2 \cdot l_3 + l_4) = 2,336$

$k = 1$

$k_1 = f(t_1, y_1, z_1) = z_1 = 2,336$

$l_1 = g(t_1, y_1, z_1) = -16 \cdot y_1 = -16 \cdot (-0,3816) = 6,1056$

$k_2 = f(t_1 + h/2, y_1 + h \cdot k_1/2, z_1 + h \cdot l_1/2) = z_1 + h \cdot \frac{l_1}{2}$

$= 2,336 + 0,1 \cdot \frac{6,1056}{2} = 2,6413$

$l_2 = g(t_1 + h/2, y_1 + h \cdot k_1/2, z_1 + h \cdot l_1/2) = -16 \cdot \left(y_1 + h \cdot \frac{k_1}{2}\right) = 1,8796$

$k_3 = z_1 + h \cdot \frac{l_2}{2} = 2,336 + 0,1 \cdot \frac{1,8796}{2} = 2,4200$

$$l_3 = -16 \cdot \left(y_1 + h \cdot \frac{k_2}{2}\right) = -16 \cdot \left(-0{,}3816 + 0{,}1 \cdot \frac{2{.}6413}{2}\right) = 3{,}9926$$

$$k_4 = z_1 + h \cdot l_3 = 2{,}336 + 0{,}1 \cdot 3{,}9926 = 2{,}7353$$

$$l_4 = -16 \cdot (y_1 + h \cdot k_3) = 2{,}2336$$

$$y_2 = y_1 + \frac{h}{2}(k_1 + 2 \cdot k_2 + 2 \cdot k_3 + k_4) = 0{,}3781$$

$$z_2 = z_1 + \frac{h}{2}(l_1 + 2 \cdot l_2 + 2 \cdot l_3 + l_4) = 3{,}3402$$

$k = 2$

$$k_1 = f(t_2, y_2, z_2) = z_2 = 3{,}3402$$

$$l_1 = g(t_2, y_2, z_2) = -16 \cdot y_2 = -16 \cdot (0{,}3781) = -6{,}0496$$

$$k_2 = z_2 + h \cdot \frac{l_1}{2} = 3{,}0338$$

$$l_2 = -16 \cdot \left(y_2 + h \cdot \frac{k_1}{2}\right) = -8.7218$$

$$k_3 = z_2 + h \cdot \frac{l_2}{2} = 2.9041$$

$$l_3 = -16 \cdot \left(y_2 + h \cdot \frac{k_2}{2}\right) = -8{,}4766$$

$$k_4 = z_2 + h \cdot l_3 = 2.4925$$

$$l_4 = -16 \cdot (y_2 + h \cdot k_3) = -10{,}6962$$

$$y_3 = y_2 + \frac{h}{2}(k_1 + 2 \cdot k_2 + 2 \cdot k_3 + k_4) = 1{,}2635$$

$$z_3 = z_2 + \frac{h}{2}(l_1 + 2 \cdot l_2 + 2 \cdot l_3 + l_4) = 0{,}7831$$

$k = 3$

$$k_1 = f(t_3, y_3, z_3) = z_3 = 0{,}7831$$

$$l_1 = g(t_3, y_3, z_3) = -16 \cdot y_3 = -16 \cdot (1{,}2635) = -20{,}216$$

$$k_2 = z_3 + h \cdot \frac{l_1}{2} = -0{,}2277$$

$$l_2 = -16 \cdot \left(y_3 + h \cdot \frac{k_1}{2}\right) = -20{,}8425$$

$$k_3 = z_3 + h \cdot \frac{l_2}{2} = -0{,}25902$$

$$l_3 = -16 \cdot \left(y_3 + h \cdot \frac{k_2}{2}\right) = -20{,}0338$$

$$k_4 = z_3 + h \cdot l_3 = -1,2203$$

$$l_4 = -16 \cdot (y_3 + h \cdot k_3) = -19,8016$$

$$y_4 = y_3 + \frac{h}{2}(k_1 + 2 \cdot k_2 + 2 \cdot k_3 + k_4) = 1,1930$$

$$z_4 = z_3 + \frac{h}{2}(l_1 + 2 \cdot l_2 + 2 \cdot l_3 + l_4) = -5,3054$$

$$k = 4$$

$$k_1 = f(t_4, y_4, z_4) = z_4 = -5,3054$$

$$l_1 = g(t_4, y_4, z_4) = -16 \cdot y_4 = -16 \cdot (1,1930) = -19,088$$

$$k_2 = z_4 + h \cdot \frac{l_1}{2} = -6,2598$$

$$l_2 = -16 \cdot \left(y_4 + h \cdot \frac{k_1}{2}\right) = -14,8437$$

$$k_3 = z_4 + h \cdot \frac{l_2}{2} = -7,2130$$

$$l_3 = -16 \cdot \left(y_4 + h \cdot \frac{k_2}{2}\right) = -14,0802$$

$$k_4 = z_4 + h \cdot l_3 = -6,7134$$

$$l_4 = -16 \cdot (y_4 + h \cdot k_3) = -13,3176$$

$$y_5 = y_4 + \frac{h}{2}(k_1 + 2 \cdot k_2 + 2 \cdot k_3 + k_4) = -0,7552$$

$$z_5 = z_4 + \frac{h}{2}(l_1 + 2 \cdot l_2 + 2 \cdot l_3 + l_4) = -9,8181$$

Portanto, a posição da bola, decorridos 0,5 segundos, é $y(0,5) \approx y_5 = -0,7552$ ft, o que significa que a bola está 0,7552 ft acima da posição de equilíbrio. Podemos, ainda, dizer que a bola está se deslocando para cima, na direção vertical, com velocidade igual a $\dot{y}(0,5) \approx z_5 = -9,8181$ ft/s.

Problemas de vigas (teoria técnica)

Trataremos sobre os problemas de vigas diretamente por intermédio de um Exercício resolvido, confira a seguir.

Exercício resolvido 6.16

Considere uma viga AC, de comprimento l = 4 m, engastada em A, e desde o ponto B até a extremidade livre C carregada com uma carga uniformemente distribuída cuja taxa de distribuição é g = 20 km/m. Calcule a flecha e a inclinação em B e no extremo C da viga usando RK 4.

Dados: $E = 1,31 \cdot 10^{10} \frac{N}{m^2}$; $J = 1,0108 \cdot 10^{-4} m^4$.

Figura 6.1 – Representação da situação problematizada

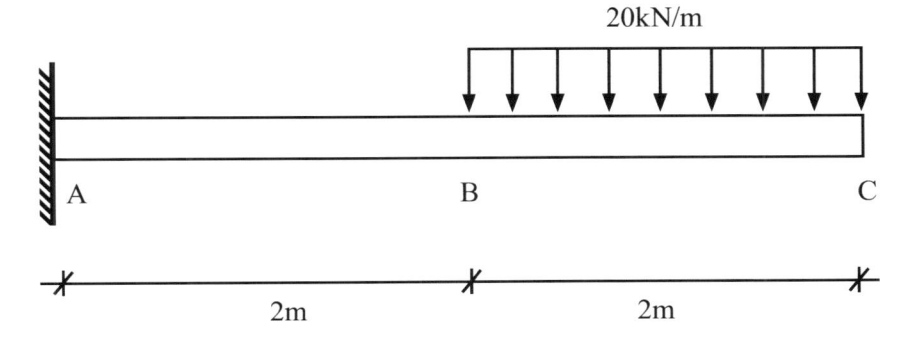

Pela teoria técnica de viga para a equação da linha elástica, o modelo matemático é o seguinte:

Equação 6.107

$$\frac{d^2 y}{dx^2} = -\frac{M}{EJ}$$

em que y é na direção vertical, orientado positivamente para baixo; x é, segundo o eixo horizontal, orientado positivamente para a direita; M é o momento fletor; E é o módulo de elasticidade longitudinal do material da viga, suposto constante; e J é o momento de inércia de seção transversal da viga, suposta constante em todo o comprimento.

Adotamos para os cálculos como sinal positivo de momento fletor o que produz uma curvatura com flexa no sentido positivo. Não discutimos o cálculo de M.

Contudo, temos que, entre A e B, o momento fletor, em uma seção qualquer entre A e B, sempre pegando forças à direita da seção, fica:

Equação 6.108

$$M = -\frac{ql}{2}\left(\frac{3l}{4} - x\right), 0 < x < \frac{l}{2}$$

Analogamente, em uma seção qualquer entre B e C, o momento fletor é:

Equação 6.109

$$M = -\frac{q(l-x_1)^2}{2}, \frac{l}{2} \leq x_1 \leq l$$

No trecho AB, substituindo os dados, obtemos:

$$M = -\frac{20000 \cdot 4}{2}\left(\frac{3 \cdot 4}{4} - x\right), 0 < x < 2$$

ou seja:

Equação 6.110

$$M = -40000 \cdot (3-x), 0 < x < 2$$

A EDO no trecho AB, substituindo a Equação 6.110 na 6.107 e considerando os dados, é:

Equação 6.111

$$\frac{d^2y}{dx^2} = 0,031 \cdot (3-x), 0 < x < 2$$

As condições de contorno para a Equação 6.111 são:

Equação 6.112

$$y(0) = 0; y'(0) = 0$$

No trecho BC, o momento fletor muda de expressão:

Equação 6.113

$$M = -\frac{q(l-x)^2}{2}, 2 \leq x \leq 4$$

As condições são os valores obtidos par y(2) e y'(2) da solução encontrada no primeiro trecho.

Primeiramente, resolvemos o trecho A – B, Equação 6.111, que precisa ser transformada em um sistema diferencial de primeira ordem:

Equação 6.114

$$\begin{cases} y' = z \\ z' = 0,0305 \cdot (3-x) \\ y(0) = y'(0) = z(0) = 0 \end{cases}$$

O algoritmo indicial do RK 4 para a EDO $\dfrac{d^2y}{dx^2} = 0{,}031 \cdot (3-x)$, $0 < x < 2$, com as condições $y(0) = 0$; $y'(0) = 0$, escolhendo $h = 0{,}1$, fica:

$k = 0, 1, 2, \ldots, 19$

$k_1 = f(x_k, y_k, z_k) = z_k$

$l_1 = g(x_k, y_k, z_k) = 0{,}0305 \cdot (3 - x_k)$

$k_2 = f\left(x_k + \dfrac{h}{2}, y_k + \dfrac{hk_1}{2}, z_k + hl_1/2\right) = z_k + hl_1/2$

$l_2 = g\left(x_k + \dfrac{h}{2}, y_k + \dfrac{hk_1}{2}, z_k + hl_1/2\right) = 0{,}0305 \cdot \left[3 - \left(x_k + \dfrac{h}{2}\right)\right]$

$k_3 = f\left(x_k + \dfrac{h}{2}, y_k + \dfrac{hk_2}{2}, z_k + hl_2/2\right) = z_k + hl_2/2$

$l_3 = g\left(x_k + \dfrac{h}{2}, y_k + \dfrac{hk_2}{2}, z_k + hl_2/2\right) = 0{,}0305 \cdot \left[3 - \left(x_k + \dfrac{h}{2}\right)\right]$

$k_4 = f(x_k + h, y_k + hk_3, z_k + hl_3) = z_k + hl_3$

$l_4 = g(x_k + h, y_k + hk_3, z_k + hl_3) = 0{,}0305 \cdot \left[3 - (x_k + h)\right]$

$y_{k+1} = y_k + \dfrac{h}{2}(k_1 + 2 \cdot k_2 + 2 \cdot k_3 + k_4)$

$z_{k+1} = z_k + \dfrac{h}{6}(l_1 + 2 \cdot l_2 + 2 \cdot l_3 + l_4)$

Operando, os resultados estão indicados no Quadro 6.11.

Quadro 6.11 – Solução numérica da Equação 6.114 em [0, 0], $h = 0{,}1$ por RK 4

x_k	y_k	$y'_k = z_k$
0	0	0
0,1	0,0045	0,0090
0,2	0,0059	0,0177
⋮	⋮	⋮
1,0	0,004474	0,07625
⋮	⋮	⋮
1,5	0,0899	0,10294
1,6	0,10037	0,10736
⋮	⋮	⋮
1,9	0,134363	0,1188
2,0	0,146405	0,122

No trecho BC, o momento fletor na Equação 6.113, com os dados, fica:

$$M = -\frac{20000(4-x)^2}{2} = -10000 \cdot (4-x)^2,\ 2 \le x \le 4$$

Então, a EDO nesse trecho é:

■ Equação 6.115

$$\frac{d^2y}{dx^2} = \frac{1000 \cdot (4-x)^2}{(EJ)},\ 2 \le x \le 4$$

No trecho BC, o momento fletor na Equação 6.113, com os dados, fica:

$$M = -\frac{20000(4-x)^2}{2} = -10000 \cdot (4-x)^2,\ 2 \le x \le 4$$

Então, a EDO nesse trecho é:

■ Equação 6.116

$$\frac{d^2y}{dx^2} = 0{,}00763 \cdot (4-x)^2,\ 2 \le x \le 4$$

Novamente precisamos transformar a Equação 6.115 em um sistema de duas equações de primeira ordem, obtendo:

■ Equação 6.117

$$\begin{cases} y' = z \\ z' = 0{,}00763 \cdot (4-x)^2 \\ y(2) = 0{,}1423;\ z(2) = 0{,}122 \end{cases}$$

O algoritmo indicial do RK4 para a Equação 6.117 é:

$k = 0,\ 1,\ 2,\ \ldots,\ 19$

$k_1 = f(x_k, y_k, z_k) = z_k$

$l_1 = g(x_k, y_k, z_k) = 0{,}00763 \cdot (4 - x_k)^2$

$k_2 = f\left(x_k + \dfrac{h}{2}, y_k + \dfrac{hk_1}{2}, z_k + hl_1/2\right) = z_k + hl_1/2$

$l_2 = g\left(x_k + \dfrac{h}{2}, y_k + \dfrac{hk_1}{2}, z_k + hl_1/2\right) = 0{,}00763 \cdot \left[4 - \left(x_k + \dfrac{h}{2}\right)\right]^2$

$k_3 = f\left(x_k + \dfrac{h}{2}, y_k + \dfrac{hk_2}{2}, z_k + hl_2/2\right) = z_k + hl_2/2$

$$l_3 = g\left(x_k + \frac{h}{2}, y_k + \frac{hk_2}{2}, z_k + hl_2/2\right) = 0,00763 \cdot \left[4 - \left(x_k + \frac{h}{2}\right)\right]^2$$

$$k_4 = f(x_k + h, y_k + hk_3, z_k + hl_3) = z_k + hl_3$$

$$l_4 = g(x_k + h, y_k + hk_3, z_k + hl_3) = 0,00763 \cdot \left[4 - (x_k + h)\right]^2$$

$$y_{k+1} = y_k + \frac{h}{6}(k_1 + 2 \cdot k_2 + 2 \cdot k_3 + k_4)$$

$$z_{k+1} = z_k + \frac{h}{6}(l_1 + 2 \cdot l_2 + 2 \cdot l_3 + l_4)$$

De modo análogo, aplicando o RK 4, obtemos os resultados disponíveis no Quadro 6.12.

Quadro 6.12 – Solução numérica da Equação 6.117 em [2, 4], h = 0,1 por RK 4

x_k	y_k	z_k
2,0	0,1464	0,1220
2,1	0,15875	0,1249
2,2	0,17138	0,1275
2,3	0,18424	0,12985
2,4	0,19734	0,13193
2,5	0,210624	0,13376
⋮	⋮	⋮
3,5	0,34981	0,14201
⋮	⋮	⋮
4,0	0,42097	0,14241

Problemas de circuitos elétricos

Assim como os problemas de vigas, abordaremos os problemas de circuitos elétricos diretamente por intermédio de um Exercício resolvido, confira na sequência.

Exercício resolvido 6.17

Considere um circuito formado por duas resistências e duas indutâncias. Os dados são: $R_1 = 6$ ohms; $R_2 = 5$ ohms; $L_1 = 1$ Henry; $L_2 = 1$ Henry; $E(t) = 50\operatorname{sen}(t)$ volts.

Calcule as correntes nos primeiros 6 segundos, segundo a segundo, após a ligação do sistema. Observe a Figura 6.2.

Figura 6.2 – Circuito R-L

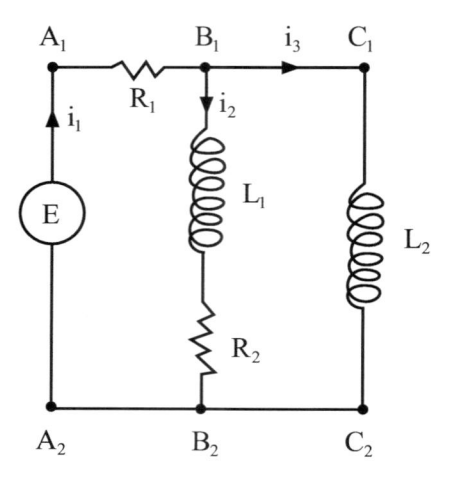

Aplicando a primeira lei de Kirchhoff, escrevemos:

$$i_1(t) = i_2(t) + i_3(t)$$

Com isso e a segunda lei de Kirchhoff, obtemos o seguinte sistema diferencial para as correntes:

■ Equação 6.118

$$\begin{cases} L_1 \dfrac{di_2}{dt} + (R_1 + R_2)i_2 + R_1 i_3 = E(t) \\ L_2 \dfrac{di_3}{dt} + R_1 i_2 + R_1 i_3 = E(t) \\ i_2(0) = 0;\ i_3(0) = 0 \end{cases}$$

Com os dados, o sistema fica:

■ Equação 6.119

$$\begin{cases} \dfrac{di_2}{dt} + 11 i_2 + 6 i_3 = 50\,\text{sen}(t) \\ \dfrac{di_3}{dt} + 6 i_2 + 6 i_3 = 50\,\text{sen}(t) \\ i_2(0) = 0;\ i_3(0) = 0 \end{cases}$$

O algoritmo indicial do RK4 para o sistema na Equação 6.119 é:

$k = 0, 1, 2, ..., 19$

$$k_1 = f\left(t_k, i_{2_k}, i_{3_k}\right) = 50\text{sen}(t_k) - 11 i_{2_k} - 6 i_{3_k}$$

$$l_1 = g\left(t_k, i_{2_k}, i_{3_k}\right) = 50\text{sen}(t_k) - 6 i_{2_k} - 6 i_{3_k}$$

$$k_2 = f\left(t_k + \frac{h}{2}, i_{2_k} + \frac{hk_1}{2}, i_{3_k} + \frac{hl_1}{2}\right)$$

$$= 50\text{sen}\left(t_k + \frac{h}{2}\right) - 11\left(i_{2_k} + \frac{hk_1}{2}\right) - 6\left(i_{3_k} + hl_1/2\right)$$

$$l_2 = g\left(t_k + \frac{h}{2}, i_{2_k} + \frac{hk_1}{2}, i_{3_k} + \frac{hl_1}{2}\right)$$

$$= 50\text{sen}\left(t_k + \frac{h}{2}\right) - 6\left(i_{2_k} + \frac{hk_1}{2}\right) - 6\left(i_{3_k} + hl_1/2\right)$$

$$k_3 = f\left(t_k + \frac{h}{2}, i_{2_k} + \frac{hk_2}{2}, i_{3_k} + \frac{hl_2}{2}\right)$$

$$= 50\text{sen}\left(t_k + \frac{h}{2}\right) - 11\left(i_{2_k} + \frac{hk_2}{2}\right) - 6\left(i_{3_k} + hl_2/2\right)$$

$$l_3 = g\left(t_k + \frac{h}{2}, i_{2_k} + \frac{hk_2}{2}, i_{3_k} + \frac{hl_2}{2}\right)$$

$$= 50\text{sen}\left(t_k + \frac{h}{2}\right) - 6\left(i_{2_k} + \frac{hk_2}{2}\right) - 6\left(i_{3_k} + \frac{hl_2}{2}\right)$$

$$k_4 = f\left(t_k + h, i_{2_k} + hk_3, i_{3_k} + hl_3\right)$$

$$= 50\text{sen}(t_k + h) - 11\left(i_{2_k} + hk_3\right) - 6\left(i_{3_k} + hl_3\right)$$

$$l_4 = g\left(t_k + h, i_{2_k} + hk_3, i_{3_k} + hl_3\right)$$

$$= 50\text{sen}(t_k + h) - 6\left(i_{2_k} + hk_3\right) - 6\left(i_{3_k} + hl_3\right)$$

$$i_{2_{k+1}} = i_{2_k} + \frac{h}{6}\left(k_1 + 2 \cdot k_2 + 2 \cdot k_3 + k_4\right)$$

$$i_{3_{k+1}} = i_{3_k} + \frac{h}{6}\left(l_1 + 2 \cdot l_2 + 2 \cdot l_3 + l_4\right)$$

Os resultados obtidos estão no Quadro 6.13.

Quadro 6.13 – Solução numérica da Equação 6.119 em [0, 6], h = 0,1 por RK 4

t_k	i_{2_k}	i_{3_k}
0	0	0
0,1	0,141504	0,199813
0,2	0,360746	0,583631
0,3	0,567933	1,060483
0,4	0,741349	1,592879
0,5	0,878077	2,159644
⋮	⋮	⋮
1,0	1,098427	5,032232
1,1	1,06854	5,539687
⋮	⋮	⋮
2,0	0,154712	7,552463
2,1	0,014395	7,43112
⋮	⋮	⋮
3,4	−1,38659	0,500784
3,5	−1,42564	−0,24872
3,6	−1,44985	−0,99662
⋮	⋮	⋮
4,5	−1,02101	−6,46843
⋮	⋮	⋮
5,0	−0,39219	−7,53478
5,1	−0,24915	−7,52733
⋮	⋮	⋮
6,0	0,97806	−4,32669

Considerações finais

O objetivo deste livro foi apresentar a você, leitor, os métodos numéricos com uma linguagem simples e clara, de modo que você possa conhecê-los, compreendê-los e aplicá-los na resolução de problemas do mundo físico, pois, com os recursos computacionais e a programação matemática, os métodos numéricos tornaram-se imprescindíveis na formação de engenheiros, tecnólogos e profissionais de outras ciências.

De maneira geral, o conhecimento perpassa por três dimensões: (1) adquirir, (2) compreender e (3) aplicar. Aprender a conhecer é essencial, uma vez que a quantidade de informações disponíveis cresce continuamente, e, portanto, adquirir a condição de selecionar aquilo que se adéqua ao seu uso é de grande valia. Compreender o conhecimento é uma condição necessária, que torna obrigatório o aprender a pensar, o meditar sobre o conteúdo exposto. Posteriormente, a aplicação do conhecimento adquirido, e compreendido, implica a ação prática, ou seja, o uso em situações reais de trabalho, é o aprender a fazer como o caminho para transformar proposições em resultados, alternativas em soluções. Dessa forma, o fazer torna-se uma fonte de aprendizagem que alimenta o conhecimento.

Considerando esse contexto, diversos exemplos foram inseridos após a apresentação de cada método numérico, bem como aplicações práticas do mundo físico ao final de cada capítulo, objetivando fomentar o pensamento crítico e a busca por outras situações e problemas físicos que também possam ser resolvidos por meio do conhecimento de cálculo numérico, propiciando, assim, uma expansão da mente.

Foi com base nesses fundamentos que este livro foi pensado e escrito. Contudo, esta obra não se esgota em si mesma, uma vez que a missão do professor é fundamental, e a chave para o sucesso na aprendizagem é a motivação, tanto de professores quanto de alunos.

Enfim, acreditamos que este livro possa contribuir com todos aqueles que necessitam do cálculo numérico na formação acadêmica, profissional e tecnológica.

Referências

ALBRECHT, P. **Análise numérica**: um curso moderno. São Paulo: Ed. da USP, 1973. (Série Ciências de Compurtação).

ATKINSON, K. E. **An Introduction to Numerical Analysis**. New York: John Wiley & Sons, 1978.

BELLOMO, N.; PREZIOSI, L. **Modelling Mathematical Methods and Scientific Computation**. Boca Raton: CRC Press, 1995.

BOTHA, J. F.; PINDER, G. F. **Fundamental Concepts in the Numerical Solution of Differential Equations**. New York: John Wiley & Sons, 1983.

CALLIOLI, C. A.; DOMINGUES, H. H.; COSTA, R. C. F. **Álgebra linear e aplicações**. 2. ed. São Paulo: Atual, 1978.

CARNAHAN, B.; LUTHER, H. A.; WILKES, J. O. **Applied Numerical Methods**. New York: John Wiley & Sons, 1969.

DAHLQUIST, G.; BJÖRCK, Å. **Numerical Methods**. Translation of Ned Anderson. Englewood Cliffs: Prentice Hall, 1974.

FRÖBERG, C.-E. **Introduction to Numerical Analysis**. 2. ed. Reading: Addison Wesley, 1966.

GEAR, C. W. **Numerical Initial Value Problems in Ordinary Differentisl Equations**. Englewood Cliffs: Prentice Hall, 1971.

HILDEBRAND, F. B. **Introduction to Numerical Analysis**. New York: McGraw-Hill, 1956.

HOFFMANN, K.; KUNZE, R. **Álgebra linear**. Tradução de Adalberto P. Bergamasco. São Paulo: Polígono, 1970.

HUEBNER, K. **The Finite Element Method for Engineers**. New York: John Wiley & Sons, 1963.

KREIDER, D. L.; KULLER, R. G. **An Introduction to Linear Analysis**. Reading: Addison-Wesley, 1966.

LEITHOLD, L. **O cálculo com geometria analítica**. Tradução de Cyro de Carvalho Patarra. 3. ed. São Paulo: Harbra, 1994. v. 2.

RHEINBOLDT, W. C.; ORTEGA, J. M. **Iterative Solution of Nonlinear Equations in Several Variables**. New York: Academic Press, 1970.

RUDIN, W. **Princípios de análise matemática**. Tradução de Eliana Rocha Enriques de Brito. Rio de Janeiro: Ao Livro Técnico, 1971.

SALVADORI, M. G.; BARON, M. L. **Numerical Methods in Engineering**. New Délhi: Prentice Hall, 1966.

SPERANDIO, D.; MENDES, J. T.; SILVA, L. H. M. e. **Cálculo numérico**. 2. ed. São Paulo: Pearson Education do Brasil, 2014.

STEFFENSEN, J. F. **Interpolation**. 2. ed. New York: Williams & Wilkins, 1950.

STEWART, J. **Cálculo**. Tradução de EZ2 Translate. 4. ed. São Paulo: Pioneira & Thomson Learning, 2002. v. 1 e 2.

STRANG, G. **Álgebra linear e suas aplicações**. Tradução de All Tasks. São Paulo: Cengage Learning, 2009.

WILKINSON, J. H. **Rounding Erros in Algebraic Processes**. Englewood Cliffs: Prentice Hall, 1963.

SOBRE OS AUTORES

Décio Sperandio é doutor (2006) em Agronomia pela Universidade Estatual de Maringá (UEM); mestre (1981) em Matemática Aplicada pela Universidade Federal do Rio de Janeiro (UFRJ); especialista (1977-1978) em Matemática e Estatística pela UEM; e graduado (1971-1974) em Matemática – Licenciatura também pela UEM. Na UEM, trabalhou como professor do Departamento de Estatística de 1975 a 2004, ministrando a disciplina de Cálculo Numérico; como chefe do Departamento de Matemática e Estatística de 1982 a 1984; como diretor do Centro de Ciências Exatas de 1984 a 1988; e como reitor nos períodos de 1990 a 1994 e de 2010 a 2014. Além disso, atuou na Secretaria de Estado da Ciência, Tecnologia e Ensino Superior (Seti) do Paraná como assessor de planejamento, de 2011 a 2014; como diretor-geral, de 2015 a 2017; e como secretário de Estado, em 2018. Atualmente, é professor associado C do Departamento de Administração, ministrando a disciplina de Métodos e Medidas em Administração, e professor do Mestrado Profissional de Políticas Públicas na UEM; e assistente de administração na Coordenação de Ensino Superior da Seti. Também foi vereador em Maringá (1996-2000) e membro do Conselho Estadual de Educação (CEE), tendo sido vice-presidente do conselho e presidente da Câmara de Ensino Superior (2015). É autor de livros e artigos publicados em periódicos de renome.

Luiz Henry Monken e Silva é doutor (1988) em Engenharia Mecânica pela Universidade Federal de Santa Catarina (UFSC); mestre (1974) em Engenharia Mecânica também pela UFSC; e graduado (1970) em Engenharia Mecânica pela Universidade Federal do Paraná (UFPR). Foi professor associado à pesquisa no Departamento de Matemática da Universidade Estadual de Maringá (UEM) até 2003, quando se aposentou. Como professor de graduação, implantou e lecionou a disciplina de Cálculo Numérico de 1975 até 2003. Na pós-graduação *stricto sensu*, fez parte do corpo docente do Programa de Mestrado e Doutorado em Engenharia Química da UEM, no qual lecionou as disciplinas de Matemática Aplicada à Engenharia Química e Métodos Numéricos em Engenharia Química I e II. Também nesse programa orientou quatro dissertações de mestrado e duas teses de doutorado entre os anos de 1994 e 2002. Ainda, orientou duas teses de doutorado em métodos numéricos como pesquisador convidado do Programa de Ciências dos Alimentos da Universidade Estadual de Londrina (UEL). Tem vasta experiência em métodos numéricos como desenvolvedor e pesquisador, além de ser autor de livros e diversos artigos científicos publicados em periódicos nacionais e internacionais.

Impressão:
Dezembro/2021